U0172785

建筑数据智能分析及应用

李成栋　田晨璐　张桂青　著

中国建筑工业出版社

图书在版编目（CIP）数据

建筑数据智能分析及应用 / 李成栋，田晨璐，张桂
青著. — 北京：中国建筑工业出版社，2024.1
ISBN 978-7-112-29587-6

Ⅰ. ①建⋯ Ⅱ. ①李⋯ ②田⋯ ③张⋯ Ⅲ. ①智能技
术－应用－建筑工程－数据处理－研究 Ⅳ. ①TU-39

中国国家版本馆 CIP 数据核字（2024）第 011727 号

本书主要涉及人工智能方法在建筑数据智能分析与挖掘方面的应用，共分 4 部分，
14 章。第一部分智慧建筑与机器学习简介，介绍常用浅层与深层机器学习方法及其性
能评价指标，包括第 1 章～第 3 章。第二部分建筑用能精准预测与分布分析，介绍建筑
用能数据分析研究现状、用能数据增强与预测、知识与数据融合驱动的建筑能耗预测、
居住建筑群用能分布分析、基于域自适应的建筑用能迁移预测、基于模型迁移与边缘
计算的建筑用能预测，包括第 4 章～第 9 章。第三部分建筑设备及用能异常检测与诊
断，介绍冷水机组故障诊断、空气处理单元故障诊断、建筑异常用能诊断，包括第 10
章～第 12 章。第四部分非侵入式设备识别与用户画像，介绍用能用户分类画像、设备
用电负荷分解，包括第 13 章、第 14 章。本书实用性强，希望借此推动人工智能与建筑
数据应用的深度结合和进一步发展。

本书可供从事智能建筑、智能数据分析的技术人员、管理人员使用，也可供大专
院校相关专业人员使用。

责任编辑：胡明安
责任校对：芦欣甜

建筑数据智能分析及应用

李成栋　田晨璐　张桂青　著

*

中国建筑工业出版社出版、发行（北京海淀三里河路 9 号）
各地新华书店、建筑书店经销
北京红光制版公司制版
北京市密东印刷有限公司印刷

*

开本：787 毫米×1092 毫米　1/16　印张：12¾　字数：309 千字
2024 年 2 月第一版　　2024 年 2 月第一次印刷
定价：**65.00** 元
ISBN 978-7-112-29587-6
（42128）

前　　言

　　智能建筑是智慧城市的重要组成部分，建筑智能化系统能够提高建筑适用性，提高工作效率，降低能耗成本。研究显示，与普通建筑相比，智能建筑能够减少 30％的能源消耗，并在楼宇的整个生命周期中节约近 9％的成本。经过多年发展，我国智能建筑取得了一系列显著成绩，但仍存在不少问题。近年来，随着新一代信息技术，特别是物联网、大数据、人工智能技术的不断进步，智能建筑的发展迎来了新的契机。

　　基于物联网技术，能够对建筑系统中各类环境参数、能耗及设备状态等进行全面在线感知，通过网络融合、信息汇聚，获得建筑大数据，在此基础上利用人工智能方法进行数据的分析挖掘，并形成智能决策诊断，实现建筑全寿命过程节能、舒适、安全、健康等多目标综合优化管理。但当前这一愿景还远未实现，特别是智能技术的应用还远未深入。目前智能建筑领域的数据应用偏重基本统计分析，而缺少基于人工智能技术的深度挖掘和分析，我国建筑领域智能化水平仍与其他行业差距巨大。人工智能技术在建筑领域的深度应用，特别是对已有建筑运行数据的深度智能分析，是建筑各子系统真正具备智能的前提，是建筑领域走向智慧化，实现建筑真正"能推理、会思考"的基础。

　　本书重点关注建筑数据的深度智能应用，大部分内容是作者及其团队近些年在国家自然科学基金、山东省重大创新工程等科技项目资助下取得的研究成果进一步加工、深化而成的，是对已有成果的全面总结。本书素材包括团队成员发表的国内外期刊或会议论文、团队毕业生的学位论文等。以下为本书各主要部分相关工作的贡献者。

　　第一部分　智慧建筑与机器学习简介：张桂青、李成栋；

　　第二部分　建筑用能精准预测与分布分析：李成栋、田晨璐、张金萍、张桂青；

　　第三部分　建筑设备及用能异常检测与诊断：李成栋、申存骁、于钰隆、孟宋萍；

　　第四部分　非侵入式设备识别与用户画像：李成栋、李文峰。

　　另外，在本书的撰写过程中，参考了大量国内外相关研究成果，这些成果是本书学术思想的重要源泉，在此衷心感谢所涉及的专家与研究人员。团队研究生王乾、刘福磊、吕晓霜等在本书编辑、修改、图形绘制等方面付出了辛勤的汗水。同时中国建筑工业出版社的胡明安和胡欣蕊编辑为本书出版做了大量辛苦而细致的工作，在此一并表示感谢。

　　人工智能和智慧建筑领域的成果更新很快，由于著者的学识水平限制，难免会出现各种不足和错误，还请读者包涵，也欢迎提出各种宝贵意见，让我们能够不断完善改进。

目　　录

第四部分 非侵入式设备识别与用户画像

第一部分

智慧建筑与机器学习简介

　　正如人体是由皮肤、骨骼、心脏、呼吸、消化、神经等系统组成的有机整体一样，建筑也是由类似的各功能子系统构成的统一整体。与人类皮肤的作用类似，建筑通过墙体、窗户等与外界自然环境进行交互，同时其室内温湿度受外界自然环境变化的影响；正如骨骼对人体的支撑，建筑则通过钢筋混凝土等架构实现自身的支撑；人体由心脏提供动力，建筑则通过电力系统来提供运行的动力；人体通过呼吸作用吸入新鲜氧气，排出二氧化碳，进行调节，而建筑环境则通过空调新风系统来实现有效调节；人类的消化功能在建筑中则通过给水排水来实现；类似于人类的感知与神经系统，建筑中的信息感知、传输主要靠传感网络与信息网络来实现。当前对人类各功能器官的研究相对深入，对建筑各子系统的研究也形成了不同的学科和专业，比如建筑学、幕墙工程、电气工程、给水排水工程、能源与动力工程、建筑电气及其智能化等专业。

　　但到目前为止，关于建筑的研究及应用，主要以传统方式为主，对其进行智慧化的改造任务远没有完成，亟需人工智能、物联网、大数据、边缘计算等新一代信息技术的深度融入。结合当前建筑行业的发展，本部分将重点介绍智能建筑和智慧建筑的定义，剖析两者的区别与联系；简要介绍实现建筑数据智能分析的各类机器学习方法及其性能评价指标，为后续研究提供基础。

第1章 智能建筑与智慧建筑

经过多年发展，智能建筑的标准体系、技术体系以及工程体系已初步形成。建筑智能化系统已经成为大型公共建筑、商务办公建筑、高档居住建筑的必备系统，在为人们创造安全、舒适、便捷、高效、节能的工作和生活环境方面发挥了重要作用。随着新一代信息技术的发展，智能建筑正在快速向智慧建筑发展，呈现出全面感知、智慧化管控、低碳化运行的发展趋势。本章将简要介绍智能建筑与智慧建筑的概念，并剖析两者的不同之处，探讨智慧建筑需要面对的数据应用问题。

1.1 智能建筑

人类百分之八十的时间是在建筑中度过的，建筑为人类提供了稳定、安全的生存与发展空间。随着人类需求的不断增多与科技的不断进步，建筑由最初抵御自然灾害的庇护所发展到环境舒适便利、功能丰富多样的人工环境，从传统建筑发展到了智能建筑。智能建筑的发展对人类居住环境的改善具有非常重要的意义，是科学技术和经济水平的综合体现，是一个国家、地区和城市现代化水平的标志之一。随着我国城市信息化的发展，智能建筑已经成为城市的信息单元，是信息社会最重要的基础设施之一。

1. 建筑智能化系统

建筑智能化系统是智能建筑中不可或缺的部分，其目的在于为现代建筑提供安全、舒适、高效、便捷的人居空间和管理支持，同时也是建筑节能的重要手段。建筑智能化系统的核心和基础是信息化，属于计算机服务业范畴。智能建筑中的电气设备由重要的综合布线系统与终端设备相连接，并且由先进的计算机技术对整栋大楼实施控制，从而实现高度的建筑智能化。根据《智能建筑设计标准》GB 50314—2015，智能建筑中的智能化系统主要由智能化集成系统、信息设施系统、信息化应用系统、建筑设备管理系统、公共安全系统等组成，其总体结构如图 1-1 所示。

（1）信息设施系统

信息设施系统是指为满足建筑物的应用与管理对信息通信的需求，将各类具有接收、交换、传输、处理、存储和显示等功能的信息系统整合，形成建筑物公共通信服务综合基础条件的系统。一般包括信息接入系统、综合布线系统等子系统。

（2）信息化应用系统

信息化应用系统是指以信息设施系统和建筑设备管理系统等智能化系统为基础，为满足建筑物的各类专业化业务、规范化运营及管理的需要，由多种类信息设施、操作程序和相关应用设备等组合而成的系统。一般包括公共服务系统、智能卡应用系统、物业管理系统等相关子系统。

（3）建筑设备管理系统

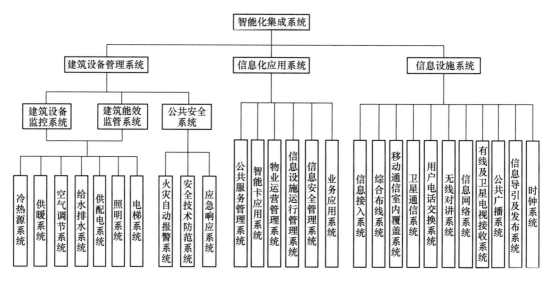

图 1-1　建筑智能化系统总体结构

建筑设备管理系统是对建筑设备监控系统、建筑能效监管系统以及公共安全系统等实施综合管理的系统。其中，建筑设备监控系统、建筑能效监管系统主要对冷热源、供暖通风和空气调节、给水排水、供配电、照明、电梯等建筑设备进行监控和能效监测管理；公共安全系统包括火灾自动报警系统、安全技术防范系统和应急响应系统等。

（4）智能化集成系统

智能化集成系统是指为实现建筑物的运营及管理目标，基于统一的信息平台，以多种类智能化信息集成方式，形成的具有信息汇聚、资源共享、协同运行、优化管理等综合应用功能的系统。该系统是智能建筑的中枢系统。

2. 智能建筑发展面临的问题

智能建筑在我国具有巨大的发展空间，无论是建筑的建设增量还是存量建筑的改造，都需要发展智能建筑。如果按照保守估计，智能化设备与系统的投资占总建筑工程投资的5%，智能建筑行业每年的工程量是巨大的。但是，随着智能建筑的发展，一些问题逐渐暴露出来，这些问题的存在，影响了智能建筑相关工程的质量，进而影响了智能建筑行业的长远发展。

（1）缺少顶层设计

智能建筑普遍缺乏顶层设计。从事智能建筑工程的企业一般分别来自建筑电气、工业自控、消防、安防、通信等行业，普遍是对单一智能化系统和单一工程开展业务。因此，智能建筑的信息化基础设施、环境监控系统、建筑设备管理系统等仅仅是功能的简单叠加和堆砌，各自独立建设与运营，缺乏总体布局，缺乏系统间的有效沟通。由于各系统数据分散独立，无法进行跨专业的数据分析与挖掘，更无法实现智能建筑的综合管理与控制。

（2）维修保养困难

在大型公共建筑的智能化系统中，运行、维护环节占整个智能化系统生命周期的大部分时间。目前，智能化系统在建筑中能正常运行的约占20%；部分功能正常、能运行的大约占到25%。大量智能建筑运营2~3年后，设备故障频发，甚至无法正常使用。据统计，仅楼宇自控系统，运行 3 年后的设备开启率仅占 30%，有 60% 以上的系统无法正常使用。究其原因，除智能化设计重视不够、验收不到位等因素以外，主要原因是系统架构复杂、操作难度高，对设计人员、施工人员、运维人员的专业水平要求高。

（3）可扩展性差、灵活性低

建筑在使用过程中，经常会发生空间格局的变化、房间功能的改变、监控点位的增减等，这些变化会引起温度测点、烟感报警测点等传感器位置、风阀、水阀等执行器位置的改变或者数量的增减，这需要在上位机监控软件中相应修改系统配置，否则这些改动得不到体现，相应设备也就无法正常动作。而且这些系统配置修改的工作对操作人员的技术水平要求高，一般来说智能化系统的日常运维人员不具有这样的技术水平，无法完成系统配置修改的工作，通常会导致系统瘫痪、无法使用。因二次装修、空间格局变化等原因导致建筑智能化系统废弃的案例也频繁出现，反映出了现有智能化系统的可扩展性、灵活性方面存在着较大不足，无法满足建筑格局灵活变化的需求。

（4）跨系统协调困难

目前的智能化系统架构为各个子系统纵向连接在一起，在系统顶层通过上位机将各个子系统相连，不同的子系统之间采用不同的应用平台、数据格式等，导致数据与平台异构性较高，横向数据共享、系统联动困难，上下级贯通不易。然而，随着物联网技术的推广应用，越来越多的设备成为智能设备，设备与设备之间协调运行，实现更舒适的建筑环境与更节能的建筑运行的需求与日俱增。例如，智能照明、智能遮阳以及空调系统的协调运行，可以尽量利用室外自然光照明，减少人工照明能耗，同时考虑尽量遮挡日射得热量以减少空调冷负荷和空调能耗，实现照明与空调总能耗最小的优化节能控制。现有的以子系统为基本单位、在顶层连接在一起的集中式系统架构，已经难以满足各个子系统相互协调运行的需求，成为物联网技术推广应用的障碍。

（5）数据共享困难、缺乏分析机制

当前数据已成为重要的资源之一，建筑作为城市的重要组成部分，每时每刻产生大量的数据，这些数据对城市管理人员、建筑运维管理人员、设备供应商实现业务管理的集成化、智能化和资源配置优化，达到高效、综合管理的目标具有重要意义。如何全方位地采集数据、存储数据、分析关联数据、共享数据是智慧城市建设的关键问题之一。目前，即使是高标准建筑项目也缺乏有效的建筑运行数据的采集与长期存储机制。由于缺乏数据保存的能力，大部分传感器采集的数据也只会保存很短的时间。

1.2　从智能建筑到智慧建筑

近年来，随着科技的不断进步，工业化水平和信息化程度的逐步提高，人与自然应该和谐发展已得到广泛认同，智能建筑已经满足不了人们不断丰富的需求，以物联网、云计算、大数据等技术为代表的新一代信息技术正在推动建筑从智能化走向智慧化。"智慧建筑"顺应建筑理念和实践的发展而产生，它是人、建筑、环境和科学技术融合发展的必然产物。

智慧建筑作为新一代的智能建筑，是智能建筑的变革式发展。智慧建筑解决了传统智能建筑发展中遇到的问题，同时顺应了智能建筑的发展趋势。当前还未形成对智慧建筑的统一定义。

部分学者认为智慧建筑是在新一代信息技术广泛应用基础上建立起来的一种创新环境下的建筑形态，它具有智能管控的多功能综合系统，涵盖结构监测、室内环境管理、能耗分析和服务支持等各个方面，可以实现对建筑及环境中所有事物的广泛连接、深度感知、智能分析和有效控制。

2017 年 3 月 22 日，阿里巴巴发布了《智慧建筑白皮书》。《智慧建筑白皮书》认为，随着大数据时代的来临，作为承载人类活动时间最长的载体——建筑，将成为一个具有感知和永远在线的"生命体"，一个拥有大脑的自进化智慧平台，一个人、机、物深度融合的开放生态系统，可以集成一切为人类服务的创新技术和产品。

2018 年，中国勘察设计协会工程智能分会、IoT 合作伙伴计划联盟联合发布的《智慧建筑白皮书》中认为：智慧建筑是以建筑物为平台，基于以人工智能为核心的各类智能化信息的综合应用，集结构、系统、服务、管理及优化组合为一体，具有感知、传输、存储、学习、推理、预测和决策的综合智慧能力，形成以人、建筑、环境互为协调，并根据用户的需求进行最优化组合的整合体，为人们提供绿色、健康、高效、舒适、便利及可持续发展的人性化建筑环境。

总之，智慧建筑主要特征体现在物联网、5G、大数据、人工智能等前沿科技全面支撑下的感知能力、传输能力、存储能力、分析能力、学习能力，能在建筑大脑的统一指挥下为人们提供安全、舒适、高效的工作和生活环境。智慧建筑与智能建筑不同，智能建筑系统更多强调的是技术层面的内容，侧重于信息通信技术、自动化技术等方面的发展和应用，而智慧建筑的关注点则转向了基于新一代信息技术的绿色节能环保，以用户体验为发展重点，更多地关注用户生活质量的提升、环境友好和节能等方面。

1.3　智慧建筑体系架构

中国建筑节能协会发布的《智慧建筑评价标准》T/CABEE 002—2021 认为，智慧建筑是在智能建筑的基础上，利用物联网等新一代信息技术打造的新型技术构架，包括设施与感知层、网络传输层、数据平台层和智慧应用层，如图 1-2 所示。

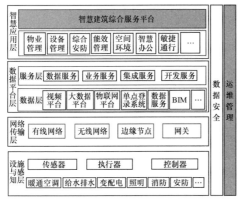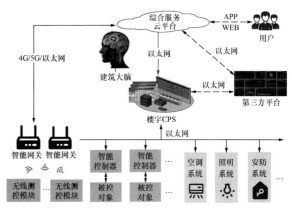

图 1-2　智慧建筑体系架构图

整个构架体系，纵向按照数据的采集、传输、加工处理、呈现等全流程角度打通端、边、管、云，横向整合传统建筑大量的烟囱型垂直单一应用，统一基于新一代信息技术手段，为智慧建筑打造综合服务平台。

设施与感知层：主要包括建筑设备监控系统、公共安全系统，信息基础设施系统等实现现场设施的测控，要求各类智能建筑子系统在脱离综合服务平台的情况下能独立正常工作。

网络传输层：包括有线网络、无线网络、边缘节点、数据中心等所组成的网络传输基础设施，实现设施与感知层数据与数据平台数据的双向传输以及边缘计算能力。有线网络包括骨干交换网络、通信公网、各类专网以及网络交换设备；无线网络包括短距通信网络（如蓝牙、RFID 等）和远距通信网络（如 Wi-Fi、NB-IoT、LoRa 等）；边缘节点包括具有边缘计算能力的本地控制器、服务器等，侧重实现数据的就地加工处理，而数据中心则承载本地的边缘设备及汇聚网络节点等能力。

数据平台层：智慧建筑数据平台是实现建筑智慧化的核心，数据层通过信息技术提供各类基础系统的数据接入、汇聚、加工、分析、存储；服务层提供数据服务、集成服务、业务逻辑服务和开发服务等服务能力，提供应用所需的各类服务，包括系统联通、设备联动、数据共享、智能协同的能力，达成快速支撑上层业务扩展的目标。

智慧应用层：主要包括物业管理、设备管理、综合安防、能效管理、智慧消防、空间环境、高效办公等内容，要求基于平台提供的大数据、物联网、人工智能等技术服务，实现建筑应用的智慧运营。

数据安全是贯穿整个系统的重要组成部分，利用计算机科学、网络技术、通信技术、密码技术等，对系统的硬件、软件及其数据的传输、访问、存储进行保护，不受偶然的或者非恶意的原因而遭到破坏、更改、泄漏，保证系统连续可靠正常地运行，服务不中断。数据安全还包括网络安全防护，对网络层和应用层攻击、数据泄漏、合规审查等进行防护，有效防御各种攻击，精准区别异常流量和正常流量，并采取措施保护内部网络免受恶意攻击，保证内部网络及系统的正常运行。另外，还需对用户行为进行管理和限流，避免违规言论及带宽滥用。同时，要通过相应安全技术和策略来保证合法访问，避免恶意接入造成网络风险。对网内的众多安全设备，需要能够通过网管平台进行统一的维护管理，简化配置管理，并且对安全事件能够及时发现、及时告警。

整体架构需支持云部署和本地服务器方式部署，根据用户运维实际需要进行灵活选择。有条件的推荐采用云服务方式，利用云上提供服务，支撑应用快速部署与创新，可实现应用云端共享，节省建筑内部的硬件维护成本。智慧建筑数字平台、智慧建筑运营中心及智慧应用皆支持部署于云上，支持 VPN 实现边缘与云侧的网络层和应用服务层互通，实现边云协同。

1.4　智慧建筑数据应用

如上所述，在智慧建筑中，由于物联网技术的应用，在建筑本体及其环境中布放了大量的传感器，包括温湿度传感器、红外传感器、空气质量传感器，也包括监控摄像头等视频设备。传感器的大量布放使得我们获取了海量建筑运行数据，包括环境数据、人员数据、设备信息、电气参数、能耗数据、天气数据、电价数据等。这些建筑运行大数据中蕴含着建筑运行的规律和知识，通过人工智能和数据挖掘方法，比如关联发现、聚类分析、神经网络、模糊推理、进化优化、深度学习等，对这些数据进行深入挖掘与智能分析，可以构建出面向建筑智慧化提升的各种类型的模型，比如建筑负荷与能耗的预测模型、室内环境的热舒适性评估模型、用电设备的故障诊断模型、空调系统等复杂设备的运行模型、各类用电设备的识别模型、人员行为的分析模型等。在这些模型的基础上，可以方便我们构建个性化的设备控制策略，进行异常用能的诊断分析和能源的精细化管理，也可以进行各类建筑设备的优化运行及其预测性维护等。上述智慧建筑数据应用示意图如图 1-3 所示。这些数据应用是智慧建筑应用层实现的前提，是建筑综合服务平台真正智慧化提升的关键，也是当前智能建筑的短板与瓶颈。

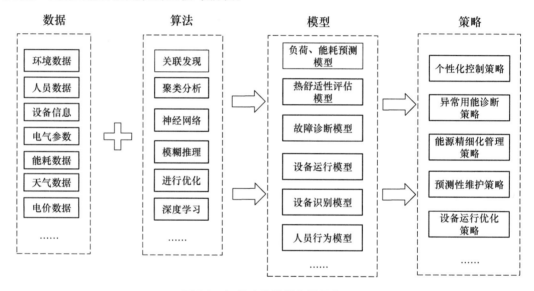

图 1-3　智慧建筑数据应用示意图

1.5　小结

本章简要介绍了智能建筑的定义及其系统组成，分析了智能建筑当前存在的问题，介绍了智慧建筑的概念，并剖析了智能建筑与智慧建筑的异同，给出了智慧建筑的架构及功能，最后探讨了智慧建筑中的建筑运行数据智能应用问题。

第 2 章　机器学习方法

机器学习方法经过几十年的发展，已经广泛应用于不同领域。传统机器学习方法具有结构简单、运算速度快等优点，在各领域数据分析与拟合方面得到了广泛应用。另一方面，深度学习从诞生到现在如火如荼地发展不过十几年光景，却取得了远高于传统机器学习方法的成就。2006 年，Hinton 等人提出了一种针对深度神经网络（DNN）的快速学习算法，标志深度学习进入快速发展的时代。现在，深度学习方法已被广泛应用于图像处理、语音识别以及医疗诊断等领域，并且取得了巨大的成功。为方便后面章节的应用，下面介绍几种常用传统机器学习方法及深度学习方法，包括多元线性回归、反向传播神经网络、极限学习机、支持向量机与支持向量回归、深度置信网络、生成式对抗网络、循环神经网络及长短期记忆网络、卷积神经网络、时序卷积网络、图神经网络以及迁移学习、空间密度聚类算法等。

本书考虑输入变量为 n 维向量 $\boldsymbol{x} = (x_1, x_2, \cdots, x_n)^{\mathrm{T}}$ 的情况，并假设训练数据集中有 N 个样本，即 $\{\boldsymbol{x}^k, y^k\}_{k=1}^N$，其中 $\boldsymbol{x}^k = (x_1^k, \cdots, x_n^k)^{\mathrm{T}}$。

2.1　多元线性回归

多元线性回归（Multi Linear Regression，MLR）模型假定输出 y 与输入变量 $\boldsymbol{x} = (x_1, x_2, \cdots, x_n)^{\mathrm{T}}$ 具有线性关系[1]，即：

$$y = \beta_0 + \beta_1 x_1 + \cdots + \beta_n x_n \tag{2-1}$$

式中，$\beta_i (i = 0, 1, \cdots, n)$ 为 $n+1$ 个未知待定参数。

对于给定的训练数据集 $\{\boldsymbol{x}^k, y^k\}_{k=1}^N$，期望通过确定 $\beta_0, \beta_1, \cdots, \beta_n$ 使得模型能够完全拟合训练数据，即，使得 $\beta_0 + \beta_1 x_1^k + \cdots + \beta_n x_n^k = y^k$，其中 $k = 1, 2, \cdots, N$。可以将上述 N 个表达式写成如下矩阵形式：

$$\boldsymbol{X\beta} = \boldsymbol{y} \tag{2-2}$$

式中，

$$\boldsymbol{y} = (y^1, y^2, \cdots, y^N)^{\mathrm{T}} \tag{2-3}$$

$$\boldsymbol{\beta} = (\beta_0, \beta_1, \cdots, \beta_n)^{\mathrm{T}} \tag{2-4}$$

$$\boldsymbol{X} = \begin{pmatrix} 1 & x_1^1 & x_2^1 & \cdots & x_n^1 \\ 1 & x_1^2 & x_2^2 & \cdots & x_n^2 \\ \vdots & \vdots & \vdots & \vdots & \vdots \\ 1 & x_1^N & x_2^N & \cdots & x_n^N \end{pmatrix} \tag{2-5}$$

在实际应用中，很难找到合适的 $\beta_0, \beta_1, \cdots, \beta_n$ 使得式（2-2）严格成立。此时，往往退而求其次，希望找到 $\beta_0, \beta_1, \cdots, \beta_n$ 使得误差 $\| \boldsymbol{X\beta} - \boldsymbol{y} \|_2$ 最小。满足此要求的解是 MLR 模

型的最小二乘解，其估算公式为：

$$\hat{\boldsymbol{\beta}} = (\hat{\beta}_0, \hat{\beta}_1, \cdots, \hat{\beta}_n)^\mathsf{T} = \boldsymbol{X}^+ \boldsymbol{y} \tag{2-6}$$

式中，$\boldsymbol{X}^+$ 表示矩阵 $\boldsymbol{X}$ 的 Moore-Penrose 广义逆。

从而，所得到的 MLR 模型输入输出关系为：

$$\hat{y} = \hat{\beta}_0 + \hat{\beta}_1 x_1 + \cdots + \hat{\beta}_n x_n \tag{2-7}$$

2.2　反向传播神经网络

反向传播神经网络（Back Propagation Neural Network，BPNN）是一种非常流行的人工神经网络，该模型采用反向传播算法对整个网络的参数进行学习[2-4]。具有 L 个隐层的 BPNN 的结构如图 2-1 所示。

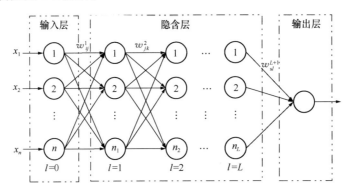

图 2-1　BPNN 的结构

图 2-1 所示网络的输入输出关系可表达为：

$$\hat{y} = f\Big(\sum_{s=1}^{n_L} w_{sl}^{L+1} \cdots f\Big(\sum_{j=1}^{n_1} w_{jk}^2 f\Big(\sum_{i=1}^{n} w_{ij}^l x_i\Big)\Big)\Big) \tag{2-8}$$

式中　w_{ij}^l——第 $l-1$ 隐层的第 i 个节点与第 l 个隐层的第 j 个节点之间的连接权重；

$f(\cdot)$——激活函数，通常取为 Sigmoid 函数。

为了获得 BPNN 的最优参数，对于给定的训练数据集 $\{\boldsymbol{x}^k, y^k\}_{k=1}^N$，将采用 BP 算法最小化每个训练样本的误差平方和代价函数：

$$E(k, \boldsymbol{w}) = (\hat{y}^k(\boldsymbol{x}, \boldsymbol{w}) - y^k)^2 \tag{2-9}$$

式中　$\hat{y}(\boldsymbol{x}^k, \boldsymbol{w})$ 与 y^k——当输入为 $\boldsymbol{x}^k$ 时的预测输出与期望输出；

$\boldsymbol{w}$——BPNN 所有待学习参数的向量。

权重参数 w_{ij}^l 的更新规则为：

$$w_{ij}^l(k+1) = w_{ij}^l(k) - \eta \frac{\partial E(k, \boldsymbol{w})}{\partial w_{ij}^l}\Big|_{\boldsymbol{w}=\boldsymbol{w}(k)} \tag{2-10}$$

式中　η——学习率；

$\dfrac{\partial E(k, \boldsymbol{w})}{\partial w_{ij}^l}\Big|_{\boldsymbol{w}=\boldsymbol{w}(k)}$——$\boldsymbol{w}$ 取值为 $\boldsymbol{w}(k)$ 时的梯度。

BPNN 算法训练过程包含两个阶段：前向传播与权重反向更新。在前向传播过程中，根据式（2-8）计算模型的预测输出并计算预测误差；在权重反向更新阶段，通过预测误差的反向传播对整个网络的权重进行调节。

2.3 极限学习机

极限学习机（Extreme Learning Machine，ELM）是一种单隐层前馈神经网络[5,6]。ELM 输入层和隐层的参数是随机确定的，而隐层和输出层之间的权重则是通过最小二乘法直接计算得出。因此，相对于 BPNN，ELM 具有较高的学习速度，且其非线性逼近能力并未降低。

ELM 的结构如图 2-2 所示[5,6]。假设 ELM 具有 L 个隐节点和一个输出节点，对于输入数据 $\boldsymbol{x} = (x_1, x_2, \cdots, x_n)^{\mathrm{T}}$，ELM 的输入输出关系可以表示为：

$$f(\boldsymbol{x}) = \sum_{j=1}^{L} w_j g(\boldsymbol{x}, \boldsymbol{a}_j, b_j) \tag{2-11}$$

式中　　$\boldsymbol{a}_j = (a_{j1}, a_{j2}, \cdots, a_{jn})$ ——连接输入层和隐层的权重向量；

b_j ——第 j 个隐节点的偏置；

$\boldsymbol{w} = (w_1, w_2, \cdots, w_L)^{\mathrm{T}}$ ——连接隐层和输出层的权重向量；

$g(\bullet)$ ——激活函数，可以为高斯函数、Sigmoid 函数、Sine 函数等。

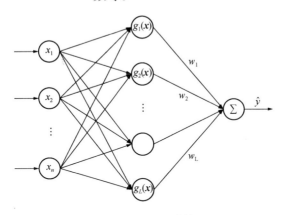

图 2-2　ELM 的结构

与传统神经网络的训练过程不同的是 ELM 训练过程无须迭代进行，输入权重及其偏置参数 $(\boldsymbol{a}_j, b_j)$ 随机给出。对于给定的训练数据集 $\{\boldsymbol{x}^k, y^k\}_{k=1}^{N}$，采用如下方式进行 ELM 模型的参数学习：

步骤 1：随机生成输入权重及其偏置 $(\boldsymbol{a}_j, b_j)$。

步骤 2：计算隐层输出矩阵 $\boldsymbol{H}$，其中：

$$\boldsymbol{H} = \begin{pmatrix} G_1(\boldsymbol{x}^1) & \cdots & G_L(\boldsymbol{x}^1) \\ \vdots & \ddots & \vdots \\ G_1(\boldsymbol{x}^N) & \cdots & G_L(\boldsymbol{x}^N) \end{pmatrix}_{N \times L} \tag{2-12}$$

式中，$G_j(x^k) = g(x^k, a_j, b_j)$，$j = 1,2,\cdots,L$，$k = 1,2,\cdots,N$。

步骤 3： 计算输出权重 $w = (w_1, w_2, \cdots, w_L)^T = H^+ y$，其中 $y = (y^1, y^2, \cdots, y^N)^T$，$H^+$ 为 H 的 Moore-Penrose 广义逆。

2.4　支持向量机与支持向量回归

支持向量机（Support Vector Machine，SVM）是一种分类方法，在解决小样本、非线性及高维模式识别中表现出许多特有的优势，并能够推广应用到函数拟合等其他机器学习问题中。当 SVM 应用于拟合等问题时称之为支持向量回归（Support Vector Regression，SVR）。SVM 和 SVR 是建立在统计学习理论的 VC 维理论和结构风险最小化原理基础之上的，根据有限的样本信息在模型的复杂性（对特定样本的学习精度）和学习能力（无错误地识别任意样本的能力）之中寻求最佳折中，以获取更好的推广能力[7-9]。

在处理非线性坏境下的分类与回归问题时，SVM 和 SVR 采用核函数技巧实现输入特征的非线性变换。此时，SVM 和 SVR 数学模型均可表达为如下形式：

$$y = f(x) = w^T \varphi(x) + b \tag{2-13}$$

式中，$\varphi(x)$ 为非线性映射函数，b 和 $w = (w_1, \cdots, w_L)^T$ 均为待定参数。

对于分类问题，设训练数据集为 $\{x^k, y^k\}_{k=1}^N$，其中 y^k 表示第 k 个样本的类别。SVM 的主要原理就是找出间隔最大的超平面 $y = f(x) = w^T \varphi(x) + b$ 作为分类边界，其示意图见图 2-3（a）。此时 SVM 原始优化的目标函数可以写为：

$$\min_{w,b} \frac{1}{2} \| w \|^2 \tag{2-14}$$
$$s.t. \quad y^k(w^T \varphi(x^k) + b) \geqslant 1, \ k = 1,2,\cdots,N$$

该 SVM 优化模型的解，即待定参数 b 和 $w = (w_1, \cdots, w_L)^T$ 为：

$$\begin{cases} w^* = \sum_{k=1}^N a_k y^k \varphi(x^k) \\ b^* = y^k - w^{*T} \varphi(x^k) \end{cases} \tag{2-15}$$

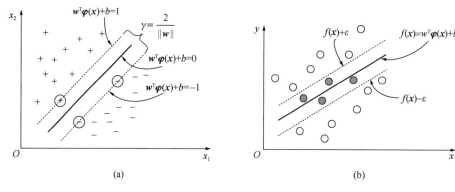

(a)　　　　　　　　　　　　(b)

图 2-3　SVM 和 SVR 原理示意图

（a）SVM 分类示意图；（b）SVR 回归示意图

式中，a_k 为拉格朗日乘子，并且可以通过求解下面的对偶优化问题确定：

$$\max_{a} \sum_{k=1}^{N} a_k - \frac{1}{2} \sum_{k=1}^{N} \sum_{t=1}^{N} a_k a_t \boldsymbol{\varphi}^{\mathrm{T}}(\boldsymbol{x}^k) \boldsymbol{\varphi}(\boldsymbol{x}^t)$$

$$s.t. \sum_{k=1}^{N} a_k y^k = 0, \ a_k \geqslant 0, \ k = 1, 2, \cdots, N \tag{2-16}$$

在该对偶问题的解中，a_k 非零时对应的样本称为支持向量，训练完成后，大部分训练样本都不需要保留，决定最佳超平面时只有支持向量起作用，而其他数据点并不起作用。

对于回归问题，仍设训练数据集为 $\{\boldsymbol{x}^k, y^k\}_{k=1}^{N}$。SVR 实际就是找一个以 $y = f(\boldsymbol{x})$ 为中心，宽度为 2ε 的间隔带，使得此间隔带尽可能多地把所有样本都包裹住，其示意见图 2-3（b）。此时 SVR 原始优化的目标函数可以写为：

$$\min_{\boldsymbol{w}, b} \frac{1}{2} \parallel \boldsymbol{w} \parallel^2 + C \sum_{k=1}^{N} l_\varepsilon(f(\boldsymbol{x}^k) - y^k) \tag{2-17}$$

式中　ε——误差容错参数；

C——正则化常数，$l_\varepsilon(z) = \begin{cases} 0, & if \ | z | < \varepsilon \\ | z | - \varepsilon, & if \ | z | \geqslant \varepsilon \end{cases}$。

该 SVR 优化模型的解，即待定参数 b 和 $\boldsymbol{w} = (w_1, \cdots, w_L)^{\mathrm{T}}$ 采用下式计算：

$$\begin{cases} \boldsymbol{w}^* = \sum_{k=1}^{N} (a_k^* - a_k) \boldsymbol{\varphi}(\boldsymbol{x}^k) \\ b^* = y^k + \varepsilon - \boldsymbol{w}^{*\mathrm{T}} \boldsymbol{\varphi}(\boldsymbol{x}^k) \end{cases} \tag{2-18}$$

式中，a_k^* 与 a_k 为拉格朗日乘子，并且可以通过求解下面的对偶优化问题确定：

$$\begin{cases} \max_{a, a^*} -\varepsilon \sum_{k=1}^{N} (a_k^* + a_k) + \sum_{k=1}^{N} (a_k^* - a_k) y^k - \frac{1}{2} \sum_{k,t=1}^{N} (a_k^* - a_k)(a_t^* - a_t) \boldsymbol{\varphi}^{\mathrm{T}}(\boldsymbol{x}^k) \boldsymbol{\varphi}(\boldsymbol{x}^t) \\ \sum_{k=1}^{N} a_k^* = \sum_{k=1}^{N} a_k, 0 < a_k, a_k^* < C \end{cases} \tag{2-19}$$

2.5 深度置信网络

深度置信网络（Deep Belief Network，DBN）是由 Hinton 在 2006 年提出的一种深度学习模型，是近年来非常流行的深度学习方法之一[10, 11]。DBN 是由多个受限玻尔兹曼机堆叠而成的，通过逐层处理，从输入数据空间中提取出多层次的数据特征。该模型既可以用于非监督学习，也可以用于监督学习，用于实现特征提取、数据分类与预测等功能，已经应用在医学、交通、电力系统等领域，在能耗预测领域也获得了初步的应用[12-14]。

1. 受限玻尔兹曼机

受限玻尔兹曼机（Restricted Bolzmann Machine，RBM）来源于对玻尔兹曼机的改进，是一类具有两层结构、对称连接且无自反馈的随机神经网络模型[15]。图 2-4 展示了 RBM 结构。

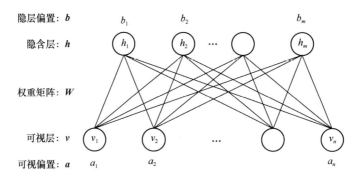

隐层偏置：$\boldsymbol{b}$

隐含层：$\boldsymbol{h}$

权重矩阵：$\boldsymbol{W}$

可视层：$\boldsymbol{v}$

可视偏置：$\boldsymbol{a}$

图 2-4 RBM 结构图

RBM 由一个隐层和一个可视层组成，每一层包含数个节点。其中，可视层中的节点被用作输入节点，而隐层中的节点被用作输出节点。同一层中的节点没有连接，但是不同层中的节点全连接。每层中的节点值构成二进制向量，如下式所示：

$$\boldsymbol{v} = (v_1, v_2, \cdots, v_i, \cdots, v_n)^{\mathrm{T}} \in \{0,1\}^n \tag{2-20}$$

$$\boldsymbol{h} = (h_1, h_2, \cdots, h_j, \cdots, h_m)^{\mathrm{T}} \in \{0,1\}^m \tag{2-21}$$

上两式中　v_i——可视层变量；

　　　　　h_j——隐层变量；

　　　　　n——可视层中的节点数；

　　　　　m——隐层中的节点数。

RBM 是基于能量的模型，它的能量计算公式为：

$$E(\boldsymbol{v}, \boldsymbol{h} \mid \Theta) = -\boldsymbol{a}^{\mathrm{T}}\boldsymbol{v} - \boldsymbol{b}^{\mathrm{T}}\boldsymbol{h} - \boldsymbol{v}^{\mathrm{T}}\boldsymbol{W}\boldsymbol{h} = -\sum_i a_i v_i - \sum_j b_j h_j - \sum_i \sum_j v_i w_{ij} h_j \tag{2-22}$$

式中　$\Theta = \{\boldsymbol{W}, \boldsymbol{a}, \boldsymbol{b}\}$——模型参数集，其中 $\boldsymbol{a} \in \mathbb{R}^n$，$\boldsymbol{b} \in \mathbb{R}^m$ 是偏差向量，$a_i \in \boldsymbol{a}$ 是 v_i 的偏差，$b_j \in \boldsymbol{b}$ 是 h_j 的偏差；

$\boldsymbol{W} = \{w_{ij}\} \in \mathbb{R}^{n \times m}$——权重矩阵，其中 w_{ij} 是 v_i 和 h_j 间的权重。

RBM 中节点值的概率分布满足玻尔兹曼分布，可视层和隐层的联合概率分布为：

$$p_{\Theta}(\boldsymbol{v}, \boldsymbol{h}) = \mathrm{e}^{-E(\boldsymbol{v}, \boldsymbol{h} \mid \Theta)} / \sum_{\boldsymbol{v}, \boldsymbol{h}} \mathrm{e}^{-E(\boldsymbol{v}, \boldsymbol{h} \mid \Theta)} \tag{2-23}$$

由于同一层中节点的取值是相互独立的，因此，可视变量和隐变量的边缘分布函数分别为：

$$p_{\Theta}(\boldsymbol{v}) = \sum_{\boldsymbol{h}} \mathrm{e}^{-E(\boldsymbol{v}, \boldsymbol{h} \mid \Theta)} / \sum_{\boldsymbol{v}, \boldsymbol{h}} \mathrm{e}^{-E(\boldsymbol{v}, \boldsymbol{h} \mid \Theta)} \tag{2-24}$$

$$p_{\Theta}(\boldsymbol{h}) = \sum_{\boldsymbol{v}} \mathrm{e}^{-E(\boldsymbol{v}, \boldsymbol{h} \mid \Theta)} / \sum_{\boldsymbol{v}, \boldsymbol{h}} \mathrm{e}^{-E(\boldsymbol{v}, \boldsymbol{h} \mid \Theta)} \tag{2-25}$$

给定数据集 $\boldsymbol{X} = \{\boldsymbol{x}^k = (x_1^1, \cdots, x_n^k)\}_{k=1}^N$，受限玻尔兹曼机的优化目标为：

$$\max(L(\boldsymbol{X} \mid \Theta)) = \max \frac{\sum_{k=1}^N \ln p_{\Theta}(\boldsymbol{x}^k)}{N} \tag{2-26}$$

式中，N 是给定数据集的数据总个数。

参数 $\Theta = \{\boldsymbol{W}, \boldsymbol{a}, \boldsymbol{b}\}$ 的最优值是通过梯度下降方法获得的，$\boldsymbol{W}, \boldsymbol{a}, \boldsymbol{b}$ 的优化学习规则为：

$$\boldsymbol{W}(t+1) \leftarrow \boldsymbol{W}(t) + \alpha\,\frac{\partial L(\boldsymbol{X} \mid \Theta)}{\partial \boldsymbol{W}}\Big|_{\Theta=\Theta(t)} \qquad (2\text{-}27)$$

$$\boldsymbol{a}(t+1) \leftarrow \boldsymbol{a}(t) + \alpha\,\frac{\partial L(\boldsymbol{X} \mid \Theta)}{\partial \boldsymbol{a}}\Big|_{\Theta=\Theta(t)} \qquad (2\text{-}28)$$

$$\boldsymbol{b}(t+1) \leftarrow \boldsymbol{b}(t) + \alpha\,\frac{\partial L(\boldsymbol{X} \mid \Theta)}{\partial \boldsymbol{b}}\Big|_{\Theta=\Theta(t)} \qquad (2\text{-}29)$$

式中，α 是学习率。

　　为了实现 RBM 的训练，需要计算关于 Θ 的偏导数，并且必须多次运行 Gibbs 采样，这种方法是非常耗时的。为了解决这个问题，Hinton 等人[16]提出了对比发散方法来训练 RBM。该方法只需运行 Gibbs 采样 k 次，其中 k 为给定值。因此，该方法也称为 CD-k 算法。通常，当 $k=1$ 时，RBM 便可完成训练，因此 CD-k 算法有效且省时。在 CD-1 算法中，优化规则如下：

$$w_{i,j} \leftarrow w_{i,j} + \alpha(x_i^k h_j - v_i' h_j') \qquad (2\text{-}30)$$

$$a_i \leftarrow a_i + \alpha(x_i^k - v_i') \qquad (2\text{-}31)$$

$$b_j \leftarrow b_j + \alpha(h_j - h_j') \qquad (2\text{-}32)$$

式中，v_i' 和 h_j' 是通过一次 Gibbs 采样对可视层和隐层的重构值，而 h_j 是通过式（2-25）计算而来的。

　　2. 深度置信网络

　　如前文所述，DBN 由数个 RBM 堆叠而成，通过逐层处理提取出输入数据的多维特征。图 2-5 给出了 DBN 结构[17]，在 DBN 中，前一个 RBM 的隐层是下一个 RBM 的输入层，最后一个 RBM 的输出将输入到逻辑回归中获取最终的输出结果。

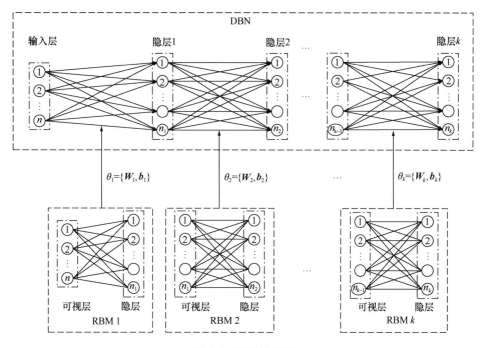

图 2-5　DBN 结构图

DBN 的训练过程由两个阶段组成，即预训练过程和微调过程。对于所给定的训练数据集 $(\boldsymbol{X}, \boldsymbol{y}) = \{\boldsymbol{x}^k, y^k\}_{k=1}^N$，式中 $\boldsymbol{x}^k = (x_1^k, \cdots, x_n^k)$，$\boldsymbol{X} = \{\boldsymbol{x}^k\}_{k=1}^N$，$\boldsymbol{y} = (y^1, y^2, \cdots, y^N)$，则 DBN 的训练过程如下：

步骤 1：初始化 DBN 的参数，包括输入节点的数量 n、隐节点和输出节点的数量 m、隐层的数目 L；

步骤 2：将 $\boldsymbol{X}$ 输入到第一个 RBM 中，并训练第一个 RBM，获取连接 DBN 第一层和第二层的权重矩阵 $\boldsymbol{\Theta}_1^2$，计算并获得 DBN 的第二层节点的值 $\boldsymbol{h}(2)$；

步骤 3：使用训练得到的 DBN 第二层的节点值 $\boldsymbol{h}(2)$ 确定第二层与第三层的连接权重 $\boldsymbol{\Theta}_2^3$，计算并获得第三层节点值 $\boldsymbol{h}(3)$；

步骤 4：令 $l=3$，使用第 l 层的 $\boldsymbol{h}(l)$ 节点值训练 $\boldsymbol{\Theta}_l^{l+1}$，并输出 DBN 的第 $l+1$ 层的节点值；

步骤 5：设定 $l=l+1$，然后重复执行步骤 4，直到 $l>L+1$；

步骤 6：将最后一个隐层的输出输入到逻辑回归部分，以获得 DBN 的最终输出，并将输出结果与实际结果比较，再次利用训练数据集 $(\boldsymbol{X}, \boldsymbol{y})$ 通过反向传播算法进行 DBN 所有参数的微调。

2.6 生成式对抗网络

生成式对抗网络（Generative Adversarial Net，GAN）是一种由 Goodfellow 等在 2014 年提出的新型深度学习算法，属于生成式模型[18]。GAN 由两个深度学习模型构成，与传统的生成式模型不同的是，GAN 不会直接估算样本空间中每个样本点的概率密度，而是通过两个深度学习模型之间的对抗博弈策略来探索原始数据的潜在分布，以智能的方式直接生成与原始数据分布一致的虚拟样本[19,20]。近年来 GAN 已经引起了人工智能领域专家学者的广泛关注，并在图像识别[21]、语音处理[22]、电力负荷预测[23,24]等领域取得了成功应用。

GAN 模型的原理图如图 2-6 所示。GAN 由生成器和鉴别器两部分组成，生成器用于生成数据，鉴别器则用于鉴别数据的真假[24]。在数据生成过程中，生成器生成假样本

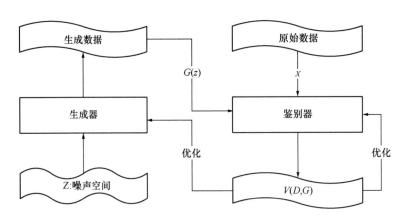

图 2-6 GAN 模型的原理图

$G(z)$ 然后输入到鉴别器中，并希望欺骗鉴别器，使得鉴别器无法分辨其生成数据为假；而鉴别器则会尽最大努力辨别所输入样本的真假，即鉴别器希望将来自生成器的假样本全部判定为假。生成器的输入是噪声区间的数据序列，输出值为生成的假样本数据；鉴别器的输入为真实样本 X 或者来自生成器的假样本，输出值则为判别率，该判别率被转化为目标优化函数 $V(D,G)$ 并反馈给生成器和鉴别器，以辅助生成器和鉴别器的优化训练。其中，真实样本的输入是为了辅助鉴别器获得最优的分辨能力，在保证鉴别器分辨性能的基础上，使生成器生成更加真实的假样本。

目标优化函数 $V(D,G)$ 为：

$$V(D,G) = E_{x \sim p_{\text{data}}(x)}\big[\ln D(x)\big] + E_{z \sim p_z(z)}\big[\ln(1 - D(G(z)))\big] \tag{2-33}$$

式中　　x ——来自原始数据空间 X 的样本；

$\quad p_{\text{data}}(x)$ ——原始数据 x 的分布；

$\quad z$ ——来自噪声空间 Z 的噪声数据；

$\quad p_z(z)$ ——输入噪声变量的先验概率分布。

在 GAN 的优化过程中，生成器最小化此目标函数，而鉴别器希望最大化该目标函数，该过程可以表示为[18,19]：

$$\min_G \max_D V(D,G) = E_{x \sim p_{\text{data}}(x)}\big[\ln D(x)\big] + E_{z \sim p_z(z)}\big[\ln(1 - D(G(z)))\big] \tag{2-34}$$

为了实现 GAN 的优化，使其获得最佳性能，鉴别器和生成器交替最小化或最大化 $V(D,G)$。首先固定生成器 G，优化鉴别器 D 来最大化目标函数 $V(D,G)$。然后固定鉴别器 D，生成器 G 进行自身网络的优化以期最小化目标函数 $V(D,G)$。该过程反复迭代进行，直到 $V(D,G)$ 在迭代过程中达到平衡状态，此时鉴别器和生成器的损失相同。在优化过程中，通常训练 k 次鉴别器再训练一次生成器，通过使鉴别器性能达到最佳来保证生成器的数据生成能力。

在连续空间中，给定生成器，$V(D,G)$ 可以表示为：

$$\begin{aligned}
V(D,G) &= \int_x p_{\text{data}}(x)\ln(D(x))\mathrm{d}x + \int_z p_z(z)\ln(1 - D(G(z)))\mathrm{d}z \\
&= \int_x \big[p_{\text{data}}(x)\ln(D(x)) + p_g(x)\ln(1 - D(x))\big]\mathrm{d}x
\end{aligned} \tag{2-35}$$

式中，$p_g(x)$ 是生成器从原始数据 x 所学习到的生成数据分布。

生成器给定后，鉴别器的最优值 $D_G^*(x)$ 可以表述为：

$$D_G^*(x) = \frac{p_{\text{data}}(x)}{p_{\text{data}}(x) + p_g(x)} \tag{2-36}$$

此时，目标函数的最大最小化过程即可描述为：

$$C(G) = \max_D V(D,G) = \max\left(E_{x \sim p_{\text{data}}}\left[\ln \frac{p_{\text{data}}(x)}{p_{\text{data}}(x) + p_g(x)}\right] + E_{x \sim p_g}\left[\ln \frac{p_g(x)}{p_{\text{data}}(x) + p_g(x)}\right]\right) \tag{2-37}$$

当且仅当 $p_{\text{data}} = p_g$ 时，$C(G)$ 得到最小值，此时 $V(D,G)$ 获得全局最优解[18]。即 GAN 性能达到最优时 $p_{\text{data}} = p_g$，也就是说生成器生成的数据与原始数据分布相一致。

2.7 循环神经网络及长短期记忆网络

循环神经网络（Recurrent Neural Network，RNN）是一种输入呈时间序列状态，功能模块沿输入的时间方向进行递归的网络[25]。图 2-7 给出了循环神经网络的内部结构图。

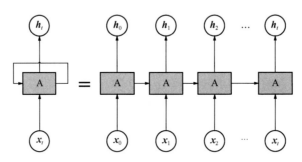

图 2-7 循环神经网络的内部结构图[26]

在 RNN 模型中，功能单元 A 的输入包含两部分，一部分是当前时刻的输入 x_t，另一部分和隐藏状态相关，即上一个时刻的状态值会成为下一个时刻的一部分输入，该过程的计算表达式为：

$$h_t = \sigma(Ux_t + Wh_{t-1} + b) \tag{2-38}$$

式中 h_t、h_{t-1}——t 时刻和上一时刻的状态值；

$\quad\quad x_t$——t 时刻的输入；

$\quad\quad \sigma(\cdot)$——函数运算；

$\quad U$、W、b——该运算过程中的权重矩阵和偏置。

为解决 RNN 无法挖掘数据间的长期依赖关系问题，研究者提出了长短期记忆网络（Long Short-Term Memory Network，LSTM）[27]。LSTM 的内部架构图如图 2-8 所示，它通过遗忘门、输入门和输出门以及单元状态来选择被遗弃以及继续传递的值。其中输入门决定 t 时刻网络的输入数据是否更改为状态值，遗忘门负责从单元状态中挑选出被丢弃的值，输出门则负责选择 t 时刻需要输出的状态值。

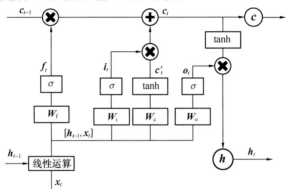

图 2-8 LSTM 内部架构图[28]

为了优化 LSTM 架构，相关研究人员提出了门控循环单元（Gated Recurrent Unit，GRU）。相较于 LSTM 网络，GRU 的功能单元只由更新和重置门构成，因此网络的算力成本较低[29]。

GRU 内部结构如图 2-9 所示，其中更新门 r_t 决定状态值的去留以及从 $\widetilde{h}_t$ 中挑选可以作为输入的值，r_t 的计算如下：

$$r_t = \sigma(W_r \cdot [h_{t-1}, x_t]) \qquad (2\text{-}39)$$

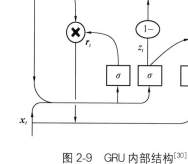

式中　　h_{t-1}——$t-1$ 时刻的状态值；

　　　　x_t——t 时刻的输入；

　　　　$\sigma(\bullet)$——函数运算；

　　　　W_r——该运算过程中的权重矩阵。

图 2-9　GRU 内部结构[30]

重置门 z_t 用来决定候选状态 $\widetilde{h}_t$ 的计算是否依赖上一时刻的状态 h_{t-1}，z_t 的计算如下：

$$z_t = \sigma(W_z \cdot [h_{t-1}, x_t]) \qquad (2\text{-}40)$$

式中，W_z 代表该运算过程中的权重矩阵。

最终，通过下式计算当前候选状态 $\widetilde{h}_t$ 和新的隐藏状态 h_t 的值：

$$\widetilde{h}_t = \tanh(W_{\widetilde{h}_t} \cdot [r_t \otimes h_{t-1}, x_t]) \qquad (2\text{-}41)$$

$$h_t = (1 - z_t) \otimes h_{t-1} + z_t \otimes \widetilde{h}_t \qquad (2\text{-}42)$$

式中　　$W_{\widetilde{h}_t}$——候选状态 $\widetilde{h}_t$ 更新过程中的权重矩阵；

　　　　$\otimes$——逐点乘积。

2.8　卷积神经网络

卷积神经网络（Convolutional Neural Networks，CNN）是一种特殊的人工神经网络（Artificial Neural Network，ANN），其设计思想受到了视觉神经科学的启发[31]。与传统 ANN 方法相比，CNN 极大地减少了图像计算的参数量，因此，CNN 最初被广泛应用于计算机视觉领域。随着研究人员对 CNN 的优化和改进，其如今已成为一种广受欢迎的深度学习方法，并被应用于众多领域的研究当中。

典型 CNN 网络结构图如图 2-10 所示，主要由输入层、卷积层、池化层、全连接层等构成。其中，输入层即网络的初始层，输入层完成数据的读取与预处理操作，如：取均值、归一化和数据降维等。

卷积层是 CNN 中最重要的一层，其完成了由样本空间到特征空间的映射过程。为减少计算过程中的参数，卷积层引入了一组可以学习的滤波器（卷积核），并规定了卷积核与上一层的连接区域（感受野）。卷积层中神经元的输出结果表示卷积核与感受野输入值

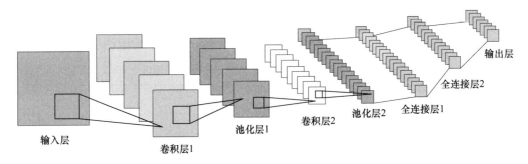

图 2-10　典型 CNN 网络结构图[31]

的点积，并通过非线性函数将结果归一化到特定区间内，从而实现由输入空间到抽象特征映射。卷积层的运算过程如下：

$$h_{\mathrm{c}}(t) = (\boldsymbol{x} * \boldsymbol{d})(t) = \sum_k x(t-k)d(k) \tag{2-43}$$

式中　　$*$——卷积运算；

　　　　$\boldsymbol{x}$——输入数据；

　　　　h_{c}——卷积输出；

　　　　$\boldsymbol{d}$——卷积核；

　　　　k——通道数。

池化层是卷积层的下一层，是整个网络的运算层，具有特征降维、压缩数据和参数的数量和减少过拟合的作用，同时能够提高模型的容错率。池化层会按照区域特征值与其对应的矩阵所在区域进行位置划分，并根据位置划分计算出新的特征值。

在经过卷积层和池化层之后，全连接层对前层的输出特征进行加权求和，将特征空间通过线性变换映射到样本标签空间。最后，输出层使用逻辑函数或指数归一化函数输出结果。

2.9　时序卷积网络

与传统的 CNN 网络相比，时序卷积网络（Temporal Convolution Network，TCN）是一种用于时序数据特征处理的特殊卷积网络。TCN 采用膨胀因果卷积进行特征提取，并利用残差连接校正网络输出[32]。典型 TCN 网络架构如图 2-11 所示。

为充分提取数据特征，TCN 网络在卷积层中引入了带有膨胀因子的因果卷积。其中，因果卷积使网络可以更好地学习数据的时序特征，膨胀因子使得卷积层拥有更加灵活的感受野[33]。因此，相较于传统卷积过程，膨胀因果卷积更加适合时序数据的特征提取工作。

假定 $\boldsymbol{x}$ 为长度为 L 的一维时序数据，则 TCN 网络中膨胀系数为 s 时的膨胀因果卷积过程如下：

$$v(t) = (\boldsymbol{x} *_s \boldsymbol{d})(t) = \sum_{\alpha=0}^{L-1} d(\alpha)x(t-s\alpha) \tag{2-44}$$

式中，$\boldsymbol{d}$ 是从 $\{0,1,2,\cdots,L-1\} \rightarrow \boldsymbol{R}$ 的映射，称为卷积滤波器。

残差连接是 TCN 网络的另一重要组成部分，其可以有效避免训练过程中的梯度消失

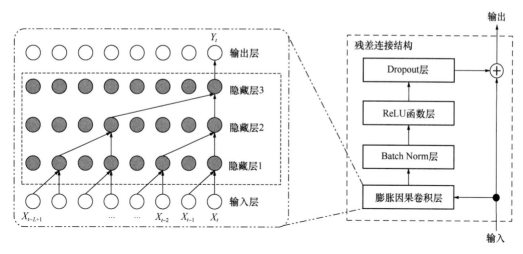

图 2-11　典型 TCN 网络架构[32]

和梯度爆炸[34]。残差连接的定义如下：

$$\boldsymbol{o}_{\mathrm{Res}} = \sigma(\boldsymbol{x}_{\mathrm{Res}} + \psi(\boldsymbol{x}_{\mathrm{Res}}))\tag{2-45}$$

式中　$\boldsymbol{o}_{\mathrm{Res}}$——残差连接输出；

　　　$\boldsymbol{x}_{\mathrm{Res}}$——残差连接输入；

　　　σ——残差连接的激活函数；

　　　ψ——在残差连接下其他数据变换操作。

在残差连接架构下，TCN 网络通常在卷积层后加入批归一化层与非线性函数单元（ReLU）以获取最佳网络性能，并引入 Dropout 层防止网络过拟合。

2.10　图神经网络

图是一种特殊的数据结构，它对数据实例（节点）进行建模，并表示数据实例之间（边）的关系。图节点和其邻居节点的数据以及节点的边包含了大量的潜在信息。图神经网络（Graph Neural Network，GNN）旨在从节点数据之间的相互关系中提取特征并输出相应结果[35]。因此，与其他深度学习方法相比，GNN 方法更适合复杂和异构数据的特征学习任务。

GNN 学习过程如图 2-12 所示，其可分为两部分，一部分为图数据信息提取；另一部分则是根据提取的图特征计算相应输出。

图数据信息提取旨在对图数据中潜在的非线性关系实现学习或表示。在图数据中，节点及其连接关系蕴含着大量潜在特征信息，而这些信息对应着图数据中因内在关联而产生的非线性关系。因此，图信息提取的目的是将图数据中深层次的映射关系转化为低维的稠密特征向量。

图数据信息提取的过程通常可分为三个步骤，具体为：（1）提取目标节点及相邻节点的信息；（2）使用信息转换函数转换并筛选节点信息；（3）使用图特征提取函数处理筛选后的节点信息，输出特征向量。上述过程可表示为：

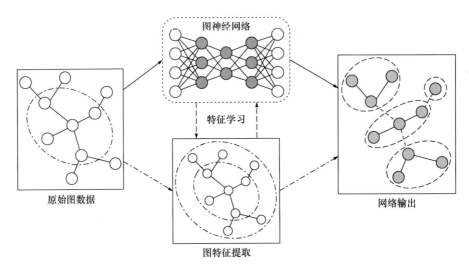

图 2-12　GNN 学习过程[35]

$$h'_{\mathrm{v}} = f_{\mathrm{T}}(x_{\mathrm{v}}, t_{\mathrm{e[v]}}, x_{\mathrm{ne[v]}}) \qquad (2\text{-}46)$$

$$h_{\mathrm{n}}^{\mathrm{v}} = f_{\mathrm{G}}(h'_{\mathrm{v}}) \qquad (2\text{-}47)$$

式中　　　　$h_{\mathrm{n}}^{\mathrm{v}}$——特征向量；

　　　　　　f_{G}——图特征提取函数；

　　　　　　h'_{v}——筛选信息；

　　　　　　f_{T}——信息转换函数；

$x_{\mathrm{v}}, t_{\mathrm{e[v]}}$、$x_{\mathrm{ne[v]}}$——节点数据，节点的边以及邻居节点数据。

　　特征提取完成后，GNN 根据生成特征，计算相应的结果。该过程可表示为：

$$o_{\mathrm{v}} = \sigma(h_{\mathrm{n}}^{\mathrm{v}}, x_{\mathrm{v}}) \qquad (2\text{-}48)$$

式中　　o_{v}——网络输出；

　　　　σ——激活函数。

　　从上述学习过程中可以看出，GNN 在特征学习过程中不仅仅考虑了数据（节点）本身的特性，而且在特征学习中加入数据（节点）之间的相互关系（边）。同时，GNN 可以根据实际需要灵活调整特征规模，如：点特征、边特征、子图特征等。这些特征学习特性是其他深度学习方法所不具有的。因此，GNN 在复杂数据的学习任务中具有极大的优势。

2.11　迁移学习

　　迁移学习作为机器学习领域的重要分支，旨在借助源域学习的知识完成目标域的任务[36-38]。迁移学习主要对以下 3 个问题展开研究：

　　迁移什么：迁移什么决定了哪些部分的知识可以进行迁移。有些知识适用于单个域或者任务，而有些知识可以在不同域之间通用，因此需要根据不同的环境进行规范确定。

　　何时迁移：何时迁移主要研究在什么情况下进行迁移。当研究的数据与源域相似度较低时，执行迁移会对模型性能产生负影响。

如何迁移：如何迁移寻求的是采用什么方法对迁移对象进行迁移，迁移方式是迁移过程的核心。

迁移学习过程如图 2-13 所示，在该过程中涉及两个定义：域和任务。

域又分为源域和目标域，源域是指有足够样本的数据集，记为 D_S；目标域是指研究对象，记为 D_T。域包含两部分：特征空间 χ 和分布概率 $p(x)$。因此，源域和目标域不同有两种可能：一是 χ 不同，另一可能是 χ 相同但 $p(x)$ 不同。源域是包含大量已知标签信息的域，而目标域是没有标签信息的。也就是说，需要利用源域的已知信息对目标域中的数据进行相应的标签预测。

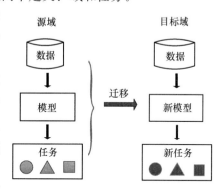

图 2-13 迁移学习过程

任务分为两部分：标签空间 $\mathbf{Y}$ 和目标预测函数 $\psi(\cdot)$。同理，当任务不同时也有两种可能：一是 $\mathbf{Y}$ 不同，二是 $\mathbf{Y}$ 相同但预测函数 $\psi(\cdot)$ 不同。因此，利用迁移学习进行数据分析时，可以从三个方面考虑：

（1）特征空间，即 χ_S 和 χ_T 的异同；

（2）类别空间：即 $\mathbf{Y}_S$ 和 $\mathbf{Y}_T$ 的异同；

（3）条件概率分布：即 $Q_S(y_S \mid x_S)$ 和 $Q_T(y_T \mid x_T)$ 的异同。

根据如何迁移的研究内容，杨强教授将迁移学习分为四种：样本迁移、特征迁移、模型迁移和关系迁移[39]。

样本迁移是对源域可用数据设置权重或者重采样以增加目标样本的数量，如图 2-14（a）所示。在该方法中，通常假设两个域的概率分布是不同且未知的，即 $p(x_S) \neq p(x_T)$。

特征迁移方法的主旨是借助特征变换将两个域的数据映射到统一的空间进行分析，该

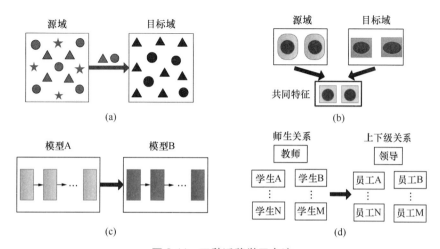

图 2-14 四种迁移学习方法

（a）样本迁移；（b）特征迁移；（c）模型迁移；（d）关系迁移

过程如图 2-14（b）所示。根据特征的同构性和异构性，特征迁移方法又细分为同构迁移和异构迁移。

模型迁移方法是假设两个域之间共享模型训练的一些参数或超参数，如图 2-14（c）所示。该方法的目的是预训练好的模型已经捕获了许多有用的结构，这些结构可以迁移至目标模型以提高目标模型的精度。

关系迁移学习方法旨在研究不同领域样本之间的关系，其原理如图 2-14（d）所示。该方法着眼于源域和目标域的样本之间的关系。

2.12   空间密度聚类算法

空间密度聚类算法（Density-Based Spatial Clustering of Applications with Noise，DBSCAN）是基于密度的聚类算法，是典型的非监督式机器学习方法[40,41]。与 K-means 等其他聚类算法相比，DBSCAN 几乎不受噪声和初始设置的影响，且无需输入特定的聚类数目即可实现数据的自动聚类[40,41]。

DBSCAN 算法需要确定两个参数：Epsilon 和 Minpoints。Epsilon 用于定义数据点的 Epsilon 邻域，而 Minpoints 是数据点 Epsilon 邻域中的最小点数。DBSCAN 算法的部分关键的概念如下：

核心对象：对于给定对象，如果该给定对象的 Epsilon 邻域内的样本数高于或者等于 Minpoints，称该对象为核心对象；

直接密度可达：某对象在核心对象的 Epsilon 邻域内，称该对象与核心对象密度可达；

密度可达：给定多个样本对象 1，对象 2，…对象 n，如果对象 1 与对象 2 直接密度可达，对象 2 与对象 3 直接密度可达，……，对象 n-1 与对象 n 直接密度可达，则对象 1 与对象 n 密度可达；

密度相连：存在三个对象，如果对象 1 与对象 2 密度可达，对象 1 与对象 3 密度可达，则对象 1 与对象 3 密度相连。

DBSCAN 算法描述如下：

输入：数据集 D，Epsilon，Minpoints。

输出：生成的簇集。

步骤 1：从数据集 D 中抽取一个未处理的对象；

步骤 2：判断该对象是否为核心对象，如果是核心对象则找到该对象所有密度可达的对象形成一个新的簇集，否则选取另一个对象，并重复该步骤；

步骤 3：重复步骤 1、步骤 2，直到所有的对象均被处理。

2.13   小结

本章介绍了多元线性回归、反向传播神经网络、极限学习机、支持向量机与支持向量回归、深度置信网络、生成式对抗网络、循环神经网络及长短期记忆网络、卷积神经网络、时序卷积网络、图神经网络以及迁移学习、空间密度聚类算法等多种常用传统机器学习方法及深度学习方法。当前机器学习是人工智能领域的核心,传统机器学习方法种类繁多,新型深度学习方法层出不穷,本书难以完全涵盖,并且本章对这些机器学习方法也只是进行了简介,仅供参考,详细理论和技术细节请参见相关文献。

本章参考文献

［1］ Pombeiro H, Santos R, Carreira P, et al. Comparative assessment of low-complexity models to predict electricity consumption in an institutional building: linear regression vs. fuzzy modeling vs. neural networks ［J］. Energy and Buildings, 2017, 146: 141-151.

［2］ Erb R J. Introduction to back propagation neural network computation ［J］. Pharmaceutical Research, 1993, 10 (2): 165-170.

［3］ Uzlu E, Kankal M, Akpınar A, et al. Estimates of energy consumption in Turkey using neural networks with the teaching-learning-based optimization algorithm ［J］. Energy, 2014, 75: 295-303.

［4］ Tso G K, Yau K K. Predicting electricity energy consumption: A comparison of regression analysis, decision tree and neural networks ［J］. Energy, 2007, 32: 1761-1768.

［5］ Huang G B, Zhu Q Y, Siew C K. Extreme learning machine: Theory and applications ［J］. Neurocomputing, 2006, 70 (1/3): 489-501.

［6］ Huang G B, Wang D H, Lan Y. Extreme learning machines: A survey ［J］. International Journal of Machine Learning and Cybernetics, 2011, 2: 107-122.

［7］ Awad M, Khanna R. Support vector regression ［J］. Neural Information Processing Letters & Reviews, 2007, 11 (10): 203-224.

［8］ Suykens J A K, Vandewalle J. Least squares support vector machine classifiers［J］. Neural Processing Letters, 1999, 9(3): 293-300.

［9］ Chen D R, Wu Q, Ying Y, et al. Support vector machine soft margin classifiers［J］. Journal of Machine Learning Research, 2004, 5: 1143-1175.

［10］ 高月, 宿翀, 李宏光. 一类基于非线性 PCA 和深度置信网络的混合分类器及其在 PM2.5 浓度预测和影响因素诊断中的应用 ［J］. 自动化学报, 2018, 44 (2): 318-329.

［11］ 张号逵, 李映, 姜晔楠. 深度学习在高光谱图像分类领域的研究现状与展望 ［J］. 自动化学报, 2018, 44 (6): 961-977.

［12］ Li C, Ding Z, Yang J, et al. Deep belief network based hybrid model for building energy consumption prediction ［J］. Energies, 2018, 11 (1): 242.

［13］ 张涛, 顾洁. 高比例可再生能源电力系统的马尔科夫短期负荷预测方法 ［J］. 电网技术, 2018, 42 (4): 1071-1078.

［14］ 曹有为, 闫双红, 刘海涛, 等. 基于降噪时序深度学习网络的风电功率短期预测方法 ［J］. 电力系统及其自动化学报, 2020, 032 (1): 145-150.

［15］ Fischer A, Igel C. Training restricted boltzmann machines: an introduction ［J］. Pattern Recognition, 2014, 47 (1): 25-39.

［16］ Tieleman T, Hinton G E. Using fast weights to improve persistent contrastive divergence ［C］// Proceedings of the 26th Annual International Conference on Machine Learning, 2009: 1033-1040.

［17］ Guo S, Zhou C J, Wang B, et al. Training restricted boltzmann machines using modified objective function based on limiting the free energy value ［J］. IEEE Access, 2018, 6: 78542-78550.

[18] Goodfellow I J, Pouget-Abadie J, Mirza M, et al. Generative adversarial nets [C] // International Conference on Neural Information Processing Systems, MIT Press, 2014: 2672-2680.

[19] Wang K, Zuo W, Tan Y, et al. Generative adversarial networks: From generating data to creating intelligence [J]. Acta Automatica Sinica, 2017, 44 (5): 769-774.

[20] Wang K F, Gou C, Duan Y J, et al. Generative Adversarial Networks: The State of the Art and Beyond[J]. Acta Automatica Sinica, 2017, 43(3): 321-332.

[21] 王万良,李卓蓉. 生成式对抗网络研究进展 [J]. 通信学报,2018, 39 (2): 135-148.

[22] 孙成立,王海武. 生成式对抗网络在语音增强方面的研究 [J]. 计算机技术与发展,2019, 29(2): 152-156.

[23] Torres J F, Fernandez A M, Troncoso A, et al. Deep learning-based approach for time series forecasting with application to electricity load [J]. Lecture Notes in Computer Science, 2017, 10338: 203-212.

[24] Li R R, Jiang P, Yang H F, et al. A novel hybrid forecasting scheme for electricity demand time series [J]. Sustainable Cities and Society, 2020, 55: 102036.

[25] Liang X B, Wang J. A recurrent neural network for nonlinear optimization with a continuously differentiable objective function and bound constraints[J]. IEEE Transactions on Neural Networks, 2000, 11(6): 1251-1262.

[26] Sherstinsky A. Fundamentals of recurrent neural network (RNN) and long short-term memory (LSTM) network [J]. Physica D: Nonlinear Phenomena, 2020, 404: 132306.

[27] Song X, Liu Y, Xue L, et al. Time-series well performance prediction based on Long Short-Term Memory (LSTM) neural network model [J]. Journal of Petroleum Science and Engineering, 2020, 186: 106682.

[28] Altché F, Dela-fortelle A. An LSTM network for highway trajectory prediction [C] // 2017 IEEE 20th International Conference on Intelligent Transportation Systems (ITSC), IEEE, 2017: 353-359.

[29] Chen J, Jing H, Chang Y, et al. Gated recurrent unit based recurrent neural network for remaining useful life prediction of nonlinear deterioration process [J]. Reliability Engineering & System Safety, 2019, 185: 372-382.

[30] Lynn H M, Pan S B, Kim P. A deep bidirectional GRU network model for biometric electrocardiogram classification based on recurrent neural networks [J]. IEEE Access, 2019, 7: 145395.

[31] Lu J, Tan L, Jiang H. Review on convolutional neural network (CNN) applied to plant leaf disease classification [J]. Agriculture, 2021, 11 (8): 707-712.

[32] Koh B H, Lim C L, Rahimi H, et al. Deep temporal convolution network for time series classification [J]. Sensors, 2021, 21 (2): 603-612.

[33] Long J, Shelhamer E, Darrell T. Fully convolutional networks for semantic segmentation [C] // Proceedings of the IEEE Conference on Computer Vision and Pattern Recognition, 2015: 3431-3440.

[34] Lara-Benítez P, Carranza-García M, Luna-Romera J M, et al. Temporal convolutional networks applied to energy-related time series forecasting [J]. Applied Sciences, 2020, 10 (7): 2322.

[35] Cheng D, Yang F, Xiang S, et al. Financial time series forecasting with multi-modality graph neural network [J]. Pattern Recognition, 2022, 121: 108218.

[36] Wilson G, Doppa J R, Cook D J. Multi-source deep domain adaptation with weak supervision for time-series sensor data [C] // Proceedings of the 26th ACM SIGKDD International Conference on Knowledge Discovery & Data Mining, 2020: 1768-1778.

［37］ Wang M，Deng W. Deep visual domain adaptation：a survey［J］. Neurocomputing，2018，312：135-153.

［38］ 牛黎莎. 基于深度迁移学习的心电异常检测算法研究［D］. 济南：齐鲁工业大学，2021.

［39］ Pan S J，Yang Q. A survey on transfer learning［J］. IEEE Transactions on Knowledge and Data Engineering，2009，22（10）：1345-1359.

［40］ 伏家云，靖常峰，杜明义. 空间密度聚类模式挖掘方法 DBSCAN 研究回顾与进展［J］. 测绘科学，2018，43（12）：54-61.

［41］ 杨丽，李光耀，潘裕清. 基于聚类算法和数值模拟的建筑群平面优化［J］. 同济大学学报（自然科学版），2020，48（2）：46-53.

第3章 机器学习性能评价指标

不论是已有传统机器学习模型还是新提出模型，如何衡量他们在机器学习过程中的效果是决定模型最终性能的一大关键。当然，对于回归与预测、分类、聚类，其模型要完成的任务是有区别的，因此，其性能评价指标各不相同。本章将针对各类应用，简介机器学习模型的性能评价标准。

3.1 回归及预测性能评价指标

衡量回归与预测的性能通常采用下述指标，比如：平均绝对误差（Mean Absolute Error，MAE），平均绝对百分比误差（Mean Absolute Percentage Error，$MAPE$）、均方根误差（Root Mean Square Error，$RMSE$）和皮尔逊相关系数（Pearson Correlation Coefficient，r）[1,2]。

假设数据集为 $\{\boldsymbol{x}^k, y^k\}_{k=1}^N$，那么指标 MAE、$MAPE$、$RMSE$ 和 r 的具体计算公式如下。

（1）平均绝对误差（MAE）

平均绝对误差是所有单个预测值和实际值之间偏差绝对值和的平均，其计算公式为：

$$MAE = \frac{1}{N}\sum_{k=1}^{N}\left|\hat{y}(\boldsymbol{x}^k) - y^k\right| \tag{3-1}$$

式中　$\hat{y}(\boldsymbol{x}^k)$——关于输入 $\boldsymbol{x}^k$ 的预测值；

　　　　y^k——实际值；

　　　　N——总的训练或预测数据的数量。

MAE 的值越小，则表示模型的预测性能越好。

（2）平均绝对误差百分比（$MAPE$）

平均绝对误差百分比通过实际值和预测值的残差与实际值的比值来描述预测的准确性，可以通过式（3-2）计算：

$$MAPE = \frac{1}{N}\sum_{k=1}^{N}\frac{\left|\hat{y}(\boldsymbol{x}^k) - y^k\right|}{y^k} \times 100\% \tag{3-2}$$

$MAPE$ 用百分比表示预测准确性。同样，$MAPE$ 越小，预测模型的性能越好。

（3）均方根误差（$RMSE$）

均方根误差是预测值与实际值偏差的平方与观测次数 N 比值的平方根，其值越小则表示模型的预测性能越好，其计算公式为：

$$RMSE = \sqrt{\frac{1}{N}\sum_{k=1}^{N}(\hat{y}(\boldsymbol{x}^k) - y^k)^2} \tag{3-3}$$

（4）皮尔逊相关系数 r

皮尔逊相关系数用于测量实际值与预测值之间的相关性，其计算公式为：

$$r = \frac{\sum_{k=1}^{N} (\hat{y}(\boldsymbol{x}^k) - E(\hat{y}))(y^k - E(y))}{\sqrt{\sum_{k=1}^{N} (\hat{y}(\boldsymbol{x}^k) - E(\hat{y}))^2} \sqrt{\sum_{k=1}^{N} (y^k - E(y))^2}} \tag{3-4}$$

式中　$E(y)$——真实值 y 的期望或平均值；

$E(\hat{y})$——预测值 $\hat{y}$ 的期望值或平均值。

皮尔逊相关系数 r 范围从 -1 到 1，r 值越大表示模型预测表现越好。

3.2　分类性能评价指标

为了衡量分类模型的性能，常常使用精确度（Pre）、召回率（Rec），以及它们合成的综合指标准确率（ACC）和 $F1$ 值，以及 $Kappa$ 系数等作为评价指标[3-5]。假设 n_{TP} 为正类被判定为正类的数量，n_{TN} 为负类被判定为负类的数量，n_{FP} 为负类被判定为正类的数量，n_{FN} 为正类被判定为负类的数量，以上指标的具体计算如下。

（1）精确度的定义为：

$$Pre = \frac{n_{TP}}{n_{TP} + n_{FP}} \tag{3-5}$$

（2）召回率的定义为：

$$Rec = \frac{n_{TP}}{n_{TP} + n_{FN}} \tag{3-6}$$

（3）准确率（ACC）表示分类正确的样本数占总样本数的比例，能够客观评价模型在多类别任务中的分类能力，其值越高，代表模型的分类性能越好。

对于两分类问题，准确率（ACC）的计算公式如下：

$$ACC = \frac{n_{TP} + n_{TN}}{n_{TP} + n_{FP} + n_{TN} + n_{FN}} \tag{3-7}$$

对于多分类问题，准确率（ACC）的计算公式为：

$$ACC = \frac{\sum_{c=1}^{C} D_{c,c}}{\sum_{a=1}^{C} \sum_{b=1}^{C} D_{a,b}} \tag{3-8}$$

式中　　　　C——类别数；

$\sum_{c=1}^{C} D_{c,c}$——被正确分类的样本数；

$\sum_{a=1}^{C} \sum_{b=1}^{C} D_{a,b}$——样本总数。

（4）$F1$ 值是精确率（Pre）和召回率（Rec）的调和均值，可作为分类模型在不平衡数据集上性能的重要参考，其计算公式为：

$$F1 = 2 \cdot (Pre \cdot Rec)/(Pre + Rec) \tag{3-9}$$

在实际的分类任务中，$F1$ 值与 ACC 一样，其值越高，代表模型的分类性能越好。

（5）$Kappa$ 是专门用来衡量多分类问题的指标，其取值范围是 $0 \sim 1$，数值越大代表分类结果越好。$Kappa$ 系数的计算公式为：

$$Kappa = \frac{P - P_e}{1 - P_e} \qquad (3\text{-}10)$$

式中，P_e 是偶然一致性误差，其计算如下：

$$P_e = \frac{\sum_{i=1}^{C} a_i \times b_i}{N^2} \qquad (3\text{-}11)$$

式中　N——样本总数；

　　C——类别总数；

　　a_i—— i 类样本中真实样本个数；

　　b_i—— i 类样本中预测样本个数，$i = 1, 2, \cdots, C$。

3.3　聚类性能评价指标

通常，采用轮廓系数（Silhouette Coefficient，S)[6]和 Calinski-Harabaz 指数 $s(C)$[7]来评价聚类方法。

轮廓系数 S 可以通过式（3-12）计算：

$$S = \frac{1}{N} \sum_{k=1}^{N} \frac{b(\boldsymbol{x}^k) - a(\boldsymbol{x}^k)}{\max\{b(\boldsymbol{x}^k), a(\boldsymbol{x}^k)\}} \qquad (3\text{-}12)$$

式中　N——簇集中的数据总数；

　　$\boldsymbol{x}^k$——聚类的数据；

　　$a(\boldsymbol{x}^k)$—— $\boldsymbol{x}^k$ 与相同簇集的其他点之间的平均距离；

　　$b(\boldsymbol{x}^k)$—— $\boldsymbol{x}^k$ 与其他不同的簇集的向量之间的平均距离。

轮廓系数的取值范围为 $(-1, 1)$，轮廓系数的数值越大意味着聚类性能越好。

Calinski-Harabaz 指数也是衡量聚类效果的常用指标之一，其计算公式如下：

$$s(C) = \frac{tr(\boldsymbol{B}_c)}{tr(\boldsymbol{W}_c)} \frac{N - C}{C - 1} \qquad (3\text{-}13)$$

式中　N——训练集样本数；

　　C——类别数；

　　$\boldsymbol{B}_c$——类别之间的协方差矩阵；

　　$\boldsymbol{W}_c$——类别内部的协方差矩阵；

　　$tr(\bullet)$——矩阵的迹。

Calinski-Harabaz 指数越大说明聚类效果越好。

3.4　故障诊断性能评价指标

为了评估故障诊断模型的诊断能力，通常采用故障诊断率（FDR）和平均故障诊断率（FDR_{avg}）两个性能指标[8,9]。

FDR 指标用于评估模型在诊断不同类型的故障数据时的准确度，其定义为：

$$FDR = \frac{\text{正确诊断的样本数目}}{\text{样本总数目}} = \frac{N_c}{N} \tag{3-14}$$

式中　N_c——正确诊断的样本数；

　　　N——样本总数。

FDR_{avg} 指标则用于评估模型的整体诊断精度，其表达式为：

$$FDR_{avg} = \frac{\text{各类型故障的 } FDR \text{ 值的和}}{\text{故障类型数量}} = \frac{F_{sum}}{N_g} \tag{3-15}$$

式中　F_{sum}——所有工况数据集的 FDR 值之和；

　　　N_g——工况类型的数量。

3.5　相似性度量准则

在迁移学习中，度量两域之间的差异程度是进行迁移的重要前提，其主旨是通过特定的变换缩小源域和目标域的差异，以确保所采用的方法的精度[10]。迁移学习中，常用的几种度量准则有：距离分析、相似度分析、特征映射。

假设空间中的两个数据分别为 $\boldsymbol{x} = (x_1, x_2, \cdots, x_n)^T$ 和 $\boldsymbol{y} = (y_1, y_2, \cdots, y_m)^T$，其相似性度量的定义如下。

（1）距离分析

距离分析以度量个体在空间上存在的距离为目标，度量值越大代表个体间的差异越大。常用的距离分析方法有欧式距离、闵可夫斯基距离和 KL 散度。

1）欧式距离的定义为：

$$d_E(\boldsymbol{x}, \boldsymbol{y}) = \sqrt{\sum_{i=1}^n \sum_{j=1}^m (x_i - y_j)^2} \tag{3-16}$$

2）闵可夫斯基距离（p 阶距离）的定义为：

$$d_M(\boldsymbol{x}, \boldsymbol{y}) = \left(\sum_{i=1}^n \sum_{j=1}^m (|x_i - y_i|^p)\right)^{1/p} \tag{3-17}$$

当 $p = 1$ 时，闵可夫斯基距离为曼哈顿距离，当 $p = 2$ 时则为欧氏距离。

3）KL 散度的定义为：

$$D_{KL}(P \mid Q) = \sum_{i=1} P(\boldsymbol{x}) \ln \frac{P(\boldsymbol{x})}{Q(\boldsymbol{y})} \tag{3-18}$$

该定义用于衡量两个概率分布 $P(\boldsymbol{x})$，$Q(\boldsymbol{y})$ 的距离，常应用于迁移学习的相似性度量中。

（2）相似度分析

1）余弦相似度的定义为：

$$\cos(\boldsymbol{x}, \boldsymbol{y}) = \frac{(\boldsymbol{x}, \boldsymbol{y})}{\| \boldsymbol{x} \| \cdot \| \boldsymbol{y} \|} \tag{3-19}$$

式中，$\| \boldsymbol{x} \|$ 和 $\| \boldsymbol{y} \|$ 分别为数据 $\boldsymbol{x}$ 和 $\boldsymbol{y}$ 的向量范数。

2）互信息的定义为：

$$I(\boldsymbol{x}, \boldsymbol{y}) = \sum_{\boldsymbol{x}} \sum_{\boldsymbol{y}} p(\boldsymbol{x}, \boldsymbol{y}) \ln \frac{p(\boldsymbol{x}, \boldsymbol{y})}{p(\boldsymbol{x}) p(\boldsymbol{y})} \tag{3-20}$$

3）皮尔逊相关系数的计算公式为：

$$\rho_{x,y} = \frac{Cov(\boldsymbol{x}, \boldsymbol{y})}{\sigma_x \sigma_y} \tag{3-21}$$

式中，σ_x 和 σ_y 分别为 $\boldsymbol{x}$ 和 $\boldsymbol{y}$ 的标准差，$Cov(\boldsymbol{x}, \boldsymbol{y})$ 为 $\boldsymbol{x}$ 和 $\boldsymbol{y}$ 的协方差。

在相似性分析任务中，上述三种分析方法也被广泛使用，其值越大表明数据集越相似。

（3）特征映射

1）最大均值差异（MMD）

最大均值差异是迁移学习中常用的度量方法，MMD 是将向量映射到再生核希尔伯特空间，计算研究变量在该空间中的分布距离[11]。两个随机变量的 MMD 距离的计算如式（3-22）所示：

$$MMD(\boldsymbol{x}, \boldsymbol{y}) = \left\| \sum_{i=1}^{n} \phi(x_i) - \sum_{j=1}^{m} \phi(y_j) \right\| \tag{3-22}$$

式中，$\phi(\cdot)$ 是对研究变量的空间映射，变量的 MMD 值可借助核学习方法计算求得。

2）A-distance

2007 年，Ben 提出了 A-distance 方法，用于分类任务[12]。A-distance 的主旨是使用线性分类器度量数据间的 hinge 损失，其计算公式为：

$$A(\boldsymbol{D}_\mathrm{S}, \boldsymbol{D}_\mathrm{T}) = 2(1 - 2err(h)) \tag{3-23}$$

式中，$err(h)$ 代表分类器的损失。

3.6   小结

本章针对回归与预测、分类、聚类、故障诊断、数据相似性度量等问题，介绍了其机器学习模型的性能评价标准。以下各章将采用这些性能指标对相应的机器学习模型进行评价。在个别应用中，评价指标可能稍有变化，将会在相应章节具体说明。

本章参考文献

[1] 贾俊平，何晓群，金勇 . 统计学[M]. 4 版 . 北京：中国人民大学出版社，2009.

[2] Lee R J, Nicewander W A. Thirteen ways to look at the correlation coefficient [J]. The American Statistician, 1988, 42 (1)：59-66.

[3] 周志华 . 机器学习 [M]. 北京：清华大学出版社，2016.

[4] Yang Y. An evaluation of statistical approaches to text categorization[J]. Information retrieval, 1999, 1 (1-2)：69-90.

[5] Alpaydin E. Introduction to machine learning [M]. Cambridge：MIT press, 2020.

[6] Rousseeuw P J. Silhouettes：a graphical aid to the interpretation and validation of cluster analysis [J]. Journal of computational and applied mathematics, 1987, 20：53-65.

[7] Caliński T, Harabasz J. A dendrite method for cluster analysis [J]. Communications in Statistics-theory and Methods, 1974, 3 (1)：1-27.

[8] Shen C X, Zhang H Y, Meng S P, et al. Augmented data driven self-attention deep learning method

for imbalanced fault diagnosis of the HVAC chiller [J]. Engineering Applications of Artificial Intelligence，2023，117：105540.

[9]　Liu Z，Huang Z，Wang J，et al. A novel fault diagnosis and self-calibration method for air-handling units using Bayesian Inference and virtual sensing [J]. Energy and Buildings，2021，250：111293.

[10]　Weiss K，Khoshgoftaar T M，Wang D D. A survey of transfer learning [J]. Journal of Big data，2016，3（1）：1-40.

[11]　Wilson G，Doppa J R，Cook D J. Multi-source deep domain adaptation with weak supervision for time-series sensor data [C] // Proceedings of the 26th ACM SIGKDD International Conference on Knowledge Discovery & Data Mining，2020：1768-1778.

[12]　Ben-David S，Blitzer J，Crammer K，et al. Analysis of representations for domain adaptation [C] // Proceedings of 2017 Thirty-first Conference on Neural Information Processing Systems，2017：137-144.

第二部分

建筑用能精准预测与分布分析

由于人口增长，建筑功能需求增多，建筑物用能在急剧增加。在我国，建筑能耗约占总能耗的 21.11%，建筑碳排放占全国碳排放的 19.5%，而在所有的建筑中，高能耗建筑所占比例却高达 95%，建筑具有巨大的节能潜力。一方面，挖掘建筑节能潜力，实现建筑能源的优化控制与管理，对改善环境、缓解能源紧张等具有重要的意义。另一方面，近年来，电力行业制定了一系列的需求侧管理措施来推动电力系统的稳定与优化运行，而建筑电力类消耗约占建筑总能耗的 46%，建筑用能也是电力需求侧管理的重要参与者。

智慧建筑的发展目标之一是实现建筑的绿色节能、可持续发展。智慧建筑的运维者和管理者期望在智慧建筑中制定各类节能与能源优化控制策略来提高建筑物的能源效率并降低建筑运行成本。建筑用能数据是建筑海量运行数据的关键组成部分，直接反映建筑用能分布与变化趋势。建筑用能数据分析对于实现智慧建筑建设目标、建筑能源优化控制以及参与电网需求侧响应等均具有重要的意义。

建筑用能数据是典型的一维时间序列数据，其变化受到多方面的影响，如多变的天气状况、不可预估的用户行为和不同的建筑围护结构特性等。如何进行建筑用能数据分析获得有用的规则与知识是需要面对的首要问题。近年来，以机器学习为代表的数据驱动的人工智能为解决该问题提供了有效的方法。机器学习方法操作简单，只依赖历史数据，在发掘数据潜在的关联关系中具有较强的优势，许多专家和学者开始利用该方法实现建筑用能数据建模及其潜在规律的探索。当前基于机器学习的建筑用能数据分析主要应用在建筑能耗预测、异常用能识别和建筑用能分布分析等方面。

建筑能耗预测，即预测建筑未来的能耗分布，在建筑节能评估、多能源调度和节能策略制定等方面都起着重要的作用。当前，基于机器学习的建筑能耗预测主要使用监督式学习方法，通过回归模型来实现建筑能耗的预测。很多传统的机器学习方法，比如 MLR、SVR 和 BPNN 等已经在建筑能耗预测领域有了广泛的应用。但是，传统机器学习方法由于结构简单，无法充分挖掘数据特征，因此存在建筑能耗预测精度低的问题。为实现更加精确的建筑能耗预测，部分学者开始将 DBN、LSTM 等深度学习方法应用到建筑能耗预测中。当前针对深度学习方法在建筑领域的应用研究主要有三个方面：传统机器学习方法与深度学习方法的比较研究、原始深度学习方法的应用研究和改进深度学习方法的研究及其在建筑能耗预测的应用。

建筑用能分布分析的目的是发现相似的建筑用能分布规律，以期能在节能策略制定和需求侧负荷响应等方面发挥作用。建筑用能分布分析的对象主要包括两种类型：单体建筑或建筑设备、多建筑或建筑群，使用的机器学习方法主要是聚类分析等传统方法。当前针对单体建筑或建筑设备的用能分布分析包括分析季节、温度等因素对用能分布的影响，或对建筑的用能数据进行聚类分析来实现建筑典型用能分布的挖掘。相对于单体建筑或建筑设备的用能分布分析来说，多建筑/建筑群用能分布与单体建筑或设备的用能分布分析与挖掘具有很大的不同。多建筑/建筑群中建筑物的数量庞大，每座建筑物均有其独特的物理参数，同时，每座建筑物的用能需求均受到许多不同因素的影响。因此，实现多建筑的用能分布分析是相对困难的。当前针对多建筑用能分布的分析主要通过识别影响建筑用能分布的关键物理参数，并依据关键物理参数对建筑进行分类，进而分析不同类别建筑的用能情况。

无论是深层还是浅层数据驱动的用能预测方法都是针对每一栋建筑分别建立新的模型进行预测，无法对已建预测模型进行重用。常用的 RNN 和卷积网络等模型虽然表现突出，但具有训练时间长、计算量大等特点，而且模型良好的性能需要经过一定经验或多次实验测试才能得出，这会导致针对每一栋建筑分别搭建模型并进行训练的时间、算力成本增高。尽管深度卷积网络的并行计算、卷积参数共享等特性可以加快模型计算速度，但常用的卷积网络结构比较复杂，当网络层数加深时，分别搭建模型并训练同样需要较大的计算成本，从而导致硬件设备承担较大的训练负担。除此之外，对于数据缺乏的建筑，上述方法则无法对其进行较为精确的预测。迁移学习的出现为解决上述问题提供了途径。

针对上述问题，本部分将主要总结建筑用能数据分析研究现状，给出用能数据增强策略，探讨知识与数据融合驱动的建筑负荷精准预测，分析居住建筑群用能分布，探讨基于迁移学习及边缘计算的建筑用能预测问题。

第 4 章 建筑用能数据分析研究现状

4.1 建筑用能预测研究现状

自 19 世纪 70 年代起,建筑用能预测引起了众多科研人员的关注。在这几十年里,研究人员针对建筑用能预测提出了多种预测模型,大致可以分为两类:基于统计回归方法和基于机器学习的方法[1]。下面将对这两类预测方法在建筑用能预测中的应用做简要介绍。

(1)统计回归方法

统计回归方法于 20 世纪 80 年代中期开始应用于建筑用能预测,传统的统计方法包括趋势外推法[2]、回归分析法[3]和时间序列法[4]。在过去很长时间里,统计方法在简单预测任务中发挥重要作用,然而该方法预测精度相对较低,很多研究者开始着眼于优化传统的统计方法以提高预测精度[5,6]。例如 Li 和 Huang 为对负荷进行短期预测,设计了多元线性回归(Multivariable Linear Regression,MLR)模型,该模型采用负荷和环境因素作为输入,通过实验证明了该模型的预测精度优于普通回归方法[7]。

除 MLR 模型外,还有自回归移动平均模型(Autoregressive Integrated Moving Average,ARIMA)。ARIMA 是统计回归方法中使用频率最高的方法。Amjady 等人借助电网日峰值和短时负荷预测实验检验了该模型的准确性,除此之外还对 ARIMA 模型进行优化,优化后的模型消除了电力数据的非平稳影响[8]。此外,Chujai 等人利用 ARIMA 模型对家庭用电量进行预测,结果表明 ARIMA 模型在建筑用能短期预测中性能最佳[9]。在文献 [10] 中,作者提出了使用双季节 ARIMA 的短期负荷预测模型来预测马来西亚一年的电力需求,并通过 k 步超前预测和一步超前预测确定最佳模型。实验结果得出,一步超前预测的双季节 ARIMA 模型性能最优。Newsham 等人提出带有外部输入的 ARIMAX 模型用于预测办公楼的电能需求,该模型使用入住率数据作为外部预测指标来改进 ARIMA,从而提高了模型的准确性[11]。

在实际建筑用能中,设备运行受多种因素影响,各种统计回归模型往往简化了数据间的潜在联系。与统计方法相比,基于人工智能的预测模型能从大量历史数据中学习特征,从而提取用能与环境因素之间的依赖关系进行预测[12]。

(2)基于机器学习的方法

机器学习预测模型具有很强的处理非线性问题的能力,因此广泛用于建筑用能预测[13]。目前基于机器学习的建筑用能预测方法主要分为浅层机器学习方法和基于深度神经网络的深度学习方法。

1)浅层机器学习方法

在建筑用能预测领域,常用的浅层机器学习方法有人工神经网络(Artificial Neural

Network，ANN）、SVR、ELM 以及随机森林等。

ANN 已广泛应用于建筑用能预测中。在文献［14］中，作者利用反向传播误差最小化算法优化前馈神经网络，从而提高了该网络在伊朗某公司电力预测的精度。文献［15］的作者开发了一种使用自回归小波神经网络的微电网短期电力负荷预测方法，并用该方法对温哥华的一座办公建筑进行负荷预测，实验结果表明在所有测试月份中，该方法的 RMSE 和 MAE 皆优于对比模型。此外，有的研究者致力于利用优化算法或其他方法对网络参数进行优化从而提高网络性能。例如，Lee 等人设计了带有非线性时变演化粒子群算法的径向基神经网络来预测中国台湾某地区每小时的用电量[16]。在文献［17］中，为了建立适用于短期用能预测的模型，作者将 BPNN 与梯度下降以及拟牛顿法结合构建预测模型。

SVR 是用能预测任务中常用的方法之一。为了确保 SVR 的预测性能，文献［18］采用差分进化算法寻找 SVM 的最佳核参数，并在某建筑用能数据集上验证了该架构的预测精度。文献［19］中，作者采用 SVR 方法搭建预测模型对某酒店未来用能进行预测并取得了较好的预测精度。在文献［20］中，Liu 等人基于 SVR 搭建预测模型并将该模型对不同的建筑物进行用能预测，通过对比得出该模型的预测精度优于传统预测模型。在文献［21］中，作者提出了改进的 SVR 预测架构，并使用基于径向基函数核的网格搜索方法来探索两个参数对改进的 SVR 模型性能的影响，最后借助实验验证了该架构可以实现精确预测。

ELM 方法为研究者提供了新的建模思路。在文献［22］中，作者基于堆叠式自动编码器与 ELM 设计了一种极限深度学习方法，并设置了对比实验以验证该方法具有良好的性能。除此之外，有些研究者利用集成方法、k-最近邻回归等方法对 ELM 进行优化，从而提高了 ELM 的预测精度[23,24]。

研究者基于随机森林方法（Random Forest，RF）也设计了许多有效的预测模型。文献［25］的作者使用 RF 方法预测佛罗里达州中北部两座教育建筑的每小时用电量，并将 RF 与 SVM 等方法进行比较，结果表明 RF 的预测性能最好。为了提高模型的预测精度，文献［26］的作者们针对负荷的中长期预测改进了 RF，实验评价指标表明改进的 RF 模型具有良好的预测精度。

2）深度学习方法

深度置信网络（DBN）的出现为研究者开发高效、准确的用能预测模型提供了新的思路。在文献［27］中，研究者利用 DBN 搭建了并行预测框架，并在某电力公司的用能数据上进行了实验，结果表明，该方法在减少训练时间的前提下提高了模型预测性能。文献［28］提出了一种嵌入参数 Copula 模型的 DBN 架构来预测电网的每小时负荷，并利用从美国得克萨斯州的某个城市收集的数据验证了该架构的有效性。孔祥玉等人利用 DBN 搭建了短期负荷预测模型，并利用实际数据和对比实验证实了该方法的准确度更高[29]。在文献［30］中，Fu 等人提出了一种集成 DBN 模型、经验模式分解和集成技术的预测方法，并在实际冷负荷数据上进行了实验，结果表明，所提出的预测方法表现出具有竞争力的性能。

相比于 DBN，LSTM 可以更好地提取时序特征，并已广泛应用于时序预测任务中[31]。在文献［32］中，Marino 等人提出了一种基于 LSTM 的预测架构，该架构实现了序列到序列间的预测，并在居民用户电力消耗数据集上进行了实验，实验结果表明该架构具有优良的预测性能。Ma 等人提出了一种具有双向插补和迁移学习结合的 LSTM 模型，借助某校园实验室的用能数据验证了该方法可以更好地提取时序特征[33]。在文献［34］中，作者提出了 LSTM 和改进的正弦余弦优化算法组合的建筑能耗预测方法，利用从国外某学院学术大楼获得的实时能耗数据对该方法的预测性能进行了验证。研究者们基于 LSTM 提出了门控循环网络以优化其单元参数，门控循环网络或基于堆叠自动编码等其他方法改进的门控循环网络在建筑用能方面也受到了青睐[35, 36]。

相较于 LSTM，CNN 增添了深度结构，旨在自动、自适应地学习特征的空间层次[37]。Amarasinghe 等人调查了使用 CNN 在独栋建筑进行能源负荷预测的有效性，实验结果表明，CNN 的性能优于改进的 SVR[38]。Kim 等人提出了一种 CNN-LSTM 预测模型，该网络可以提取数据潜在的时空特征从而实现了住宅能耗的精确预测[39]。许言路等人提出了一种基于深度学习技术的多尺度信息融合 CNN 模型，可用于电力系统短期负荷预测，该模型实现了短期电力负荷的精确预测[40]。

研究者们也常常将深度神经网络与其他方法组合构建模型以更好地分析用能数据，相关研究表明，结合深度学习方法可以改善模型的预测效果[41-43]。但是，深度神经网络训练时间长、算力成本高，而且当研究数据缺失或不足时，网络的特征提取能力会削弱从而无法达到预期的预测效果。

4.2　建筑用能分布分析研究现状

建筑用能分布分析是建筑用能数据分析的重要研究方向，对于制定建筑节能策略，调整建筑设备运行状况和实现更精确的建筑能耗预测结果都具有重要意义。建筑用能数据没有明确的标签，聚类分析算法作为典型的非监督式机器学习方法，可以在没有标签的条件下，将相似的数据归为统一的簇集，因此研究者往往通过聚类分析算法实现建筑典型用能分布的挖掘。

当前大部分的研究集中于识别单体建筑或设备在不同天气、不同时间类型或者不同功能下的用能分布。Ma 等人[44]依据天气状态、工作日/假期对建筑用能分布进行了分类，并分别构建了不同情况下的建筑能耗基准预测模型。Culaba 等人[45]使用 K-means 算法识别了建筑用能分布，并使用 SVM 实现了多用途建筑的能耗预测，该研究使用了 30 多个多用途建筑能耗的公开数据集进行用能分布分析，充分验证了模型的有效性。为衡量建筑节能改造的效果，Ko 等人[46]分析了建筑的日用能分布，并利用不同类别的建筑日能耗特征进行了基准能耗模型的构建。Yoon 等人[47]对多个不同类型的建筑能耗分别进行了聚类分析，发现建筑用能分布与季节、是否为工作日等有不同程度的关联。Luo 等人[48]依据天气状态对建筑用能分布进行了分类，并依据不同的用能分布分别构建了基于深度神经网络的能耗预测模型。Yang 等人[49]使用 K-shape 方法对不同类型建筑、不同时间粒度（如小时电力负荷与周电力负荷）进行了用能分布挖掘，并使用三种类型的 10 座建筑验证了其方法的有效性。

近年来，城市能源规划、电网需求侧响应等提出了对多建筑典型用能分布挖掘的需求，当前针对多建筑典型用能分布挖掘的研究相对较少[50]。物理参数是影响多建筑用能分布的关键因素之一。一些学者探索建筑物理参数与建筑能耗分布的关系，并利用建筑物理参数来实现建筑的分类，进而分析不同类别建筑的用能情况。Chang 等人[51]分析了极寒地区的 40 座居住建筑，利用 K-means 方法实现了对建筑围护结构参数与建筑供热能耗的聚类分析，发现了建筑围护结构与建筑供热能耗的关联关系。Hong 等人[52]分析了建筑物方向、楼层数、窗/墙比等多个建筑物理参数与低能耗建筑用能的关系，分析结果表明建造年份、建筑物方向、窗/墙比、楼层数是对建筑能耗影响最大的几个因素，基于该结果将上海 136 座低能耗办公建筑进行了分类，并构建出了多个低能耗建筑原型。然而，建筑有众多的物理参数，该方法需确定影响建筑用能的关键物理参数，在实际应用过程中，利用此种方法获取合理的典型用能分布是相对复杂和困难的。

实际上，部分机构中存储有大量可用的建筑用能数据，例如，电网中存储有居住建筑海量的用能数据。直接对居住建筑的用能时间序列进行聚类分析，可以避免对众多建筑物理参数的考虑，且具有更准确的用能分布识别结果。Rhodes 等人[53]对多个家庭的不同季节的平均日能耗进行聚类分析，识别出了不同季节下的电力需求模式。但是，该方法在进行日能耗聚类时使用的是季节平均日能耗，粒度较大，聚类结果深受季节特征的影响，且为获得最新的典型用能分布，需要对新采集的用能数据重复进行聚类分析。

由以上论述可知，研究者们在单体建筑或者建筑设备的用能分布分析上做了大量的研究，并取得了显著的效果。然而，针对多建筑的用能分布分析的研究相对较少且存在分析效果差、操作复杂或分析粒度大等问题。因此，多建筑的典型用能分布分析仍然需要更深入的研究工作。

4.3   小结

本章总结了建筑用能分析研究现状，进而分析了在该领域统计回归方法和机器学习预测方法的应用现状，介绍了建筑用能分布分析研究进展。本章的总结回顾为后续内容提供了基础。

本章参考文献

[1] 刘大龙，刘加平，杨柳. 建筑能耗计算方法综述 [J]. 暖通空调，2013，43（1）：95-99.

[2] 夏昌浩，曹瑾，张密，等. 电力负荷趋势外推法预测算例分析与模型检验 [J]. 中国科技信息，2016，21：90-92.

[3] 季泽宇，袁越，邹文仲. 改进偏最小二乘回归在电力负荷预测中的应用 [J]. 电力需求侧管理，2011，13(1)：10-14.

[4] 董福贵，时磊，吴南南. 基于 DEA-TOPSIS-时间序列的风电绩效动态评价 [J]. 电力科学与工程，2018，34（11）：20-29.

[5] Zhao H，Magoulès F. A review on the prediction of building energy consumption [J]. Renewable and Sustainable Energy Reviews，2012，16（6）：3586-3592.

[6] 刘华春，候向宁，杨忠. 基于改进 K 均值算法的入侵检测系统设计 [J]. 计算机技术与发展，2016，

26 (1)：101-105.

[7] Li Z, Huang G. Re-evaluation of building cooling load prediction models for use in humid subtropical area [J]. Energy and Buildings, 2013, 62：442-449.

[8] Amjady N. Short-term hourly load forecasting using time-series modeling with peak load estimation capability [J]. IEEE Transactions on Power Systems, 2001, 16 (3)：498-505.

[9] Chujai P, Kerdprasop N, Kerdprasop K. Time series analysis of household electric consumption with ARIMA and ARMA models [C] // Proceedings of the International Multi-Conference of Engineers and Computer Scientists, 2013, 1：295-300.

[10] Mohamed N, Ahmad M H, Ismail Z. Short term load forecasting using double seasonal ARIMA model [C] // Proceedings of the Regional Conference on Statistical Sciences, 2010, 10：57-73.

[11] Newsham G R, Birt B J. Building-level occupancy data to improve ARIMA-based electricity use forecasts [C] // Proceedings of the 2nd ACM Workshop on Embedded Sensing Systems for Energy-efficiency in Building, 2010：13-18.

[12] Wang J, Jiang H, Zhou Q, et al. China's natural gas production and consumption analysis based on the multicycle hubbert model and rolling grey model [J]. Renewable and Sustainable Energy Reviews, 2016, 53：1149-1167.

[13] Yang L, Yan H, Lam J C. Thermal comfort and building energy consumption implications - a review [J]. Applied Energy, 2014, 115：164-173.

[14] Azadeh A, Ghaderi S F, Sohrabkhani S. Annual electricity consumption forecasting by neural network in high energy consuming industrial sectors [J]. Energy Conversion and Management, 2008, 49 (8)：2272-2278.

[15] Chitsaz H, Shaker H, Zareipour H, et al. Short-term electricity load forecasting of buildings in microgrids [J]. Energy and Buildings, 2015, 99：50-60.

[16] Lee C M, Ko C N. Time series prediction using RBF neural networks with a nonlinear time-varying evolution PSO algorithm [J]. Neurocomputing, 2009, 73 (1-3)：449-460.

[17] Ye Z, Kim M K. Predicting electricity consumption in a building using an optimized back-propagation and Levenberg-Marquardt back-propagation neural network：Case study of a shopping mall in China [J]. Sustainable Cities and Society, 2018, 42：176-183.

[18] Zhang F, Deb C, Lee S E, et al. Time series forecasting for building energy consumption using weighted support vector regression with differential evolution optimization technique [J]. Energy and Buildings, 2016, 126：94-103.

[19] Shao M, Wang X, Bu Z, et al. Prediction of energy consumption in hotel buildings via support vector machines [J]. Sustainable Cities and Society, 2020, 57：102128.

[20] Liu D, Chen Q, Mori K. Time series forecasting method of building energy consumption using support vector regression [C] // 2015 IEEE International Conference on Information and Automation, IEEE, 2015：1628-1632.

[21] Ma Z, Ye C, Li H, et al. Applying support vector machines to predict building energy consumption in China [J]. Energy Procedia, 2018, 152：780-786.

[22] Li C, Ding Z, Zhao D, et al. Building energy consumption prediction：An extreme deep learning approach [J]. Energies, 2017, 10 (10)：15-25.

[23] Moon J, Kim Y, Son M, et al. Hybrid short-term load forecasting scheme using random forest and multilayer perceptron [J]. Energies, 2018, 11 (12)：328312.

[24] Ahmad T, Chen H. Nonlinear autoregressive and random forest approaches to forecasting electricity load for utility energy management systems [J]. Sustainable Cities and Society, 2019, 45: 460-473.

[25] Wang Z, Wang Y, Zeng R, et al. Random forest based hourly building energy prediction [J]. Energy and Buildings, 2018, 171: 11-25.

[26] Pham A D, Ngo N T, Truong T T, et al. Predicting energy consumption in multiple buildings using machine learning for improving energy efficiency and sustainability [J]. Journal of Cleaner Production, 2020, 260: 121082.

[27] Zhang B, Xu X, Xing H, et al. A deep learning based framework for power demand forecasting with deep belief networks [C] // 2017 18th International Conference on Parallel and Distributed Computing, Applications and Technologies (PDCAT), IEEE, 2017: 191-195.

[28] He Y, Deng J, Li H. Short-term power load forecasting with deep belief network and copula models [C] // 2017 9th International Conference on Intelligent Human-machine Systems and Cybernetics (IHMSC), IEEE, 2017, 1: 191-194.

[29] 孔祥玉，郑锋，鄂志君，等. 基于深度信念网络的短期负荷预测方法 [J]. 电力系统自动化，2018，42(5): 133-139.

[30] Fu G. Deep belief network based ensemble approach for cooling load forecasting of air-conditioning system [J]. Energy, 2018, 148: 269-282.

[31] 肖航. 基于深度学习的高校建筑能耗预测研究 [D]. 广州：华南理工大学，2020.

[32] Marino D L, Amarasinghe K, Manic M. Building energy load forecasting using deep neural networks [C] // IECON 2016-42nd Annual Conference of the IEEE Industrial Electronics Society, IEEE, 2016: 7046-7051.

[33] Ma J, Cheng J C, Jiang F, et al. A bi-directional missing data imputation scheme based on LSTM and transfer learning for building energy data [J]. Energy and Buildings, 2020, 216: 109941.

[34] Somu N, Gauthama R M, Ramamritham K. A hybrid model for building energy consumption forecasting using long short term memory networks [J]. Applied Energy, 2020, 261: 114131.

[35] Kuan L, Yan Z, Xin W, et al. Short-term electricity load forecasting method based on multilayered self-normalizing GRU network [C] // 2017 IEEE Conference on Energy Internet and Energy System Integration (EI2), IEEE, 2017: 1-5.

[36] Kang K, Sun H B, Zhang C K, et al. Short-term electrical load forecasting method based on stacked auto-encoding and GRU neural network [J]. Evolutionary Intelligence, 2019, 12 (3): 385-394.

[37] Li Y, Pang Y, Wang J, et al. Patient-specific ECG classification by deeper CNN from generic to dedicated [J]. Neurocomputing, 2018, 314: 336-346.

[38] Amarasinghe K, Marino D L, Manic M. Deep neural networks for energy load forecasting [C] // 2017 IEEE 26th International Symposium on Industrial Electronics (ISIE), IEEE, 2017: 1483-1488.

[39] Kim T Y, Cho S B. Predicting residential energy consumption using CNN-LSTM neural networks [J]. Energy, 2019, 182: 72-81.

[40] 许言路，武志锴，朱赫炎，等. 基于多尺度卷积神经网络的短期电力负荷预测 [J]. 沈阳工业大学学报，2020，42(6): 618-623.

[41] Ma H, Du N, Yu S, et al. Analysis of typical public building energy consumption in northern China [J]. Energy and Buildings, 2017, 136: 139-150.

[42] Yan K, Li W, Ji Z, et al. A hybrid LSTM neural network for energy consumption forecasting of in-

dividual households [J]. IEEE Access, 2019, 7: 157633-157642.

[43] Sajjad M, Khan Z A, Ullah A, et al. A novel CNN-GRU-based hybrid approach for short-term residential load forecasting [J]. IEEE Access, 2020, 8: 143759-143768.

[44] Ma Z J, Song J L, Zhang J L. Energy consumption prediction of air-conditioning systems in buildings by selecting similar days based on combined weights [J]. Energy and Buildings, 2017, 151: 157-166.

[45] Culaba A B, Del Rosario A J, Ubando A T, et al. Machine learning-based energy consumption clustering and forecasting for mixed-use buildings [J]. International Journal of Energy Research, 2020, 44 (5): 9659-9673.

[46] Ko J H, Kong D S, Huh J H. Baseline building energy modeling of cluster inverse model by using daily energy consumption in office buildings [J]. Energy and Buildings, 2017, 140: 317-323.

[47] Yoon Y R, Shin S H, Moon H J. Analysis of building energy consumption patterns according to building types using clustering methods [J]. Journal of the Korean Society of Living Environmental System, 2017, 24 (2): 232-237.

[48] Luo X J, Oyedele L O, Ajayi A O, et al. Feature extraction and genetic algorithm enhanced adaptive deep neural network for energy consumption prediction in buildings [J]. Renewable and Sustainable Energy Reviews, 2020, 131: 109980.

[49] Yang J J, Ning C, Deb C, et al. K-shape clustering algorithm for building energy usage patterns analysis and forecasting model accuracy improvement [J]. Energy and Buildings, 2017, 146: 27-37.

[50] Li X W, Wen J. Net-zero energy building clusters emulator for energy planning and operation evaluation [J]. Computers Environment and Urban Systems, 2017, 62: 168-181.

[51] Chang C, Zhu N, Yang K, et al. Data and analytics for heating energy consumption of residential buildings: The case of a severe cold climate region of China [J]. Energy and Buildings, 2018, 172: 104-115.

[52] Hong Y, Ezeh C I, Deng W, et al. Correlation between building characteristics and associated energy consumption: Prototyping low-rise office buildings in shanghai [J]. Energy and Buildings, 2020, 217: 109959.

[53] Rhodes J D, Cole W J, Upshaw C R, et al. Clustering analysis of residential electricity demand profiles [J]. Applied Energy, 2014, 135: 461-471.

第 5 章　用能数据增强与预测

不管是深度学习还是传统的机器学习方法均依赖于历史数据，在保证数据质量的前提下，充足的数据有利于深度学习和传统机器学习方法更准确地发现建筑用能数据中潜在的规律与知识。虽然所获取的建筑用能数据集大多数质量较好且数据量充足，但在实际应用中，建筑运行初期或节能改造后常常面临建筑用能信息不充分的问题，主要原因在于传输线路、传感器不稳定故障或系统调试等所导致的大量数据缺失，数据常常数日或数月缺失；或者数据采集时长有限导致的可用数据不足。数据信息不充分时将严重影响所构建模型的性能。此时，一种有效途径是通过数据生成方法增强数据信息量，将"小数据"转换为"大数据"，再从"大数据"中发现"小知识、小规则"。

当前，大部分的一维数据生成方法通过逐个估算数据点的分布，并在分布范围内实现数据的生成，并未考虑数据点之间的联系。能耗数据属于典型的一维时间序列数据，但实现有效的数据生成难度较大。针对建筑用能数据的生成，当前的研究相对较少。GAN 是一种新型的深度学习模型，具备发现数据潜在分布并生成具有相似分布的数据的能力，已在生物医学、图像识别等多个领域应用并取得良好的效果。该模型为解决建筑中的用能数据不足的问题提供了新的解决思路。本章将应用 GAN 实现用能数据的生成与能耗平行预测模型的构建，以改善建筑用能数据不足的问题并提升基于机器学习方法的建筑用能预测模型的精度。

5.1　传统一维数据生成方法

其他领域提出了一些一维数据生成方法来解决数据不足的问题。Huang 等人[1]提出了将信息扩散技术（Information Diffusion Technology，IDT）与神经网络结合构建一种扩散型神经网络的方法。Li 等人[2]提出了一种整体趋势扩散（Mega Trend Diffusion，MTD）技术，该技术将整体扩散与数据趋势估计相结合，用于生成柔性制造系统的人工数据。Li 等人[3]进一步将 MTD 方法与启发式机制（HMTD）结合以生成人工数据，并利用混合数据进行预测。Chen 等人[4]将约束粒子群优化和三角形隶属关系相结合来生成虚拟样本。此外，一些学者利用自举法（Bootstrap）[5]和蒙特卡洛法[6]来产生人工数据，实现数据增强。下面介绍 IDT、HMTD 和 Bootstrap 等常用的一维数据生成方法。

（1）IDT 方法

IDT 方法将观测到的真实数据进行模糊变换来实现对原始训练数据集的数据补充[1]。IDT 变换公式如下：

$$\bar{x}_i = x_i - \sqrt{-2h_{\mathrm{x}}^2 \ln\phi(w)} \tag{5-1}$$

$$\bar{y}_k = y_k - \sqrt{-2h_{\mathrm{y}}^2 \ln\phi(w)} \tag{5-2}$$

式中　$\bar{x}_i$——人工数据；

　　　x_i——原始数据序列中的第 i 个原始数据；

　　　$\bar{y}_k$——生成的人工数据；

　　　y_k——原始输出数据序列中的第 k 个原始数据；

　　h_x、h_y——扩散系数，可以通过式（5-3）计算：

$$h = \theta(b-a) \tag{5-3}$$

式中　a、b——x_i 或 y_k 的最小值和最大值，可以依据文献选定合适的 θ 值；

　　　$\phi(w)$——x_i 和 $\bar{x}_i$，y_k 和 $\bar{y}_k$ 之间的关联度。

（2）HMTD 方法

HMTD 将 MTD 方法与启发式机制结合在一起来实现用能数据的生成[2]。在 HMTD 方法中，人工数据的最小值（L）和最大值（U）通过下式获得：

$$L = \begin{cases} CL - \dfrac{N_L}{N_L + N_U}\sqrt{-2\hat{s}_x^2\ln(10^{-20})}, & L \geqslant L_{\min} \\ L_{\min}, & L < L_{\min} \end{cases} \tag{5-4}$$

$$U = \begin{cases} CL + \dfrac{N_L}{N_L + N_U}\sqrt{-2\hat{s}_x^2\ln(10^{-20})}, & U \leqslant U_{\max} \\ U_{\max}, & U > U_{\max} \end{cases} \tag{5-5}$$

式中　$L_{\min}$、$U_{\max}$——原始数据中的最大值和最小值；

　　　N_L——小于 CL 的数据个数；

　　　N_U——大于 CL 的数据个数。

CL 和 $\hat{s}_x^2$ 的计算公式如下：

$$CL = \frac{(U_{\min} + L_{\min})}{2} \tag{5-6}$$

$$\hat{s}^2 = \frac{1}{N-1}\sum_{k=1}^{N}(x_k - \bar{x})^2 \tag{5-7}$$

式中　N——原始数据的数量；

　　　$\bar{x}$——原始数据的平均值。

获取 L 和 U 后，基于 L 和 U 之间的均匀分布生成采样数据 t_d，并计算该采样数据发生可能性，发生概率 MF 的计算公式如下：

$$MF = \begin{cases} \dfrac{t_d - L}{CL - L}, & t_d \leqslant CL \\ \dfrac{U - t_d}{U - CL}, & t_d > CL \end{cases} \tag{5-8}$$

同时，生成 [0，1] 范围随机数 s，并将该随机数 s 与采样数据发生概率 MF 进行比较，若 $s > MF$，则保留该采样数据 t_d，否则舍弃采样数据 t_d。

（3）Bootstrap 方法

Bootstrap 是一种统计学方法。Boostrap 的基本思想是通过对样本数据进行重复采样，从重复采样数据中推断原样本分布并构建新的样本集，将该样本集作为原始数据的补充[5]。在本章中，为利用 Boostrap 方法实现人工能耗数据序列的生成，将每天同一时间段的能耗数据作为采样数据集，通过循环重复采样生成能耗序列，实现对原始数据的补充。

5.2 基于 GAN 的建筑用能数据生成与平行预测

本章所提出的基于 GAN 的建筑用能数据生成与平行预测方法如图 5-1 所示。该模型分为两个阶段，即能耗数据生成阶段和平行预测阶段。在能耗数据生成阶段，利用 GAN 探索原数据集的数据分布，并生成与原始数据分布类似的增强数据，即将"小数据"转换为"大数据"。在平行预测阶段，原始数据与增强数据混合用于训练机器学习模型（如 BPNN、ELM、SVR 等）以构建建筑能耗平行预测模型，即从"大数据"中发现"小知识、小规则"。

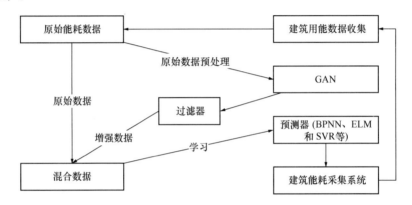

图 5-1　建筑用能数据生成与平行预测方法

1. 能耗数据生成

假设有 N_1 天的真实建筑的能耗时间序列数据，具体如下：

$$\{\boldsymbol{x}_t = (x_1^t, x_2^t, \cdots, x_n^t)^\mathrm{T}\}_{t=1}^{N_1} \tag{5-9}$$

式中　t——天数（天）；

　　　n——每天的采样数据数。

建筑日能耗数据的分布具有较强的相似性。在数据生成阶段，将日能耗数据序列输入到 GAN 中，利用 GAN 发现潜在的日能耗数据分布，并生成与原始日能耗数据分布相似的增强数据序列。增强数据的生成可以看作是 GAN 实现的由噪声数据向生成数据的转换。在实际的数据生成过程中，GAN 生成的某些数据与原始数据序列分布有极大的差异，而采用这些差异较大的数据可能会降低建筑用能模型的预测精度。为了解决该问题，设置过滤器用来去除差异性较大的数据序列。该过滤器将生成数据序列与原始数据的均值序列进行比较并获取 $MAPE$，当 $MAPE$ 大于某一阈值时，则舍弃所生成的数据序列。在对生成数据进行滤波之后，获得增强数据，与原始数据的混合后用于训练机器学习回归模型（如 BPNN、ELM、SVR 等），实现建筑用能平行预测模型的构建。

假设 GAN 生成了 N_2 天的建筑能耗时间序列数据，如式（5-10）所示：

$$\{\boldsymbol{y}_t = (y_1^t, y_2^t, \cdots, y_n^t)^\mathrm{T}\}_{t=1}^{N_2} \tag{5-10}$$

利用 GAN 生成平行能耗数据的本质是对原能耗数据潜在固有分布的探索，通过增加随机因素来实现新数据的生成，实际上相当于利用 GAN 构建了一个与真实建筑相平行的虚拟能源消耗体系。原则上，GAN 生成的能耗数据是无限多个且无重复的。

2. 基于混合数据的能耗平行预测

将 $N_1 + N_2$ 天的混合能耗时间序列转换为如式（5-11）所示的一维混合数据时间序列：

$$x_1^1, \cdots, x_n^1, \cdots, x_1^{N_1}, \cdots, x_n^{N_1}, y_1^1, \cdots, y_n^1, \cdots, y_1^{N_2}, \cdots, y_n^{N_2} \tag{5-11}$$

为简单表示，将式（5-11）表示为：

$$s_1, s_2, \cdots, s_K \tag{5-12}$$

式中，$K = n \times (N_1 + N_2)$，该混合数据序列将用于构建机器学习预测模型。

为了构建平行预测模型，使用混合数据序列中时间 k 之前的 p 个数据预测时间为 k 的能耗值，即利用 $s_{k-1}, \cdots, s_{k-p}$ 来预测 s_k 的值，其预测公式如下：

$$\hat{s}_k = f(s_{k-1}, \cdots, s_{k-p}) \tag{5-13}$$

式中，$f(\cdot)$ 代表由机器学习算法实现的预测模型，例如 BPNN、SVR 和 ELM 等。

5.3　实验与结果分析

1. 实验设定

（1）具体实验方案

为证明所提出方法的有效性及优越性，下面将进行详细实验，实验方案如图 5-2 所示。

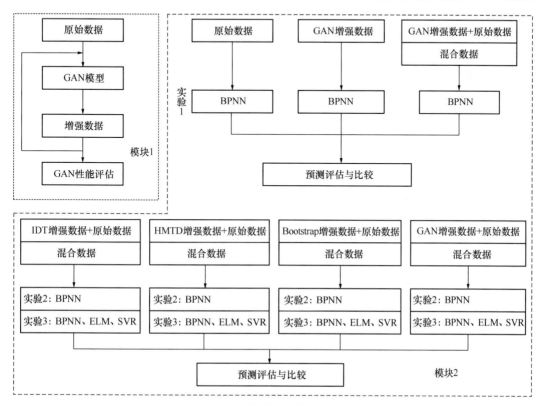

图 5-2　本章所采用的实验方案

本实验方案由两个模块构成，模块 1 评估 GAN 性能表现，模块 2 评估与比较混合数据驱动的建筑能耗平行预测模型的有效性与优越性。使用 *MAPE*、*MAE* 和 皮尔逊相关系数 *r* 作为相关方法的能耗数据生成与能耗平行预测的评价指标。

在模块 1 中，监测了 GAN 迭代过程中生成器和鉴别器损失及生成数据与原始数据差异的变化过程。GAN 的生成器设定为多层感知器神经网络，激活函数为 tanh，使用 Adam 算法来优化生成器[7]。GAN 的鉴别器设定为 LSTM，优化算法也使用 Adam 算法。两个深度学习模型在 GAN 中的应用提高了发现能耗数据潜在分布的可能性。原始数据序列和随机噪声数据将输入到 GAN 中，然后 GAN 经训练后生成平行能耗数据。在该模块中，通过增强数据与原始数据比较来验证增强数据的有效性。

在模块 2 中，通过 3 个实验来验证平行预测模型的有效性。在第 1 个实验中，选择 BPNN 作为基本预测模型，分别使用原始数据、增强数据和混合数据来训练 BPNN，并采用相同的测试集比较不同 BPNN 的预测性能。在第 2 个实验中，为了展示基于 GAN 生成的增强数据的优势，将 GAN 方法与 IDT、HMTD 和 Bootstrap 方法进行比较。使用来自 4 种数据生成方法的混合数据分别训练 BPNN 获得不同的建筑能耗预测模型，并使用相同的测试集对 4 种模型的预测性能进行比较。在第 3 个实验中，选择 BPNN、ELM 和 SVR 方法作为预测模型，分别使用 GAN、IDT、HMTD 和 Bootstrap 的混合数据分别训练 BPNN，ELM 和 SVR，并再次比较它们的预测表现。

（2）实验数据

1）商业建筑

商业建筑的数据集选择美国海厄利亚某个百货商场建筑的原始用能数据，该数据集可从美国能源部建筑数据网站下载。该数据集包含 2010 年 1 月 1 日到 2010 年 12 月 31 日之间的能耗数据，采样频率为 15min 采样一次，共有 34940 个能耗样本。本章将 15min 能耗序列合成为半小时能耗序列，最终获得了 17470 个半小时能耗，半小时能耗的范围在 219～1032kWh 之间。

2）办公建筑

办公建筑能耗数据集来自位于北京的世东国际中心（以下简称世东国际）。世东国际是一座新建的办公建筑，占地面积 $11400.028m^2$，该建筑的能源管理系统每隔 1h 收集一次建筑的能耗数据。选择南塔四层的能耗数据作为实验数据，获取了从 2017 年 9 月 25 日到 2018 年 5 月 25 日共计 243 天的小时能耗数据。该建筑为新建建筑，其能耗数据有明显的数据缺失问题，经数据预处理[8]，最终获得了 1944 个世东国际的小时能耗样本。

数据归一化对提升机器学习模型的收敛性具有很大的作用。数据归一化方法主要包括 min-max 标准化方法、Z-core 方法等。本章主要采用 min-max 标准化方法实现对两座建筑的能耗数据的归一化，具体计算公式如下：

$$\bar{x}_j^t = \frac{x_j^t - \min\limits_{j,t} x_j^t}{\max\limits_{j,t} x_j^t - \min\limits_{j,t} x_j^t} \tag{5-14}$$

式中 $\bar{x}_j^t$ ——归一化后的能耗值；

x_j^t ——第 t 天 j 时间的原始能耗值。

2. 实验结果与分析

（1）商业建筑实验结果

1）数据生成

将百货商场原始能耗数据分为 13 个小数据集，每个小数据集包含 28 个日能耗序列，每个日能耗序列中有 48 个半小时能耗值，即每个小数据集中有 1344 个半小时能耗值。从中随机选取 8 个小数据集分别进行数据生成，即进行了 8 次数据生成实验。在实验中，GAN 的生成器设有两个隐层，每层中有 48 个隐节点，鉴别器设有 1 个隐层，隐层有 48 个节点，鉴别器的输入层有 48 个节点，而输出层有 1 个节点。

在数据生成过程中，监测 GAN 的生成器的损失与鉴别器的损失的变化。图 5-3 展示了该建筑能耗数据生成过程中生成器和鉴别器损失的变化轨迹。其中，Gloss 定义为生成器的损失，Dloss 定义为鉴别器的损失。

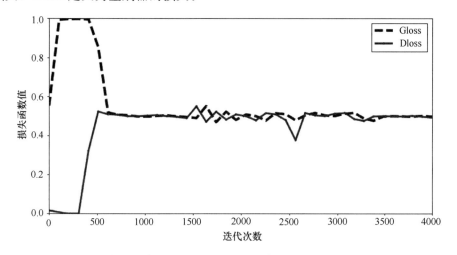

图 5-3　生成器损失（Gloss）和鉴别器损失（Dloss）的数值变化趋势

从图 5-3 中可以看到，生成器和鉴别器的损失随着迭代次数的增加最终达到了平衡状态，此时 Gloss＝Dloss＝0.5。

为评估生成数据与原始数据分布的相似性，计算原始数据的日半小时平均能耗序列作为日能耗模式来反映原始能耗数据的分布，日能耗模式 $\boldsymbol{x}_{\mathrm{eq}}$ 表示如下：

$$\boldsymbol{x}_{\mathrm{eq}} = \frac{1}{N_1} \left(\sum_{t=1}^{N_1} x_1^t, \sum_{t=1}^{N_1} x_2^t, \cdots, \sum_{t=1}^{N_1} x_n^t \right)^{\mathrm{T}} \tag{5-15}$$

式中，N_1 是采样天数。

图 5-4 展示了百货商场日用能模式与原始日用能序列。从该图可以看出，该建筑物原始日能耗序列具有相似的分布。

2）能耗平行预测实验

随机选取 8 个小数据集作为原始训练数据集，每个小数据集的后一个数据集作为测试数据集，使用 3 个不同的实验验证所提出方法的优越性。

① 实验 1

在该实验中，进行了 3 个子实验。在第 1 个子实验中，使用 1344 个原始数据点用于

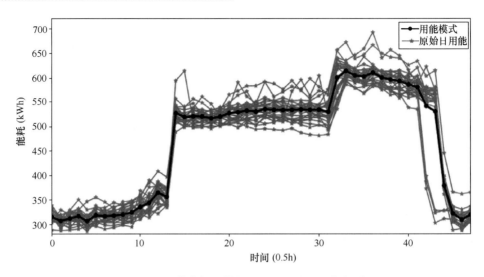

图5-4　百货商场日用能模式与原始日用能序列

BPNN 预测模型的训练。在第 2 个子实验中，使用 1344 个增强数据用于 BPNN 模型训练。在第 3 个子实验中，将原始数据和增强数据的混合数据用于 BPNN 模型的训练。每个子实验使用相同的测试数据集用于 BPNN 模型的评估，共得到 8 组实验结果。BPNN 预测模型的输入层、隐层和输出层中的节点数分别设置为 4、48 和 1，学习率设置为 0.1。

使用 MAE、$MAPE$ 和 r 评估使用原始数据、增强数据和混合数据训练的 BPNN 预测器的性能表现，表 5-1 列出了所有实验结果。

不同数据驱动的 BPNN 预测性能　　　　　　　　　　　表 5-1

实验次数	数据类型	MAE	$MAPE$ (%)	r	实验次数	数据类型	MAE	$MAPE$ (%)	r
1	原始	25.18	5.70	0.939	6	原始	26.14	5.35	0.946
	增强	23.21	5.38	0.942		增强	37.02	7.29	0.931
	混合	24.66	5.50	0.940		混合	22.39	4.64	0.948
2	原始	39.74	8.26	0.936	7	原始	41.02	7.52	0.925
	增强	33.01	7.44	0.922		增强	38.56	6.83	0.915
	混合	28.96	6.29	0.942		混合	35.19	6.47	0.930
3	原始	37.16	7.51	0.942	8	原始	32.28	5.93	0.952
	增强	32.07	6.10	0.941		增强	33.39	5.97	0.937
	混合	34.27	6.73	0.930		混合	26.59	4.84	0.953
4	原始	38.13	6.98	0.936	—	—	—	—	—
	增强	42.89	7.67	0.909		—	—	—	—
	混合	38.30	6.17	0.938		—	—	—	—
5	原始	30.30	6.62	0.919	平均	原始	33.74	6.69	0.937
	增强	27.77	6.04	0.919		增强	33.50	6.59	0.927
	混合	27.55	5.99	0.924		混合	28.98	5.83	0.940

② 实验 2

为进一步研究 GAN 在实现数据生成上的优越性，在实验 2 中，首先随机选择该建筑的两个小数据集分别作为训练和测试数据集；然后使用 GAN、IDT、HMTD 和 Boot-strap 生成不同的虚拟能耗数据，并将相同的原始训练数据与来自 4 种数据生成方法的虚拟数据混合，以形成不同的混合数据集；最后利用不同的混合数据集训练 BPNN，并通过相同的测试数据集比较 BPNN 的预测性能。

针对每种数据生成模型进行了 10 次预测实验。图 5-5 展示了基于 4 种数据生成方法的混合数据驱动的 BPNN 模型的 MAE、$MAPE$ 和 r 的值。此外，为了更直观地展示预测模型的性能比较，图 5-6 显示了不同混合数据驱动的 BPNN 预测误差直方图。

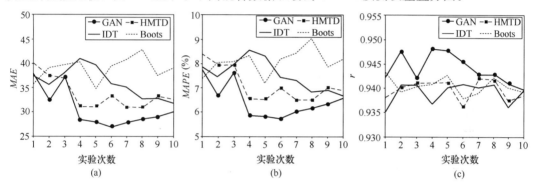

图 5-5　不同混合数据驱动的 BPNN 模型预测性能比较

（a）MAE 值比较；（b）$MAPE$ 值比较；（c）r 值比较

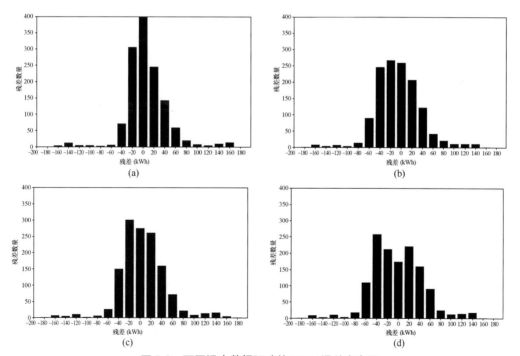

图 5-6　不同混合数据驱动的 BPNN 误差直方图

（a）GAN 所生成混合数据驱动的 BPNN 预测误差直方图；（b）IDT 所生成混合数据驱动的 BPNN 预测误差直方图；（c）HMTD 所生成混合数据驱动的 BPNN 预测误差直方图；（d）Bootstrap 所生成混合数据驱动的 BPNN 预测误差直方图

③ 实验 3

在该实验中，分别使用来自 4 种数据生成方法的混合数据来训练 BPNN、ELM 和 SVR。其中，ELM 隐层中的节点数设置为 24，激活函数设定为 RBF 函数；SVR 的惩罚系数设置为 0.5，并选择径向基函数作为其核函数。

使用不同的能耗生成模型的混合数据和原始数据分别对预测模型进行 10 次训练，并使用相同的测试集比较预测结果。其中，每次训练均使用重新生成的虚拟数据与相同的原始数据所构成新的混合数据。表 5-2 展示了不同数据驱动的 BPNN、ELM 和 SVR 的 10 次预测结果的 MAE、$MAPE$ 和 r 的平均值。

不同混合数据驱动的 BPNN、ELM 和 SVR 的预测性能表现 表 5-2

	数据类别	BPNN	ELM	SVR
MAE 均值	GAN	30.63	22.10	38.68
	IDT	36.08	22.85	40.91
	HMTD	33.80	22.85	41.89
	Bootstrap	38.93	23.71	38.84
	原始数据	40.06	24.81	40.53
$MAPE$ 均值（%）	GAN	6.47	4.67	8.45
	IDT	7.54	4.82	8.93
	HMTD	7.14	4.85	9.18
	Bootstrap	8.08	5.04	8.60
	原始数据	8.34	5.45	8.89
r 均值	GAN	0.944	0.948	0.942
	IDT	0.939	0.946	0.939
	HMTD	0.940	0.946	0.943
	Bootstrap	0.940	0.944	0.943
	原始数据	0.936	0.932	0.941

（2）办公建筑实验结果

1）数据生成

世东国际的日用能模式和原始日用能序列如图 5-7 所示。从该图中可以看出，世东国际的原始日用能序列也具有相似的分布。

将世东国际的能耗数据分为训练集和测试集，其中 50% 用于训练，50% 用于测试。训练数据集包含 980 个数据点（81 条每日数据序列，每个数据序列包含 24 个能耗值）。该实验中，GAN 的生成器网络每层具有 24 个节点，鉴别器有 1 个隐层，其输入层和隐层分别有 24 个节点，输出层中有 1 个节点。

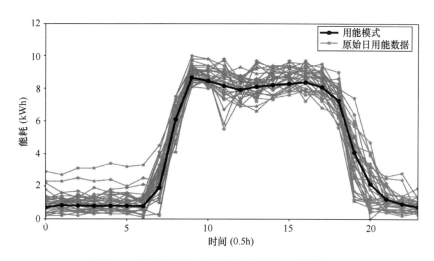

图 5-7　世东国际的日用能模式和原始日用能序列

图 5-8 中显示了在世东国际数据生成过程中生成器损失和鉴别器损失的变化趋势。

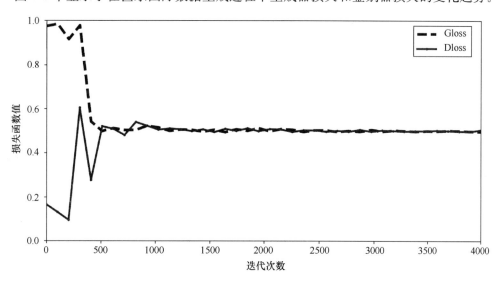

图 5-8　生成器损失（Gloss）和鉴别器损失（Dloss）随迭代次数增加的数值变化趋势

2）能耗平行预测实验

依旧考虑与百货商场实验中相类似的 3 个实验。

① 实验 1

在该实验中，通过 GAN 生成 10 组增强数据集，并做了 3 个子实验。第 1 个子实验使用 980 个原始数据训练 BPNN；第 2 个实验用新生成的 980 个增强数据进行能耗预测模型 BPNN 的训练；第 3 个实验使用原始数据与增强数据组合的混合数据训练能耗预测模型 BPNN。使用相同的测试数据集用于不同 BPNN 预测模型的性能测试，BPNN 的设置与百货商场实验中的 BPNN 的设置相同。

分别评估原始数据、增强数据和混合数据驱动的 BPNN 的预测表现，获得 10 组实验结果并取平均值，表 5-3 中列出了不同数据驱动的 BPNN 的能耗预测表现。

不同数据驱动的 BPNN 的能耗预测表现　　　　　　　　表 5-3

实验次数	数据类型	MAE	MAPE (%)	r	数据类型	MAE	MAPE (%)	r
1	增强数据	0.83	24.50	0.931	混合数据	0.56	12.61	0.954
2	增强数据	0.74	20.27	0.939	混合数据	0.56	13.51	0.953
3	增强数据	0.79	21.55	0.934	混合数据	0.56	13.55	0.954
4	增强数据	0.71	18.33	0.938	混合数据	0.55	13.15	0.954
5	增强数据	0.69	18.51	0.945	混合数据	0.55	13.52	0.954
6	增强数据	0.85	25.62	0.938	混合数据	0.56	13.54	0.955
7	增强数据	0.79	22.41	0.934	混合数据	0.56	14.38	0.954
8	增强数据	0.89	27.09	0.935	混合数据	0.56	14.02	0.955
9	增强数据	0.74	17.34	0.931	混合数据	0.56	13.42	0.955
10	增强数据	0.75	20.71	0.938	混合数据	0.57	14.60	0.955
*	生成平均	0.79	21.63	0.936	混合平均	0.56	13.63	0.954
*	原始数据	0.67	19.42	0.952	—	—	—	—

② 实验 2

在该实验中，世东国际原始数据的 50％用于训练，剩下的 50％用于测试。首先分别利用 GAN、IDT、HMTD 和 Bootstrap 方法进行虚拟数据的生成；然后将每种方法产生的虚拟数据与原始训练数据集成以形成新的混合数据集；最后将 4 种混合数据集分别用于 BPNN 模型的训练。

同样，针对每种数据生成方法进行了 10 次实验。图 5-9 展示了 4 种方法在 MAE、MAPE 和 r 标准下的性能表现。图 5-10 给出了 4 种混合数据驱动的 BPNN 预测误差的直方图。

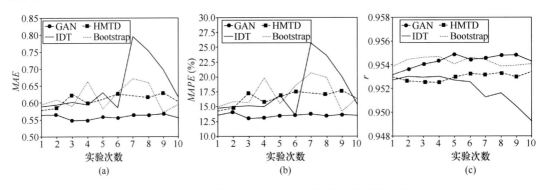

图 5-9　4 种混合数据驱动的 BPNN 模型的预测性能比较

（a）MAE 值比较；（b）MAPE 值比较；（c）r 值比较

③ 实验 3

在该实验中，来自 4 种数据生成方法的混合数据和原始数据分别用于训练 BPNN、ELM 和 SVR 预测模型。每一预测模型进行 10 次训练与预测，得到 10 组不同的预测结果。表 5-4 比较了不同混合数据和原始数据驱动的 BPNN、ELM 和 SVR 的预测性能。

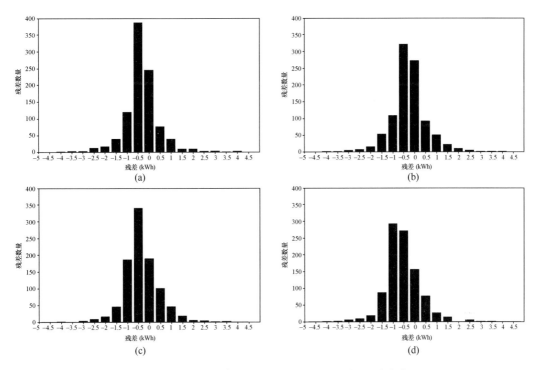

图 5-10　4 种混合数据驱动的 BPNN 模型预测误差的直方图

（a）GAN 所生成混合数据驱动的 BPNN 预测误差直方图；（b）IDT 所生成混合数据驱动的 BPNN 预测误差直方图；
（c）HMTD 所生成混合数据驱动的 BPNN 预测误差直方图；（d）Bootstrap 所生成混合数据驱动的 BPNN 预测误差直方图

不同混合数据和原始数据驱动的 **BPNN、ELM 和 SVR** 的预测性能　　　表 5-4

	数据类别	BPNN	ELM	SVR
MAE 均值	GAN	0.559	0.586	0.704
	IDT	0.645	0.615	0.729
	HMTD	0.609	0.604	0.731
	Bootstrap	0.616	0.597	0.728
	原始数据	0.666	0.635	0.730
MAPE 均值 （%）	GAN	13.53	14.87	20.49
	IDT	17.49	15.49	21.69
	HMTD	16.46	15.57	21.57
	Bootstrap	17.15	15.12	21.47
	原始数据	19.10	16.76	21.78
r 均值	GAN	0.954	0.952	0.944
	IDT	0.952	0.950	0.943
	HMTD	0.953	0.951	0.943
	Bootstrap	0.954	0.952	0.943
	原始数据	0.952	0.949	0.943

（3）实验结果分析与讨论

根据以上实验结果，可以得到以下结论：

1）图 5-3 和图 5-8 展示了在百货商场和世东国际的增强数据生成过程中生成器和鉴别器损失的变化趋势。从这两张图可知，随着迭代次数的增加，生成器和鉴别器的损失都将逐渐趋近于 0.5，这意味着生成器和鉴别器之间的对抗已经达到平衡状态，在该状态下，鉴别器无法区分原始数据与生成数据。

2）表 5-1 和表 5-3 证明了混合数据驱动的 BPNN 的预测结果优于原始数据驱动的 BPNN 的预测结果。在百货商场实验中，在 MAE 的评价标准下，与原始数据驱动的 BPNN 模型相比，混合数据驱动的 BPNN 模型的 MAE 平均改善 14.1%，而世东国际实验中则平均改善 16.4%，这意味着 GAN 的增强数据为原始数据提供了良好的数据补充。此外，增强数据驱动的预测模型与原始数据驱动的预测模型也做了相关的比较，实验表明增强数据驱动的预测模型的性能虽然并不比原始数据驱动的预测模型性能好，但是两者的预测误差差距较小且可以接受，这也从另一方面证明了 GAN 可以发现原始能耗潜在的分布并生成可用性较高的增强数据。

3）图 5-5 和图 5-9 展示了由来自不同数据生成方法（GAN、IDT、HMTD 和 Bootstrap 方法）的混合数据驱动的预测模型的性能比较。从这些图中可以看出，IDT、HMTD 和 Bootstrap 混合数据驱动的预测模型存在预测结果不稳定的现象，而 GAN 混合数据驱动的预测模型具有最准确和最稳定的预测结果。在 MAE 的评价标准下，GAN 在第一个实验中的性能比其他方法优异约 20% 以上，在第二个实验中，GAN 比其他方法优异约 12% 以上。图 5-6 和图 5-10 为不同预测模型的误差直方图，对于误差直方图，误差值在零附近的数目越多意味着预测精度越高。这两个误差直方图也反映了本章所提出的方法具有最优的预测精度。然而，GAN 通过多次迭代训练来实现人工数据的生成，因此，相对来说，GAN 的计算时间要高于 IDT、HMTD 和 Bootstrap。

4）表 5-2 和表 5-4 展示了由 GAN、IDT、HMTD 和 Bootstrap 方法生成的混合数据驱动的 BPNN、ELM 和 SVR 预测模型的性能表现。这两个表中的结果再次证明，由 GAN 生成的混合数据驱动的 BPNN、ELM 和 SVR 的性能优于其他三种数据生成方法所生成的混合数据驱动的 BPNN、ELM 和 SVR，也进一步证明了本章所提出方法的优势与有效性。

5.4 小结

为解决建筑中能耗数据不足的问题并提升能耗预测精度，本章提出了一种基于 GAN 的建筑能耗数据生成与平行预测方法，利用 GAN 将"小数据"转换为"大数据"，再由"大数据"中提取"小知识、小规则"。所提出的方法包括两个阶段，第一阶段利用 GAN 生成增强数据作为原始数据的补充，而第二阶段将原始数据与增强数据组合生成混合数据训练机器学习方法（例如 BPNN、SVR 和 ELM 等）来实现建筑能耗平行预测。为了验证该方法的有效性和可用性，使用了两个真实建筑的能耗数据集进行了实验并对实验结果进行了全面比较。结果表明，基于 GAN 的数据生成方法与现有其他数据生成方法相比，性能表现更优，且混合数据驱动的预测模型比原始数据驱动的预测模型精度更高。

本章参考文献

［1］　Huang C，Moraga C. A diffusion-neural-network for learning from small samples ［J］. International Journal of Approximate Reasoning，2004，35 (2)：137-161.

［2］　Li D C，Wu C S，Tsai T I，et al. Using mega-trend-diffusion and artificial samples in small data set learning for early flexible manufacturing system scheduling knowledge ［J］. Computers & Operations Research，2007，34 (4)：966-982.

［3］　Li D C，Chen C C，Chang C J，et al. A tree-based-trend-diffusion prediction procedure for small sample sets in the early stages of manufacturing systems ［J］. Expert Systems with Applications，2012，39 (1)：1575-1581.

［4］　Chen Z S，Zhu B，He Y L，et al. A PSO based virtual sample generation method for small sample sets：Applications to regression datasets ［J］. Engineering Applications of Artificial Intelligence，2017，59：236-243.

［5］　Thanathamathee P，Lursinsap C. Handling imbalanced data sets with synthetic boundary data generation using bootstrap re-sampling and AdaBoost techniques ［J］. Pattern Recognition Letters，2013，34 (12)：1339-1347.

［6］　Gong H F，Chen Z S，Zhu Q X，et al. A Monte Carlo and PSO based virtual sample generation method for enhancing the energy prediction and energy optimization on small data problem：An empirical study of petrochemical industries ［J］. Applied Energy，2017，197：405-415.

［7］　Goodfellow I，Pouget-Abadie J，Mirza M，et al. Generative adversarial nets ［C］// Proceedings of the 27th International Conference on Neural Information Processing Systems. Cambridge：MIT Press，2014：2672-2680.

［8］　刘明吉，王秀峰，黄亚楼. 数据挖掘中的数据预处理 ［J］. 计算机科学，2000，27 (4)：54-57.

第 6 章　知识与数据融合驱动的建筑能耗预测

6.1　引言

深度学习方法的应用在一定程度上提高了建筑能耗预测的精度。然而，一个不可忽视的问题是输入数据对机器学习方法的性能具有很大的影响，提取和利用原始数据中固有的、有价值的特征对于改进机器学习方法的预测精度也非常重要。

为充分挖掘和利用原始数据中的特征，一种策略是采用多模型集成的方法。例如，Lu 等人[1]将随机森林与 BPNN 相结合构建一种新的模型来预测地源热泵系统的能耗。Fu[2]提出了一种经验模式分解和 DBN 相结合的混合模型，以实现建筑物制冷负荷的预测。Li 等人[3]将 ELM 应用到 DBN 模型的回归部分来实现建筑能耗的快速预测。Jung 等人[4]利用最小二乘法改进 SVR 来实现更准确的建筑能耗预测。Xu 等人[5]采用了粒子群优化算法来改进 ELM 模型以实现其对建筑能耗的稳定预测。Huang 等人[6]综合利用 SVR、ELM 和 MLR 的预测能力，构建了一个集成预测模型以实现能耗预测精度的提升。这些综合利用不同机器学习方法的模型在建筑能耗预测精度提升上取得了良好的效果。

实际上，深度网络的各层神经元均具有转换和提取数据特征的能力，然而，现有基于深度学习方法的能耗预测模型往往只关注最后一层网络的提取特征而忽视其他各层网络所提取的特征的价值，换句话说，其并未对此类深度学习方法各层所提取的特征值进行充分的利用。最近，有学者开始将深度学习应用于建筑能耗特征提取的研究上，例如，文献[7]利用自动编码网络和 GAN 实现了建筑能耗特征工程的构建。其他一些深度学习模型（例如 DBN）通过逐层计算来实现特征提取，也具备较强的特征重建能力。

此外，建筑运行过程中除积累海量的数据外，也积攒大量的先验知识，例如能耗的周期特性知识、标准规范要求、工作时间要求等。这些知识反映了建筑运行的部分趋势或规律。利用现有的先验知识对数据进行处理，提取出现有知识无法分析的数据特征，再利用数据驱动的方法来分析这些数据特征，可以实现对数据未知的知识或规律的有针对性的充分挖掘。近年来，研究人员探讨了知识与数据模型的集成问题，特别是与 ANN 模型[8, 9]、模糊系统模型[10, 11]、SVR 模型[12]的集成。相关结果表明，相比于单一数据驱动模型，知识与数据模型的集成能更好地复现原系统，取得更好的建模性能。建筑能耗深受室外环境温度、人员行为等因素的影响。人们总是 8:00～9:00 离开家前往工作场所，然后在 17:00～19:00 由工作场所返回家中，即使在工作场所，人们也常常会工作一段时间，然后再休息一会。同时，室外温度作为影响建筑能耗的重要因素之一，在一天之内变化也具有明显的周期性[13]。所有这些周期性因素作用于建筑的运行过程，使得建筑能耗也具有明显的或隐含的日周期性特征。在文献[14]中，Boland 深入分析建筑电力需求的周期性特征，并将发现的特征用于生成建筑电力负荷序列。然而，近年来的基于机器学习的建筑能耗预测的研究极少提及关于建筑能耗本身的一些固有特征，如循环特征（周期特性）的利用[15]，将能耗日周期知识与数据驱动的方法相结合，对于预测精度的提升具有重要的意义。

综上所述，为进一步提升建筑能耗短期预测精度，本章提出一种知识与数据驱动的基于循环特征（CF）与深度集成置信网络模型（DEEM）的预测方法（DEEM＋CF），该方法主要考虑两种策略：①提取和利用建筑用能日周期特征知识；②充分利用深度学习各层网络的特征提取能力。在该方法中，首先利用频谱分析提取建筑能耗的循环特征与能耗残差；然后提出基于 DBN 与 ELM 的深度集成置信网络实现对残差数据的预测；最后将循环特征与残差预测结果集成得到最终预测结果。

6.2　基于循环特征和深度集成置信网络的建筑能耗预测

为了更清楚地介绍所提出的方法，本节首先介绍 DEEM＋CF 建筑能耗预测方法的实施步骤，然后详细介绍循环特征提取与 DEEM 方法的实现过程。

6.2.1　基于循环特征和深度集成置信网络的建筑能耗预测框架

图 6-1 给出了本章所提出的"DEEM＋CF"建筑能耗预测方案。详细步骤如下：

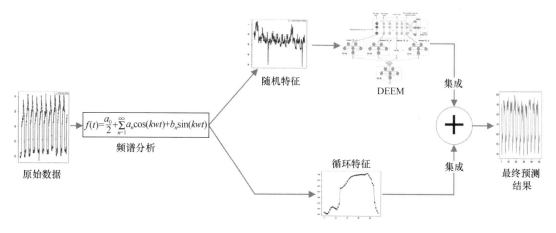

图 6-1　基于循环特征与深度集成置信网络的建筑能耗预测方案

步骤 1： 利用频谱分析提取建筑能耗的循环特征部分，该循环特征是原始建筑能耗时间序列数据的稳定组成部分；

步骤 2： 删除原始数据的稳定分量即循环特征以提取能耗残差时间序列，并将能耗残差时间序列数据转换为能耗残差训练数据集；

步骤 3： 利用能耗残差训练数据集构建 DEEM，实现能耗残差的预测；

步骤 4： 集成能耗残差预测值与循环特征值，实现建筑能耗的最终预测。

6.2.2　基于频谱分析的循环特征提取

1. 频谱分析方法

任何一个复杂的信号波形均可以转化为多个具有特定循环周期的简单波形的叠

加[16, 17]。频谱分析[18, 19]可以通过傅立叶级数实现波形分解，可以发现数据序列潜在的循环特征。该方法已经应用在许多其他的领域，如智能交通[20, 21]、电力预测[22]、故障检测[23]和太阳辐射分析[24, 25]等，来实现对潜在信息的挖掘。在所提出的"DEEM＋CF"方法中，将采用频谱分析方法提取建筑能耗的日循环特征。

首先，给出频谱函数的定义：假如 $f(t)$ 是采样周期为 T 的循环数据序列，则 $f(t)$ 可通过傅立叶级数表示如下：

$$f(t) = \sum_{n=1}^{\infty} c_n \cdot \mathrm{e}^{jn\omega t} \tag{6-1}$$

式中，c_n 是关联系数，$w = \dfrac{2\pi}{T}$。

该傅立叶级数也可以通过如下三角函数多项式表示：

$$f(t) = \frac{c_0}{2} + \sum_{n=1}^{\infty} c_n \cos(n\omega t) + \sum_{n=1}^{\infty} d_n \sin(n\omega t) \tag{6-2}$$

式中，c_0，c_n，d_n 的计算公式如下：

$$c_0 = \frac{T}{2} \int_{-\frac{T}{2}}^{\frac{T}{2}} f(t) \mathrm{d}t \tag{6-3}$$

$$c_n = \frac{T}{2} \int_{-\frac{T}{2}}^{\frac{T}{2}} f(t) \cos(n\omega t) \mathrm{d}t \tag{6-4}$$

$$d_n = \frac{T}{2} \int_{-\frac{T}{2}}^{\frac{T}{2}} f(t) \sin(n\omega t) \mathrm{d}t \tag{6-5}$$

2. 建筑能耗循环特征的提取

为了获得建筑能耗的周期性特征，首先计算并获取每日建筑半小时/小时能耗序列的平均值，其计算公式为：

$$p^t = \frac{1}{D} \sum_{i=1}^{D} v_i^t \tag{6-6}$$

式中 p^t —— t 时刻的能耗平均值；

v_i^t —— 第 i 天 t 时刻的能耗值；

D —— 总天数。

然后，使用频谱函数提取建筑能耗的日循环特征，并获得稳定能耗分量，具体公式如下：

$$\hat{p}^t = c_0 + c_1 \sin\left(\frac{2\pi t}{N}\right) + d_1 \cos\left(\frac{2\pi t}{N}\right) + \cdots + c_n \sin\left(\frac{2n\pi t}{N}\right) + d_n \cos\left(\frac{2n\pi t}{N}\right) \tag{6-7}$$

式中，N 是每日收集的能耗数据的数量。

为得到该循环特征，需优化确定式（6-7）中的系数 c_0，c_1，$\cdots$，c_n，d_0，d_1，$\cdots$，d_n。由于这些系数与输出 $\hat{p}^t$ 呈线性关系，故可以通过如下最小二乘法计算得到：

$$\begin{bmatrix} c_0 \\ c_1 \\ d_1 \\ \vdots \\ c_n \\ d_n \end{bmatrix} = \begin{bmatrix} 1 & \sin\left(\frac{2\pi}{N}\right) & \cos\left(\frac{2\pi}{N}\right) & \cdots & \sin\left(\frac{2n\pi}{N}\right) & \cos\left(\frac{2n\pi}{N}\right) \\ 1 & \sin\left(\frac{4\pi}{N}\right) & \cos\left(\frac{4\pi}{N}\right) & \cdots & \sin\left(\frac{4n\pi}{N}\right) & \cos\left(\frac{4n\pi}{N}\right) \\ \vdots & \vdots & \vdots & \ddots & \vdots & \vdots \\ 1 & \sin\left(\frac{2N\pi}{N}\right) & \cos\left(\frac{2N\pi}{N}\right) & \cdots & \sin\left(\frac{2Nn\pi}{N}\right) & \cos\left(\frac{2Nn\pi}{N}\right) \end{bmatrix}^{+} \begin{bmatrix} p^1 \\ p^2 \\ \vdots \\ p^N \end{bmatrix} \tag{6-8}$$

式中，十表示 Moore-Penrose 广义逆。

　　在获得循环特征以后，通过从原始数据中去除稳定分量（循环特征）得到能耗残差数据。每个原始能耗值是稳定能耗分量和能耗残差的和，其表达式为：

$$v_i^t = \hat{p}^t + x_i^t \tag{6-9}$$

式中，x_i^t 是第 i 天 t 时刻的能耗残差。

　　能耗循环特征反映了建筑能耗的整体趋势，而能耗残差则更能表现建筑能耗的特殊性与随机性。将所有的能耗残差组合为一维时间序列 $\{x_1, x_2, \cdots\}$，之后将能耗残差序列转换为能耗残差训练数据集 $(\boldsymbol{X}_0, \boldsymbol{y})$。设该训练集具有 N 个样本 $\{\boldsymbol{x}_{0,k}, y_k\}_{k=1}^N$，式中 $\boldsymbol{x}_{0,k} = (x_{0,k}^1, x_{0,k}^2, \cdots, x_{0,k}^n)$。

6.2.3　能耗残差数据驱动的深度集成置信网络模型构建

　　基于 DBN 和 ELM 的深度集成置信网络模型（DEEM）的结构如图 6-2 所示。DEEM利用 DBN 各层网络的特征提取能力新生成多个特征数据集，与目标能耗结合构建多个训练集，并选择 ELM 作为各层特征利用模型和集成预测模型。

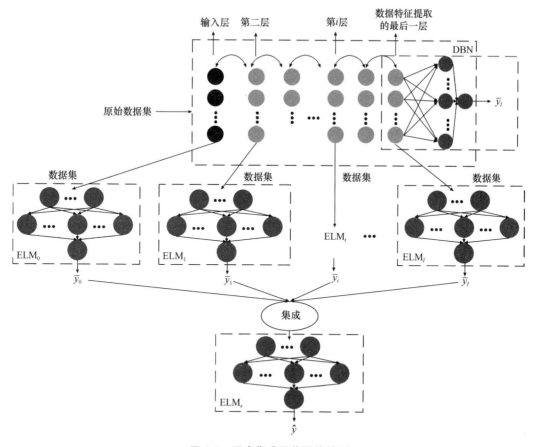

图 6-2　深度集成置信网络模型

　　在所给出的 DEEM 方法中，首先，将原始能耗残差训练数据集输入到 DBN 模型中，DBN 通过逐层计算从原始能耗残差数据集中提取新的数据特征。DBN 的每一层神经元都会输出一组新的特征数据集，该数据集与目标残差能耗值组合构成新的训练数据集。然后使用每一组训练数据集训练一个单独的 ELM 预测模型，以获得目标值的多个初始预测结果。最后将所有初始预测结果集成在一起，并再次与目标值组合构成集成训练集训练另一个 ELM，获得最终的建筑能耗残差的预测结果。

DEEM 的详细构建步骤如下：

输入：能耗残差训练数据集 $(\boldsymbol{X}_0, \boldsymbol{y})$、DBN 隐层的层数。

输出：最终的能耗残差预测输出 $\hat{y}$。

步骤 1：输入残差训练数据集 $(\boldsymbol{X}_0, \boldsymbol{y})$ 到 DBN 模型，并训练 DBN 模型。假设第 i 个隐层的输出特征为 $\boldsymbol{X}_i (i = 1, 2, \cdots, l)$，将 $\boldsymbol{X}_i$ 与目标残差能耗 $\boldsymbol{y}$ 组合构建一个新的训练数据集 $(\boldsymbol{X}_i, \boldsymbol{y})$；

步骤 2：将生成的数据集 $(\boldsymbol{X}_i, \boldsymbol{y})$ 输入到单个 ELM 模型进行训练并获得初始的预测结果 $\bar{y}_i (i = 1, 2, \cdots, l)$。此外，初始训练数据集 $(\boldsymbol{X}_0, \boldsymbol{y})$ 也用于训练一个单独的 ELM 并获得另一个初始预测结果 $\bar{y}_0$；

步骤 3：整合所有初始预测结果 $\bar{y}_i (i = 0, 1, \cdots, l)$，与目标数据集组成新的训练数据集，使用该训练集训练另外一个 ELM 模型以生成最终的预测结果 $\hat{y}$。

在 DEEM 模型中，DBN 的每个隐层中都生成一个新的特征数据集。输入的能耗残差数据集和新提取得到各层的特征数据集将全部用于建筑能耗预测模型的训练。与传统的深度学习模型相比，DEEM 充分利用了初始数据特征和来自深度学习模型各隐层所提取的所有特征。

下面，将详细给出 DEEM 的构建过程。

1. 训练数据集的生成与 ELM 学习

DBN 各层神经元对初始能耗残差数据逐层计算与处理，获得每个隐层的提取特征，并将提取特征与目标能耗残差结合构成多个训练数据集。DBN 第 i 个隐层所构建的训练数据集为 $(\boldsymbol{X}_i, \boldsymbol{y})$，其中，$\boldsymbol{X}_i$ 通过式（6-10）计算得到：

$$\boldsymbol{X}_i = \hat{g}_i(\boldsymbol{X}_{i-1}, \boldsymbol{W}_i, \boldsymbol{a}_i, \boldsymbol{b}_i) \tag{6-10}$$

式中　$\hat{g}_i(\cdot)$ ——DBN 的第 i 个隐层中的激活函数；

$\boldsymbol{X}_{i-1}$ ——DBN 第 $i-1$ 个隐层的输出结果；

$(\boldsymbol{W}_i, \boldsymbol{a}_i, \boldsymbol{b}_i)$ ——DBN 第 $i-1$ 个和 i 个隐层之间的加权矩阵和参数向量。

新生成的训练数据集为 $(\boldsymbol{X}_i, \boldsymbol{y})$，其中，$\boldsymbol{X}_i$ 与 $\boldsymbol{y}$ 可以分别表示为：

$$\boldsymbol{X}_i = \begin{bmatrix} \boldsymbol{x}_{i,1} \\ \boldsymbol{x}_{i,2} \\ \cdots \\ \boldsymbol{x}_{i,N} \end{bmatrix} = \begin{bmatrix} x^1_{\{i,1\}} & \cdots & x^n_{\{i,1\}} \\ x^1_{\{i,2\}} & \cdots & x^n_{\{i,2\}} \\ \cdots & \cdots & \cdots \\ x^1_{\{i,N\}} & \cdots & x^n_{\{i,N\}} \end{bmatrix} \tag{6-11}$$

$$\boldsymbol{y} = (y_1, y_2, \cdots, y_N)^{\mathrm{T}} \tag{6-12}$$

式中，n 是 DBN 第 i 个隐层中的节点数。

若 DBN 具有 l 个隐层，则将获得 $l+1$ 个训练数据集，包括 l 个新生成的 DBN 各隐层所对应的训练数据集和一个原始的能耗残差训练数据集。

$l+1$ 个训练数据集用于构建 $l+1$ 个 ELM 模型并获得 $l+1$ 个初始预测结果 $\bar{y}_i$, 其中 $\bar{y}_i$ 通过式（6-13）计算：

$$\bar{y}_{i,k} = \sum_{j=1}^{L_i} \beta_{i,j} g_i(\boldsymbol{x}_{i,k}, \boldsymbol{a}_{i,j}, b_{i,j}) \tag{6-13}$$

式中，$i=0,1,\cdots,l$，$k=1,2,\cdots,N$，$g_i(\bullet)$ 是第 i 个 ELM 中的激活函数，第 i 个 ELM 中有 L_i 个隐节点，$(\boldsymbol{a}_{i,j}, b_{i,j})$ 是第 i 个 ELM 的输入层和隐层之间的加权向量和偏置量。$\boldsymbol{\beta}_i = (\beta_{i,1}, \cdots, \beta_{i,L_i})^{\mathrm{T}}$ 是第 i 个 ELM 的隐层和输出层之间的加权向量。

根据 ELM 的训练算法，在随机确定参数 $(\boldsymbol{a}_{i,j}, b_{i,j})$ 后，权重向量 $\boldsymbol{\beta}_i$ 可以通过式（6-14）确定：

$$\boldsymbol{\beta}_i = (\beta_{i,1}, \beta_{i,2}, \cdots, \beta_{i,L_i})^{\mathrm{T}} = \begin{pmatrix} g_i(\boldsymbol{x}_{i,1}, \boldsymbol{a}_{i,1}, b_{i,1}) & \cdots & g_i(\boldsymbol{x}_{i,1}, \boldsymbol{a}_{i,L_i}, b_{i,L_i}) \\ g_i(\boldsymbol{x}_{i,2}, \boldsymbol{a}_{i,1}, b_{i,1}) & \cdots & g_i(\boldsymbol{x}_{i,2}, \boldsymbol{a}_{i,L_i}, b_{i,L_i}) \\ \vdots & \ddots & \vdots \\ g_i(\boldsymbol{x}_{i,N}, \boldsymbol{a}_{i,1}, b_{i,1}) & \cdots & g_i(\boldsymbol{x}_{i,N}, \boldsymbol{a}_{i,L_i}, b_{i,L_i}) \end{pmatrix}^{+} \begin{pmatrix} y_1 \\ y_2 \\ \vdots \\ y_N \end{pmatrix} \tag{6-14}$$

2. 基于 ELM 的集成预测

在集成预测部分，首先将 $l+1$ 个初始预测结果与目标值组成为一个新的训练数据集，然后使用新生成的数据集构建集成预测模型。由于 ELM 的计算复杂度低且具有良好的非线性逼近能力，再次使用 ELM 作为集成预测模型。

假设用于集成预测模型训练的数据集为 $(\bar{\boldsymbol{Y}}, \boldsymbol{y})$，其中 $\bar{\boldsymbol{Y}}$ 的表达式为：

$$\bar{\boldsymbol{Y}} = \begin{pmatrix} \bar{y}_{0,1} & \cdots & \bar{y}_{l,1} \\ \bar{y}_{0,2} & \cdots & \bar{y}_{l,2} \\ \vdots & \vdots & \vdots \\ \bar{y}_{0,N} & \cdots & \bar{y}_{l,N} \end{pmatrix} \tag{6-15}$$

式中，$\bar{y}_{i,k}$ 是输入数据 $\boldsymbol{x}_{i,k}$ 的预测值，通过式（6-13）计算得到。

$\bar{\boldsymbol{Y}}$ 也可以表示为：

$$\bar{\boldsymbol{Y}} = (\bar{\boldsymbol{y}}^{(0)}, \bar{\boldsymbol{y}}^{(1)}, \cdots, \bar{\boldsymbol{y}}^{(N)})^{\mathrm{T}} \tag{6-16}$$

式中，$\bar{\boldsymbol{y}}^{(i)} = (\bar{y}_{0,i}, \bar{y}_{1,i}, \cdots, \bar{y}_{l,i})^{\mathrm{T}}$，$i=1,2,\cdots,N$。

用该训练数据集 $(\bar{\boldsymbol{Y}}, \boldsymbol{y})$ 训练另一个 ELM 模型。首先假设集成预测 ELM 具有 q 个隐节点，则其输入输出映射可以表示为：

$$\hat{y}_i = \sum_{p=1}^{q} \hat{\beta}_p \hat{g}(\bar{\boldsymbol{y}}^{(i)}, \hat{a}_p, \hat{b}_p) \tag{6-17}$$

式中，$i=1,2,\cdots,N$，$(\hat{a}_p, \hat{b}_p)$ 是集成 ELM 模型的输入层和隐层之间的权重向量和偏置量，$\hat{g}(\bullet)$ 表示集成 ELM 的激活函数，$\hat{\beta}_p$ 是隐层和输出层之间的权重。

为了确保集成 ELM 的预测性能，其隐层和输出层间的加权向量仍通过如下最小二乘法计算确定：

$$\hat{\boldsymbol{\beta}} = (\hat{\beta}_1, \hat{\beta}_2, \cdots, \hat{\beta}_q)^{\mathrm{T}} = \begin{bmatrix} \hat{g}(\overline{\boldsymbol{y}}^{(1)}, \hat{\boldsymbol{a}}_1, \hat{b}_1) & \cdots & \hat{g}(\overline{\boldsymbol{y}}^{(1)}, \hat{\boldsymbol{a}}_q, \hat{b}_q) \\ \hat{g}(\overline{\boldsymbol{y}}^{(2)}, \hat{\boldsymbol{a}}_1, \hat{b}_1) & \cdots & \hat{g}(\overline{\boldsymbol{y}}^{(2)}, \hat{\boldsymbol{a}}_q, \hat{b}_q) \\ \vdots & \ddots & \vdots \\ \hat{g}(\overline{\boldsymbol{y}}^{(N)}, \hat{\boldsymbol{a}}_1, \hat{b}_1) & \cdots & \hat{g}(\overline{\boldsymbol{y}}^{(N)}, \hat{\boldsymbol{a}}_q, \hat{b}_q) \end{bmatrix}^{+} \begin{bmatrix} y_1 \\ y_2 \\ \vdots \\ y_N \end{bmatrix} \qquad (6\text{-}18)$$

6.3 实验与结果分析

6.3.1 实验设定

在本章中,依旧选用第 5 章所使用的两类真实建筑物的能耗数据进行建筑能耗预测实验。百货商场建筑进行半小时能耗预测,世东国际进行小时能耗预测。在每个实验中,将能耗残差和原始数据分为两部分,使用前 70% 的数据作为训练数据集,使用剩余的 30% 作为测试数据集。预测模型输入序列的个数设置为 10。为了进一步验证所提出的"DEEM+CF"方法的优势与可用性,采用如下比较方案:

在使用频谱函数进行循环特征挖掘时,为了确定合理的循环特征的数量,采用贝叶斯信息准则(Bayesian Information Criterion,BIC)评价频谱函数的表现性能。BIC 可以平衡参数数目和过度拟合,而较低的 BIC 值意味着模型更好的性能,其计算公式为:

$$BIC = \ln(N)k - 2\ln(\hat{L}) \qquad (6\text{-}19)$$

式中 N ——数据总数;

k ——模型采用的参数个数;

$\hat{L}$ ——模型的最大似然估计。

当模型误差独立且服从正态分布时,BIC 可以表示为:

$$BIC = N\ln(\hat{\sigma}^2) + k\ln(N) \qquad (6\text{-}20)$$

式中, $\hat{\sigma}^2$ 是预测误差的方差,其表达式为:

$$\hat{\sigma}^2 = \frac{1}{N}\sum_{k=1}^{N}(\hat{y}_k - y_k)^2 \qquad (6\text{-}21)$$

其中, $\hat{y}_k$ 为预测值, y_k 为真实观测值。

在寻找最优循环特征时,不断增加频谱函数的循环分量(三角函数)的个数,计算频谱函数的 BIC 值。选择具有最低 BIC 值的频谱函数进行建筑能耗的日循环能耗特征提取。

选择了几种主流的机器学习方法(包括 DBN、ELM 和 SVR)作为 DEEM+CF 的对比模型。同时,为了进一步验证循环特征的有效性,将循环特征分别与 DBN、ELM 和 SVR 相结合进行能耗预测,并与 DEEM+CF 的预测结果进行比较,即 DBN +CF、ELM +CF 和 SVR+CF 也将与 DEEM+CF 进行对比。

进一步,由于本章使用的数据集与第 5 章相同,因此也给出了第 5 章方法与本章方法的对比实验,来说明第 5 章方法与本章方法的差异性。使用基于 GAN 的建筑能耗数据生成方法实现训练数据集的数据补充,选择 DEEM、DBN、ELM 和 SVR 方法作为预测模型,使用混合数据分别训练 DEEM、DBN、ELM 和 SVR,即得到 DEEM + GAN、DBN+GAN、

ELM+GAN 和 SVR+GAN 对比模型，其中，GAN 的模型配置与第 5 章相同。

此外，为了评估不同模型的预测性能，选取第 3 章给出的 MAE、$MAPE$、$RMSE$ 和 r 作为评估指标。

6.3.2　实验结果与分析

1. 商业建筑实验结果

（1）频谱函数的参数设置

为了确定频谱函数中循环波形的数量，首先通过式（6-6）计算商业建筑日半小时平均能耗序列，然后利用频谱函数挖掘该建筑能耗的循环分量和残差分量。为确定合理的循环分量，将三角函数的个数从 1 逐渐递增到 30，并通过 BIC 评估具有不同三角函数个数的频谱函数的表现。

图 6-3(a) 展示了具有不同数量三角函数的频谱函数的 BIC 值。从该图可以看出，当频谱函数具有 25 个三角函数时，其 BIC 值最低，因此，将频谱函数的三角函数个数设定为 25。为了更清楚地展示该建筑能耗循环特征，图 6-3(b) 展示了该频谱函数的频谱图，该图显示该建筑具有以 3～4h 和 24h 为循环周期的两个重要的子能耗，这两个子能耗与其他具有不同循环周期的子能耗组合在一起形成了该建筑的循环能耗分量。将稳定循环能耗

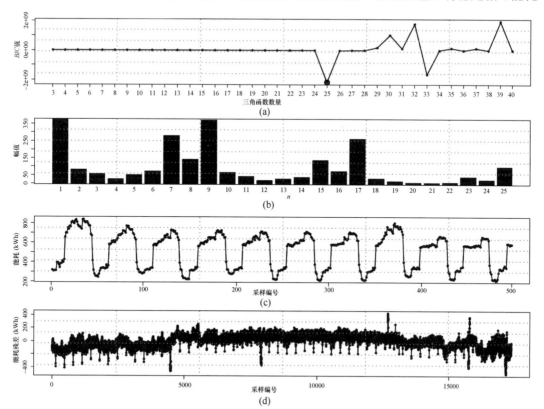

图 6-3　百货商场频谱分析相关结果

（a）具有不同数量的三角函数的频谱函数的 BIC 值；（b）频谱分析循环特征的频谱图；

（c）前 500 个原始建筑能耗数据；（d）能耗残差数据

从原始数据中剔除后，获得了能耗残差时间序列数据。图 6-3（c）展示了百货商场的前 500 个原始能耗数据，图 6-3（d）列出了百货商场的所有能耗残差数据。

（2）DEEM 的参数配置

DEEM 由 DBN 和 ELM 组成，合理确定 DBN 和 ELM 的结构有利于实现更准确的预测。为了确定 DEEM 的结构，进行了 DEEM 的参数配置实验。实验分两个阶段进行：在第一阶段，固定 ELM 的结构，分别更改 DBN 的隐层数和每个隐层中的节点数，对不同结构的 DEEM 的预测结果进行评估，以确定 DEEM 中 DBN 的最优结构；在第二阶段，固定 DBN 的结构为第一阶段选择的最优结构，分别更改用于初始预测和集成预测的 ELM 的隐节点数以确定各 ELM 的结构。本实验采用原始数据确定 DEEM 的结构。

在第一阶段，将 DBN 隐层的数量以 1 为间隔从 1 增长到 7，在增长 DBN 隐层数量的同时，将 DBN 每个隐层中的节点数以 50 为间隔从 50 增长到 800，获取具有不同 DBN 的 DEEM 的预测结果，共获得了 7（隐层数）×16（节点数）个预测结果。使用 MAE 进行所有预测结果的评估来确定 DBN 的最优隐层和隐层节点数。实验结果表明，当 DBN 的隐层数设为 5，隐层节点数设为 750 时，MAE 达到最小值，由此，将 DEEM 中的 DBN 的隐层数设定为 5，隐层节点数设定为 750。

在第二阶段，将 DEEM 中的 DBN 的结构固定为上一阶段确定的 DBN 的最优结构，将初始预测的各 ELM 中的隐层节点数以 10 为间隔从 10 增长到 100，将集成预测 ELM 的隐层节点数以 5 的间隔从 5 增长到 50，共获得 10×10 个 DEEM 的预测结果。在 MAE 的标准下比较了具有不同初始 ELM 和集成 ELM 的各 DEEM 的预测结果。实验结果表明，当初始预测 ELM 的隐层节点数设置为 50，集成预测 ELM 的隐层节点数设置为 35 时，DEEM 的 MAE 最低，具有最优预测结果。因此，将 DEEM 中用于初始预测的 ELM 的隐层节点数设置为 50，用于集成预测的 ELM 的隐层节点数设置为 35。

除对 DEEM 的参数进行配置外，为了使模型的比较更加合理，也使用原始数据确定用于比较的 DBN、ELM 和 SVR 模型的最优参数。

此处所采用的 DBN 是由多个 RBM 和一个用于逻辑回归的全连接层组成。对于 DBN，隐层的数量和隐节点数也是影响 DBN 预测准确性的关键因素，将其隐层数从 1 增加到 7，将每个隐层中的节点数以 50 为间隔从 50 逐渐递增到 800，同时回归部分的隐层节点数以 5 为间隔从 5 增加到 50。使用不同结构的 DBN 进行预测实验，共获得 7×16×10 个预测结果，并再次选择 MAE 来评估所有不同结构的 DBN 的预测性能。结果表明，当 DBN 具有 2 个隐层，每个隐层中有 650 个节点，回归部分有 35 个隐层节点时，DBN 的预测结果最优。

对于 ELM，其隐层节点数以 10 为间隔从 10 增加到 500，使用不同结构的 ELM 进行能耗预测，共获得 50 个预测结果。依旧使用 MAE 对预测结果进行评价，当 ELM 有 60 个隐层节点时，其预测效果最佳。

对于 SVR，选择 RBF 函数作为其核函数，经过多次实验，将惩罚系数和核系数分别校正为 0.5 和 0.6。

（3）实验结果

为了证明频谱分析所提取的循环特征的有效性，分别使用原始数据、混合数据、循环特征＋残差数据构建基于 SVR、ELM、DBN 和 DEEM 的能耗预测模型，并评价其预测性能。表 6-1 展示了不同预测模型的 MAE、$RMSE$、$MAPE$ 和 r 的平均值和标准差（"模型＋CF"表示利用了循环特征的预测模型，CF 是通过频谱分析提取的循环特征）。

不同预测模型的预测性能比较　　　　　　　　　　表 6-1

模型	MAE	$RMSE$	$MAPE$（%）	r
SVR	36.751 ± 0.000	48.065 ± 0.000	6.479 ± 0.000	$0.965 \pm 0.000 \times 10^{-4}$
SVR+GAN	33.832 ± 0.000	45.367 ± 0.000	6.177 ± 0.000	$0.968 \pm 0.000 \times 10^{-4}$
SVR+CF	26.544 ± 0.000	36.852 ± 0.000	4.869 ± 0.000	$0.982 \pm 0.000 \times 10^{-4}$
ELM	34.009 ± 1.054	48.165 ± 1.159	5.826 ± 0.223	$0.964 \pm 1.701 \times 10^{-3}$
ELM+GAN	31.849 ± 0.853	44.977 ± 0.764	5.575 ± 0.203	$0.969 \pm 1.412 \times 10^{-3}$
ELM+CF	25.450 ± 0.338	39.995 ± 0.389	5.121 ± 0.137	$0.977 \pm 3.695 \times 10^{-4}$
DBN	32.197 ± 0.593	46.565 ± 0.444	5.504 ± 0.108	$0.966 \pm 6.311 \times 10^{-4}$
DBN+GAN	29.966 ± 0.433	43.565 ± 0.357	5.232 ± 0.087	$0.973 \pm 4.137 \times 10^{-4}$
DBN+CF	24.690 ± 0.213	34.036 ± 0.241	4.497 ± 0.058	$0.983 \pm 2.275 \times 10^{-4}$
DEEM	30.462 ± 0.450	43.892 ± 0.385	5.159 ± 0.084	$0.970 \pm 5.116 \times 10^{-4}$
DEEM+GAN	28.574 ± 0.355	39.675 ± 0.296	4.785 ± 0.063	$0.974 \pm 3.879 \times 10^{-4}$
DEEM+CF	23.832 ± 0.069	33.259 ± 0.109	4.200 ± 0.046	$0.984 \pm 1.071 \times 10^{-4}$

2. 办公建筑实验结果

该实验采用了与商业建筑实验类似的参数配置方案，下面介绍相关参数配置过程。

（1）频谱函数参数设置

图 6-4(a) 给出了具有不同数量三角函数的频谱函数的 BIC 值，从图中可以看出，当频谱函数具有 20 个三角函数时 BIC 值最低。因此，将频谱函数中的三角函数的个数设置为 20 个。图 6-4(b) 展示了频谱函数的频谱图，从该图中可以看到，20 个周期性循环能耗共同组成了办公建筑的日能耗周期特征，且以 8h 为循环周期的能耗比重最大。图 6-4(c) 显示了来自该建筑的前 500 个原始能耗数据，图 6-4(d) 显示了去除循环特征后的建筑能耗残差数据。

（2）DEEM 的参数配置

与商业建筑实验相同，DEEM 的参数配置过程也由两个阶段构成。

在第一阶段，固定用于初始预测和集成预测的各 ELM 的结构，改变 DBN 隐层数和隐层节点数，其中隐层数以 1 为间隔从 1 增长到 7，隐层节点数以 50 为间隔从 50 增长到 500。使用不同结构的 DEEM 进行能耗预测，共得到 7×10 个预测结果，依旧使用 MAE 对不同 DEEM 的预测结果进行评价。实验结果表明，当 DBN 具有 4 个隐层并且每个隐层中有 300 个节点时，DEEM 的 MAE 会获得最小值。

在第二阶段，固定 DEEM 中的 DBN 为上一阶段确定的 DBN 结构，改变用于初始预测和集成预测 ELM 中的隐层节点数，两类 ELM 的隐层节点数均以 10 为间隔从 10 增长到 100。使用具有不同结构 ELM 的 DEEM 进行建筑能耗预测，共得到 10×10 个预测结果，依旧使用 MAE 对预测结果进行评价。通过实验可知，当用于初始预测的 ELM 具有 70 个隐层节点，用于集成的 ELM 具有 30 个隐层节点时，DEEM 的 MAE 值最小。

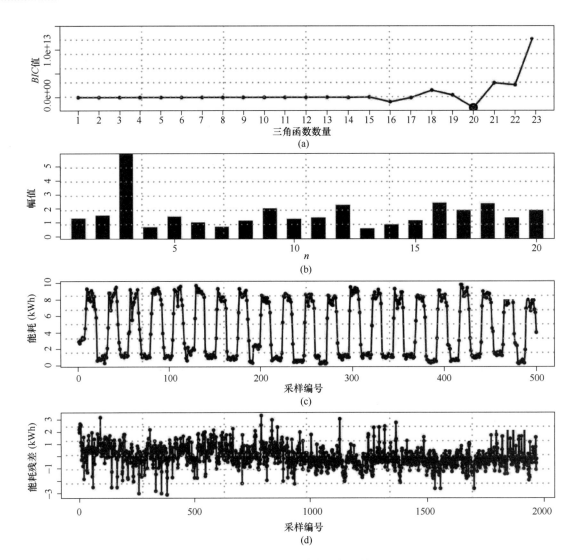

图 6-4　世东国际频谱分析相关结果

（a）具有不同数量的三角函数的频谱函数的 BIC 值；（b）频谱分析循环特征的频谱图；

（c）前 500 个原始建筑能耗数据；（d）建筑能耗残差数据

在该实验中，也进行了 DBN 的最优结构设置。与商业建筑实验中的配置过程相同，将 DBN 的隐层数以 1 为间隔从 1 增长到 7，每个隐层的节点数以 50 为间隔从 50 到增长到 500，回归部分中的隐层节点数以 5 为间隔从 5 增加到 50。使用不同结构的 DBN 进行建筑能耗预测，共获得 $7 \times 10 \times 10$ 个预测结果。当 DBN 的隐层数为 2，每个隐层中的节点数为 450，用于回归的隐层节点数为 30 时，MAE 值最小。

为获得 ELM 的最佳预测性能，以 10 为间隔将 ELM 隐层节点数从 10 增长到 500，并使用具有不同隐层节点数的 ELM 进行建筑能耗预测，共得到 50 个预测结果。结果显示，当 ELM 具有 110 个隐层节点时，具有最佳的预测性能。

此外，在该实验中，对于 SVR，选择 RBF 作为其激活函数，并将惩罚系数和核系数分别设置为 0.7 和 0.5。

（3）实验结果

为验证所提出的 DEEM＋CF 模型的有效性，对 DEEM、DBN＋CF、DBN、ELM＋CF、ELM、SVR＋CF 和 SVR 也分别进行了 10 次预测实验。表 6-2 列出了这些预测模型的性能指标对比。

利用/不利用循环特征的预测模型的性能比较　　　　表 6-2

类型	MAE 均值	RMSE 均值	MAPE 均值（%）	r 均值
SVR	0.598±0.000	0.750±0.000	11.247±0.000	$0.967±0.000×10^{-4}$
SVR＋GAN	0.545±0.000	0.702±0.000	9.604±0.000	$0.968±0.000×10^{-4}$
SVR＋CF	0.431±0.000	0.600±0.000	5.782±0.000	$0.975±0.000×10^{-4}$
ELM	0.582±0.052	0.705±0.045	9.687±0.243	$0.970±6.010×10^{-4}$
ELM＋GAN	0.534±0.038	0.602±0.040	8.069±0.227	$0.971±5.712×10^{-4}$
ELM＋CF	0.423±0.019	0.543±0.025	5.038±0.171	$0.977±4.111×10^{-4}$
DBN	0.552±0.035	0.685±0.026	8.241±0.064	$0.952±6.070×10^{-4}$
DBN＋GAN	0.511±0.030	0.625±0.022	7.130±0.060	$0.954±4.841×10^{-4}$
DBN＋CF	0.412±0.010	0.530±0.018	4.584±0.052	$0.978±2.376×10^{-4}$
DEEM	0.514±0.014	0.655±0.013	8.052±0.045	$0.957±4.731×10^{-4}$
DEEM＋GAN	0.479±0.012	0.605±0.011	6.822±0.043	$0.960±3.414×10^{-4}$
DEEM＋CF	0.398±0.005	0.480±0.008	4.247±0.041	$0.980±1.051×10^{-4}$

3. 实验结果比较与讨论

从上面的实验结果可以得到以下结论。

（1）从图 6-3 和图 6-4 可以发现，频谱分析具有发现建筑能耗日循环特征的能力。原始数据具有较为明显的周期性特征，经频谱分析进行周期特征提取后的剩余能耗残差相对于原始数据具有更大的随机性。

（2）根据表 6-1 和表 6-2 可知，循环特征＋能耗残差驱动的预测模型，即 DEEM＋CF、DBN＋CF、ELM＋CF 和 SVR＋CF 模型的预测准确性要比使用原始数据和混合数据的预测模型的准确性要高得多。在 MAE 评价指标下，在商业建筑实验中，DEEM＋CF、DBN＋CF、ELM＋CF 和 SVR＋CF 分别比 DEEM、DBN、ELM 和 SVR 的准确率高 21.77%、23.32%、25.17% 和 27.48%；DEEM＋GAN、DBN＋GAN、ELM＋GAN 和 SVR＋GAN 分别比 DEEM、DBN、ELM 和 SVR 的准确率高 8.22%、6.35%、6.93% 和 6.20%。在办公建筑实验中，DEEM＋CF、DBN＋CF、ELM＋CF 和 SVR＋CF 比 DEEM、DBN、ELM 和 SVR 的准确性分别高 23.54%、25.36%、27.32% 和 27.93%；DEEM＋GAN、DBN＋GAN、ELM＋GAN 和 SVR＋GAN 分别比 DEEM、DBN、ELM 和 SVR 的准确率高 8.86%、8.25%、7.43% 和 6.81%。此外，在所有的预测模型中，DEEM＋CF 具有最佳的预测精度，在 MAE 评价指标下，在商业建筑和办公建筑实验中，DEEM＋CF 比 DBN＋CF、ELM＋CF 和 SVR＋CF 性能分别提升 3.48%、6.54%、10.22% 和 4.61%、7.09%、8.82%。同时，根据模型标准差的比较，DEEM＋CF 的预测结果比 SVR 以外的其他比较模型都要稳定。

综上可知，利用循环特征的预测模型比仅使用原始数据训练的模型具有更高的预测准确度，并且与其他模型相比，本章所提出的 DEEM＋CF 预测更稳定、更准确。基于 GAN 的能耗数据生成和平行预测方法在数据充足的条件下对能耗预测的精度提升有限，相对而言，循环特征提取对建筑能耗预测的准确性提升有更大的帮助，同时充分利用 DBN 各层网络的特征提取能力在一定程度上也提高了深度学习模型的预测准确性。由于 DEEM＋CF 使用了集成学习的方法，其在计算时间上相对于 DBN、ELM 和 SVR 有小幅提升，但是依旧远小于 GAN 迭代计算所需的时间。

6.4　小结

建筑能耗的短期预测对实现实时的建筑物需求侧响应、能源优化与调度等具有重要的意义。为了提高基于机器学习方法的半小时/小时的建筑能耗短期预测精度，本章提出了一种基于循环特征和深度集成置信网络的预测方法。该方法首先通过频谱分析提取建筑能耗的稳定分量即日循环特征，之后从原始建筑能耗数据中去除稳定分量获取剩余的能耗残差特征。为实现能耗残差的准确预测，提出了基于 DBN 与 ELM 的深度集成置信网络模型 DEEM。DEEM 充分利用 DBN 各层网络的特征提取能力，每层网络均输出一个新的特征训练集，之后利用 ELM 实现对建筑能耗残差的初始预测和集成预测。在 DEEM＋CF 模型中，DEEM 预测的能耗残差与循环特征结合获得最终的能耗预测结果。为证明所提出的 DEEM＋CF 模型的有效性和可用性，本章使用来自商业建筑和办公建筑的能耗数据集进行了实验验证。实验结果表明，循环特征和深度网络各层所提取信息的充分利用有助于大幅提升机器学习模型的预测精度。

本章参考文献

［1］ Lu S, Li Q, Li B, et al. Performance predictions of ground source heat pump system based on random forest and back propagation neural network models ［J］. Energy Conversion & Management, 2019, 197：111864.1-111864.14.

［2］ Fu G. Deep belief network based ensemble approach for cooling load forecasting of air-conditioning system ［J］. Energy, 2018, 148：269-282.

［3］ Li C, Ding Z, Yang J, et al. Deep belief network based hybrid model for building energy consumption prediction ［J］. Energies, 2018, 11 (1)：242-248.

［4］ Jung H C, Kim J S, Heo H. Prediction of building energy consumption using an improved real coded genetic algorithm based least squares support vector machine approach ［J］. Energy and Buildings, 2015, 90：76-84.

［5］ Xu Y, Zhang M Q, Ye L L, et al. A novel prediction intervals method integrating an error & self-feedback extreme learning machine with particle swarm optimization for energy consumption robust prediction ［J］. Energy, 2018, 164：137-146.

［6］ Huang Y, Yuan Y, Chen H X, et al. A novel energy demand prediction strategy for residential buildings based on ensemble learning ［J］. Innovative Solutions for Energy Transitions, 2019, 158：3411-3416.

［7］　Fan C，Sun Y J，Zhao Y，et al. Deep learning-based feature engineering methods for improved building energy prediction［J］. Applied Energy，2019，240：35-45.

［8］　Qu Y J，Hu B G. Generalized constraint neural network regression model subject to linear priors［J］. IEEE Transactions on Neural Networks，2011，22（12）：2447-2459.

［9］　Merhej D，Diab C，Khalil M，et al. Embedding prior knowledge within compressed sensing by neural networks［J］. IEEE Transactions on Neural Networks，2011，22（10）：1638-1649.

［10］　Husek P. On monotonicity of Takagi-Sugeno fuzzy systems with ellipsoidal regions［J］. IEEE Transactions on Fuzzy Systems，2016，24（6）：1673-1678.

［11］　Tewari A，Macdonald M U. Knowledge-based parameter identification of tsk fuzzy models［J］. Applied Soft Computing，2010. 10（2）：481-489.

［12］　Li S T，Chen C C. A regularized monotonic fuzzy support vector machine model for data mining with prior knowledge［J］. IEEE Transactions on Fuzzy Systems，2015，23（5）：1713-1727.

［13］　Ashouri M，Fung B C，Haghighat F，et al. Systematic approach to provide building occupants with feedback to reduce energy consumption［J］. Energy，2020，194：116813.

［14］　Boland J W. Generation of synthetic sequences of electricity demand with applications［M］. New York：Springer US，2009.

［15］　Ahmad T，Zhang H C，Yan B. A review on renewable energy and electricity requirement forecasting models for smart grid and buildings［J］. Sustainable Cities and Society，2020，55：102052.

［16］　Lima A D，Silveira L F，Xavier-de-Souza S. Spectrum sensing with a parallel algorithm for cyclostationary feature extraction［J］. Computers & Electrical Engineering，2018，71：151-161.

［17］　Kostrzewa J. Time series forecasting using clustering with periodic pattern［C］// International Joint Conference on Computational Intelligence，2016：85-92.

［18］　Taiwo A I，Olatayo T O，Adedotun A F，et al. Modeling and forecasting periodic time series data with fourier autoregressive model［J］. Iraqi Journal of Science，2019：1367-1373.

［19］　Zou Y J，Hua X D，Zhang Y R，et al. Hybrid short-term freeway speed prediction methods based on periodic analysis［J］. Canadian Journal of Civil Engineering，2015，42（8）：570-582.

［20］　Tang J J，Liu F，Zou Y J，et al. An improved fuzzy neural network for traffic speed prediction considering periodic characteristic［J］. IEEE Transactions on Intelligent Transportation Systems，2017，18（9）：2340-2350.

［21］　Zhang W B，Zou Y J，Tang J J，et al. Short-term prediction of vehicle waiting queue at ferry terminal based on machine learning method［J］. Journal of Marine Science and Technology，2016，21（4）：729-741.

［22］　Li R R，Jiang P，Yang H F，et al. A novel hybrid forecasting scheme for electricity demand time series［J］. Sustainable Cities and Society，2020，55：102036.

［23］　Liu C Y，Gryllias K. A semi-supervised support vector data description-based fault detection method for rolling element bearings based on cyclic spectral analysis［J］. Mechanical Systems and Signal Processing，2020，140：106682.

［24］　Boland J. Characterising seasonality of solar radiation and solar farm output［J］. Energies，2020，13（2）：471-478.

［25］　Boland J，Grantham A. Nonparametric conditional heteroscedastic hourly probabilistic forecasting of solar radiation［J］. Multidisciplinary Scientific Journal，2018，1：174-191.

第 7 章 居住建筑群用能分布分析

7.1 引言

建筑物是电能的主要消费者之一，且相对于其他类型的终端用户，建筑物的电力需求更不稳定、波动更大[1,2]。虽然建筑用电量大且用电需求波动更大，但是，建筑相对于其他类型的终端用户来说，其能耗控制与优化更加灵活与方便。近年来，电网不断寻求与建筑建立双向的信息交流，实现建筑需求端的负载降低、峰值削减和负载转移，即需求侧响应，以减少停电（电力损失）和掉电（电压下降）等情况的发生，推动电网经济化运行[3,4]。例如，电网常常向建筑发出负荷减少的任务，并提供相应的奖励指标，建筑评估自身的实际情况做出接受任务或拒绝任务的决定，并给予电网反馈。

了解多建筑的典型用能分布对于电网制定合理且有效的建筑需求侧响应策略具有重要意义[5]。一些学者探索了建筑物理参数与建筑能耗的关系，并利用建筑物理参数来实现建筑的类别划分，进而分析不同类别建筑的用能分布情况[6,7]。然而，使用此种方法往往需要考虑多种物理参数的影响，且需要确定影响能耗分布的关键物理参数来获取更合理的建筑分类结果，在实际的应用过程中存在操作困难、用能分布分析效果差等问题。

随着物联网等技术在建筑中的应用，能耗采样频率不断提高，多建筑中的更细粒度用能数据（如小时/半小时用能数据）得以保存。例如，电网中就存储有海量的居住建筑的详细用能信息，直接对多个建筑的用能时间序列进行聚类分析可以获得更精确的建筑用能分布。然而，多建筑或建筑群中建筑数量众多，且每一栋建筑的能耗均受到多方面的影响，如季节、天气状况和建筑物理参数等，因此多建筑或建筑群表现出复杂繁多的用能分布，直接对多建筑的用能序列进行聚类分析是相对困难的。虽然 Rhodes[8] 对多个家庭的不同季节的平均日能耗进行了聚类分析，以识别不同季节下的家庭电力需求模式。然而，该方法分析粒度较大，仅考虑了季节因素，且用能分布无法与具体的建筑相对应。

实际上，分析同一天多建筑的用能分布可以避免季节、天气等其他不可控因素的影响，此时所挖掘的用能分布与建筑物理参数、建筑设备等固有参数会有极强的关联性。为解决上述问题，本章提出一种基于空间密度聚类（DBSCAN）与深度学习方法的居住建筑用能分布分析方法。该方法首先利用 DBSCAN 对建筑日能耗数据进行聚类分析；然后依据聚类结果进行建筑类别划分；最后基于上一章的 DEEM+CF 方法建立不同类别建筑的日能耗分布预测模型。

7.2 基于 DBSCAN 与深度学习的居住建筑群用能分布分析

基于 DBSCAN 与深度学习的居住建筑群用能分布分析方法框架如图 7-1 所示。该方

法由两个部分构成：基于 DBSCAN 的建筑日能耗序列聚类分析与建筑类型划分、基于
"DEEM＋CF"的建筑日用能分布预测。该方法首先基于 DBSCAN 对建筑日能耗数据进
行聚类分析；然后依据聚类结果对建筑进行类别划分，并从不同类别的建筑中挑选典型代
表建筑；最后基于上一章提出的 DEEM＋CF 建立不同类别建筑日用能预测模型。

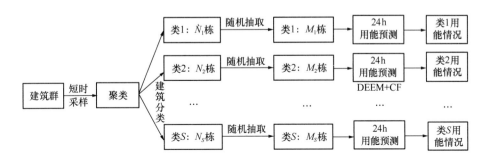

图 7-1　基于 DBSCAN 与深度学习的居住建筑群用能分布分析方法框架

7.2.1　基于 DBSCAN 的建筑日用能序列聚类分析与建筑类型划分

DBSCAN 是典型的无监督学习方法，不需要预定义的标签。与 K-means 等其他聚类
算法相比，DBSCAN 几乎不受噪声和初始参数设置的影响，并且无需输入特定的聚类数
目即可实现数据的自动聚类[9]。DBSCAN 的原理已经在第 2 章中进行了详细的介绍，此
处不再赘述。

本章将使用不同日期、不同季节、不同室外温度、不同类型的多天联合日用能序列进
行聚类分析。假设使用了 m 天的日用能序列，每天有 n 个用能数据，则参与聚类分析的
数据序列为：

$$\boldsymbol{x}_i = (\boldsymbol{x}_{i1}^{d}, \boldsymbol{x}_{i2}^{d}, \cdots, \boldsymbol{x}_{im}^{d}) = (x_{i1}^{d_1}, x_{i1}^{d_2}, \cdots, x_{i1}^{d_n}, x_{i2}^{d_1}, x_{i2}^{d_2}, \cdots, x_{i2}^{d_n}, \cdots, x_{im}^{d_1}, x_{im}^{d_2}, \cdots, x_{im}^{d_n}) \quad (7\text{-}1)$$

式中　　$x_{i}^{d_s}$——建筑 i 的第 d_s 天的日用能序列，其中 $s=1,2,\cdots,m$；

$x_{i}^{d_s}$——建筑 i 第 d_s 天 t 时刻的能耗值，其中 $t=1,2,\cdots,n$。

通过基于 DBSCAN 的建筑日用能序列的聚类分析，将建筑用能序列分为多个类别。
由于该方法使用相同日期的联合日用能序列进行聚类分析，避免了天气、温度等因素的影
响，因此聚类结果与建筑其他固有参数，如建筑物理参数、建筑设备等，具有极大的关联
性。进一步的，将建筑依据聚类结果进行划分，获取不同的建筑类别 $\{C_1, C_2\cdots, C_S\}$，假
设这些类别分别包括 $N_1, N_2\cdots, N_S$ 栋建筑。

7.2.2　基于 DEEM＋CF 的建筑日用能分布预测

从不同类别的建筑中随机抽取一定数量的建筑，作为该类别建筑的代表，建立基于
DEEM＋CF 的代表建筑日用能序列预测模型，对预测的不同类别的建筑日用能序列取均
值即得到不同类别的建筑日用能分布。

假设预测第 d 天的不同类别建筑的日用能分布，其具体步骤如下：

步骤 1： 从 $C_1, C_2, \cdots, C_S$ 类建筑中分别抽取 $M_1, M_2, \cdots, M_S$ 个代表建筑，其中 $M_1 <$

$N_1, M_2 < N_2, \cdots, M_S < N_S$；

步骤 2：基于 DEEM＋CF 构建上述代表性建筑的能耗预测模型，使用前 p 个能耗值预测当前时刻的能耗值，并采用逐时预测的方法获取代表性建筑第 d 天建筑用能数据序列。具体而言，预测 C_j 类第 i 个建筑第 d 天用能数据序列 $\hat{x}_i^d$ 如下：

$$\hat{x}_i^d = (\hat{x}_i^{d,1}, \cdots, \hat{x}_i^{d,n}) = (f(\hat{x}_i^{d,1-p}, \cdots, \hat{x}_i^{d,0}), \cdots, f(\hat{x}_i^{d,n-p}, \cdots, \hat{x}_i^{d,n-1})) \tag{7-2}$$

式中　$f(\cdot)$——基于"DEEM＋CF"的建筑能耗预测模型；

　　　$\hat{x}_i^{d,t}$——预测的 C_j 类第 i 个建筑第 d 天时刻 t 的能耗值。

步骤 3：求取类别 $C_q (q = 1, 2, \cdots, S)$ 的 M_q 个代表建筑第 d 天预测的能耗数据序列 $\hat{x}_i^d$ 的平均值，即为类别 C_q 在第 d 天的用能分布 $\hat{x}_{C_q}^d$，其表达式为：

$$\hat{x}_{C_q}^d - \frac{1}{M_q} \left(\sum_{i=1}^{M_q} \hat{x}_i^d \right) \tag{7-3}$$

7.3　实验与结果分析

7.3.1　实验设定

1. 实验数据

本实验中通过 EnergyPlus 仿真软件生成验证数据。为获取实验数据，从三个方面考虑住宅建筑原型的构建：户型类型、供热系统类型和地基类型，同时考虑不同的建筑物建筑面积来扩充建筑物类型。因此，如表 7-1 所示，住宅建筑类型从四个方面进行确定，共构建出 96 种住宅建筑类型（户型类型 2 种×供暖系统 4 种×地基 4 种×建筑面积 3 种）。

住宅建筑类型指标　　　　　　　　　　　　　　　　　　表 7-1

指标	类别
户型类型	单住户（SF）、多住户（MF）
供热系统	电力、燃气炉、燃油炉和热泵
地下设施	无地下设施（slab）、供电/供水线路（crawlspace）、有加热地下室（HBase）、无加热地下室（UHBase）
建筑面积	152m²、222m²、297m²（SF）；单元面积：56m²、73m²、92m²/单元（MF）

参照 RECS（美国住宅建筑能耗研究报告）对该市住宅建筑的建筑类型调研结果，确定 1994 座住宅建筑不同类型的比例，如表 7-2 所示。由于在该市燃油炉和热泵的供暖系统类型占 0，因此最终共获得 48 种住宅建筑类型（2 种原型×2 种供暖系统类型×4 种地下设施类型×3 种建筑面积）。

住宅建筑类型及所占比例　　　　　　　　　表 7-2

编号	类别	比例	编号	类别	比例
1	SF/电力/slab/1635	1.65%	25	MF/电力/slab/598	1.65%
2	SF/电力/slab/2388	1.65%	26	MF/电力/slab/781	1.65%
3	SF/电力/slab/3200	1.65%	27	MF/电力/slab/900	1.65%
4	SF/电力/crawlspace/1635	1.65%	28	MF/电力/crawlspace/598	1.65%
5	SF/电力/crawlspace/2388	1.65%	29	MF/电力/crawlspace/781	1.65%
6	SF/电力/crawlspace/3200	1.65%	30	MF/电力/crawlspace/900	1.65%
7	SF/电力/HBase/1635	1.65%	31	MF/电力/HBase/598	1.65%
8	SF/电力/HBase/2388	1.65%	32	MF/电力/HBase/781	1.65%
9	SF/电力/HBase/3200	1.65%	33	MF/电力/HBase/900	1.65%
10	SF/电力/UHBase/1635	1.65%	34	MF/电力/UHBase/598	1.65%
11	SF/电力/UHBase/2388	1.65%	35	MF/电力/UHBase/781	1.65%
12	SF/电力/UHBase/3200	1.65%	36	MF/电力/UHBase/900	1.65%
13	SF/gas/slab/1635	5.46%	37	MF/gas/slab/598	5.46%
14	SF/gas/slab/2388	5.46%	38	MF/gas/slab/781	5.46%
15	SF/gas/slab/3200	5.46%	39	MF/gas/slab/900	5.46%
16	SF/电力/crawlspace/1635	5.46%	40	MF/电力/crawlspace/598	5.46%
17	SF/电力/crawlspace/2388	5.46%	41	MF/电力/crawlspace/781	5.46%
18	SF/电力/crawlspace/3200	5.46%	42	MF/电力/crawlspace/900	5.46%
29	SF/电力/HBase/1635	5.46%	43	MF/电力/HBase/598	5.46%
20	SF/电力/HBase/2388	5.46%	44	MF/电力/HBase/5781	5.46%
21	SF/电力/HBase/3200	5.46%	45	MF/电力/HBase/900	5.46%
22	SF/电力/UHBase/1635	5.46%	46	MF/电力/UHBase/598	5.46%
23	SF/电力/UHBase/2388	5.46%	47	MF/电力/UHBase/781	5.46%
24	SF/电力/UHBase/3200	5.46%	48	MF/电力/UHBase/900	5.46%

　　此外，为保证建筑的多样性，调整每个建筑类型中输入到 EnergyPlus 的其他相关参数的数值，包括插座能耗、照明能耗、外墙保温系数、窗结构 U 值和窗太阳得热系数等。进行参数调整时，首先确定这些参数的基准值，然后基准值上下浮动 20% 进行参数取值变换，建筑部分参数及其取值范围如表 7-3 所示。

建筑部分参数及其取值范围　　　　　　　　　表 7-3

输入参数	单位	基准值	数值范围
插座能耗	W/m²	2.46	(1.97，2.95)
照明能耗	W/m²	1.7	(1.36，2.04)
外墙保温系数	—	3.37	(2.70，4.04)
窗结构 U 值	W/(m² · K)	1.82	(1.46，2.18)
窗太阳得热系数	—	0.88	(0.70，1.06)

构建 1994 个住宅建筑的工程模型后，将构建的工程模型与相关天气等参数输入到 EnergyPlus 中，获取了 1994 座建筑从 1990 年 12 月 21 日到 1991 年 12 月 31 日的小时电力负荷用能数据。

2. 具体实验方案

本实验方案由两个部分构成：基于 DBSCAN 的建筑用能序列聚类分析与建筑类型划分、基于"DEEM+CF"的建筑日用能分布预测。

在第一部分中，选择不同季节、温度和日期类型（周末，工作日，节假日）条件下的 10 天的用能序列，包括 1 月 6 日、1 月 7 日、1 月 24 日、2 月 2 日、2 月 23 日、4 月 4 日、6 月 4 日、9 月 11 日、10 月 25 日和 12 月 25 日的 1994 栋建筑的用能数据序列，所选择日期的类型与室外温度如表 7-4 所示。使用 DBSCAN 对 1994 栋建筑的联合日用能序列进行聚类分析。选择均值偏移聚类、谱聚类和层次聚类三种常用的聚类分析算法作为 DBSCAN 的对比算法。获得 DBSCAN 的聚类结果后，依据聚类结果进行建筑类别划分，并比较不同类别建筑的物理参数与供热设备等以获得影响建筑用能分布的关键因素。

在第二部分中，每个季节挑选一天进行典型居住建筑的 24h 用能分布预测。选择 3 月 22 日、6 月 22 日、9 月 22 日、12 月 22 日分别进行建筑用能分布的预测。首先从每个类别的建筑中随机选取 3% 的典型建筑，构建基于"DEEM+CF"的建筑用能预测模型。使用预测日前三个月的历史用能数据构建训练数据集，建筑用能预测模型的输入数据为当前能耗的前 10 个能耗值。构建建筑用能预测模型后，根据式（7-2）采用逐时预测的方法获取 4 个预测日的典型代表建筑 24h 用能数据序列。最后对每个类别的代表建筑的预测日的日用能序列取均值，即获得不同类别的日用能分布情况。

选择日期的类型与温度情况　　　　　　　　　　　表 7-4

日期	类型	日平均温度（℃）
1 月 6 日	周末	−3.1
1 月 7 日	工作日	−0.8
1 月 24 日	工作日	−5.8
2 月 2 日	周末	0.55
2 月 23 日	周末	4.33
4 月 4 日	工作日	1.15
6 月 4 日	工作日	12.88
9 月 11 日	工作日	19.58
10 月 25 日	工作日	12.98
12 月 25 日	节日	−9.8

进一步，为验证所提出方法的有效性，分别计算不同类别建筑在 3 月 22 日、6 月 22 日、9 月 22 日和 12 月 22 日的真实的日平均用能序列作为预测分布的比较，使用 MAE、$RMSE$、$MAPE$ 和 r 对模型的预测性能进行评价。

假设类别 C_q 有 N_q 座建筑，则建筑类别 C_q 的第 d 天的真实的日平均用能序列 $\boldsymbol{x}_{C_q}^d = (x_{C_q}^{d_1}, \cdots, x_{C_q}^{d_{24}})$ 通过式（7-4）计算：

$$(x_{C_q}^{d_1}, \cdots, x_{C_q}^{d_{24}}) = \left(\frac{1}{N_q} \sum_{k=1}^{N_q} x_k^{d_1}, \cdots, \frac{1}{N_q} \sum_{k=1}^{N_q} x_k^{d_{24}} \right) \tag{7-4}$$

式中，$x_k^{d_t}$ 代表建筑类别 C_q 中建筑 k 的第 d 天时刻 t 的能耗值。

7.3.2　实验结果与分析

1. 建筑用能序列聚类分析

（1）参数设置

在 DBSCAN 中，需要确定两个参数，Epsilon 和 Minpoint。将 Minpoint 以 1 为间隔从 2 增长到 10，Epsilon 以 0.1 的间隔从 0.1 增加到 1，选择轮廓系数评价不同参数设置的 DBSCAN 的聚类性能。当 Epsilon 为 0.2，Minpoint 为 5 时，DBSCAN 的轮廓系数最高，所以确定 Epsilon 为 0.2，Minpoint 为 5。

其他对比聚类算法也进行了参数寻优，依旧选择轮廓系数作为评价标准。均值偏移聚类的分位数以 0.1 为间隔从 0.1 增加到 1，并监测其聚类性能，发现不同参数设置的均值偏移聚类的聚类数目均为 1。谱聚类算法选择高斯函数作为核函数，聚类数目以 1 为间隔从 2 增长到 10，核函数参数 gamma 以 0.1 为单位从 0.1 增长到 1。当聚类数目为 2，gamma 为 0.2 时，谱聚类的轮廓系数最高。层次聚类的随链接方式选择全链法，聚类数以 1 为间隔从 2 增长到 10，当聚类数为 9 时，轮廓系数最高。

（2）聚类结果

分别采用不同的聚类分析方法进行建筑联合日用能序列的聚类，选择 Calinski-Harabaz 指标和轮廓系数进行聚类结果的评价，最终获得不同聚类分析方法的聚类性能如表 7-5 所示。从表中可以看出，DBSCAN 的轮廓系数最高，Calinski-Harabaz 指数最高，因此 DBSCAN 的聚类性能最好。

不同聚类分析方法的聚类性能　　　　　　　　　　　　　表 7-5

类型	聚类数目	轮廓系数	Calinski-Harabaz 指数
DBSCAN	4	0.881	44343.22
均值偏移	1	—	—
谱分析	2	0.867	3859.94
层次聚类	9	0.864	6066.80

依据 DBSCAN 的聚类结果将建筑划分为不同类别，表 7-6 展示了 1 月 7 日不同类别建筑日用能序列的统计信息。

1 月 7 日不同类别建筑日用能序列的统计信息　　　　　　表 7-6

分类类别	数目	最大值（Wh）	最小值（Wh）	峰值时间	谷值时间
1	394	28118.64	5831.887	5:00~7:00	14:00~16:00
2	1308	6503.73	3384.445	20:00~22:00	13:00~15:00
3	72	198069.1	64527.46	8:00~10:00	14:00~16:00
4	215	58590.3	31492.65	19:00~21:00	3:00~5:00

进一步，分析不同类别建筑物的物理参数的相似性。分析结果表明，同一类别的建筑具有相似的建筑户型、面积和供热系统等，每种类别建筑物的共同参数如表 7-7 所示。

每种类别建筑物的共同参数 表 7-7

建筑类别	建筑户型	建筑面积	供暖系统类别	数目
1	SF	$152m^2$、$222m^2$、$297m^2$	电力	394
2	SF	$152m^2$、$222m^2$、$297m^2$	天然气	1308
3	MF	$56m^2$/单元、$73m^2$/单元、$92m^2$/单元	电力	72
4	MF	$56m^2$/单元、$73m^2$/单元、$92m^2$/单元	天然气	215

2. 建筑日用能分布预测结果

从不同类别的建筑中随机选取 3% 的建筑作为典型代表建筑，并基于 DEEM＋CF 构建建筑日用能分布预测模型。其中，类别 1 选取 3 个、类别 2 选取 6 个、类别 3 选择 12 个、类别 4 按不同的面积各选取 12 个建筑，即类别 4 共选择 36 个建筑。获取典型代表建筑后，使用 DEEM＋CF 预测四个类别的建筑在 3 月 22 日、6 月 22 日、9 月 22 日和 12 月 22 日的日用能分布，即共得到 16 种用能分布。图 7-2～图 7-5 分别展示了所预测的四种类型建筑在不同日期的用能分布与真实分布的对比情况。

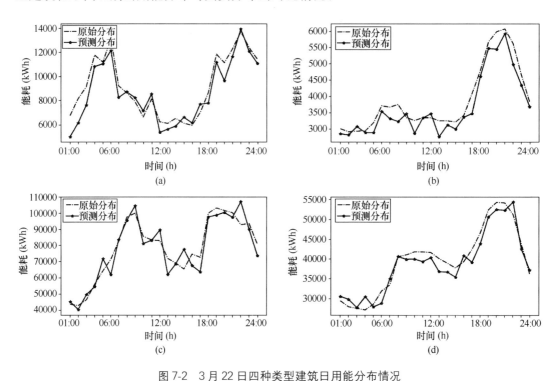

图 7-2 3 月 22 日四种类型建筑日用能分布情况

（a）第一种类型；（b）第二种类型；（c）第三种类型；（d）第四种类型

进一步，为证明所提出方法的有效性，将各类别建筑的真实日用能序列的平均值与预测用能分布进行比较，使用 MAE、RMSE、MAPE 和 r 对建筑日用能分布预测结果进行评价，评价结果如表 7-8 所示。

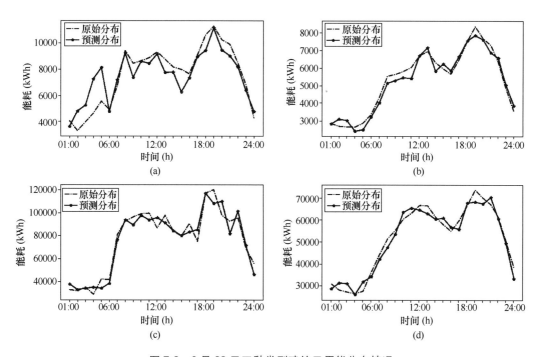

图 7-3　6 月 22 日四种类型建筑日用能分布情况
（a）第一种类型；（b）第二种类型；（c）第三种类型；（d）第四种类型

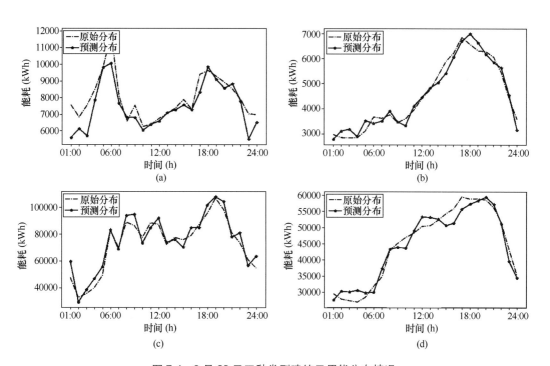

图 7-4　9 月 22 日四种类型建筑日用能分布情况
（a）第一种类型；（b）第二种类型；（c）第三种类型；（d）第四种类型

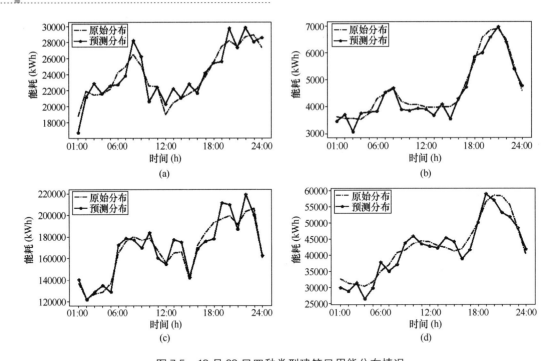

图 7-5 12 月 22 日四种类型建筑日用能分布情况

(a) 第一种类型；(b) 第二种类型；(c) 第三种类型；(d) 第四种类型

DEEM＋CF 的用能分布预测性能评价　　　　表 7-8

日期	建筑类别	MAE	RMSE	MAPE（%）	r
3 月 22 日	1	809.83	941.90	8.98	0.986
	2	141.21	188.48	4.15	0.986
	3	4033.98	4625.84	5.75	0.969
	4	2104.87	2295.18	5.61	0.971
6 月 22 日	1	364.18	430.29	5.80	0.990
	2	302.60	368.38	6.48	0.989
	3	3953.46	4699.88	6.14	0.986
	4	2011.97	2457.35	4.58	0.987
9 月 22 日	1	689.00	837.21	8.98	0.835
	2	187.51	238.36	4.42	0.990
	3	6442.48	7330.08	9.05	0.943
	4	2016.09	2472.97	4.97	0.984
12 月 22 日	1	1285.65	1573.25	5.35	0.948
	2	205.97	244.38	4.54	0.974
	3	8438.77	9423.83	5.05	0.933
	4	1996.21	2283.36	4.94	0.965
均值	1	787.16	945.66	7.28	0.940
	2	209.32	259.90	4.90	0.985
	3	5717.17	6519.91	6.50	0.958
	4	2032.29	2377.21	5.03	0.977

3. 实验结果分析与讨论

根据上面的实验结果，可以得到以下结论：

（1）表 7-5 表明，不同的聚类方法有不同的聚类结果。DBSCAN 的轮廓系数最高，Calinski-Harabaz 指数最高，因此，DBSCAN 获取了最佳的聚类结果。

（2）表 7-6 展示了在 1 月 7 日，依据 DBSCAN 将用能数据分为 4 类时，不同类别建筑日用能序列的数据统计信息，包括平均最大值、平均最小值、峰值时间和谷值时间。从该表中可以看到，不同类别的建筑用能序列最大值、最小值、峰值分布时间和谷值分布时间均不同。

（3）依据 DBSCAN 聚类结果对 1994 栋居住建筑进行类别划分，共获得了 4 类建筑物。对每一类别建筑的物理参数进行比较与分析发现同一类别的建筑物在某些物理参数上具有极强的关联性。从表 7-7 可以看出，供热系统、建筑物原型和建筑面积是影响建筑用能分布的关键参数。

（4）从图 7-2～图 7-5 中可以发现，同类建筑在不同日期的用能分布具有极大的差异性，不同类的建筑在同一日期的用能分布也具有很大的差异性。此外，从这些图中也可以观察到基于 DEEM＋CF 预测的用能分布与原始用能分布差异性较小，这也进一步证明了基于 DEEM＋CF 用能预测的有效性。表 7-7 表明，DEEM＋CF 预测的用能分布与真实用能分布相比，平均 $MAPE$ 低于 8%，平均 r 高于 0.94。上述结果也说明 DEEM 可以有效预测不同类别建筑的日用能分布。

7.4　小结

了解建筑群的用能分布对于电网制定合理而有效的建筑需求侧响应策略具有重要意义。为有效挖掘居住建筑群典型用能分布，本章提出了一种基于 DBSCAN 与深度学习的居住建筑群用能分布分析方法。该方法首先利用 DBSCAN 对联合日用能时间序列进行聚类分析；然后在每一类别建筑中随机挑选一定数量的建筑作为该类别的代表建筑，并使用 DEEM＋CF 实现代表建筑的日用能分布预测；最后计算预测的每类代表建筑日用能分布均值作为不同类别建筑的日用能分布的预测结果。为验证该方法的有效性，选择某市的 1994 栋住宅建筑进行了详细实验，实验结果表明该方法可以有效分析和挖掘多建筑的典型用能分布。

本章参考文献

[1]　Lawrence T M, Boudreau M C, Helsen L, et al. Ten questions concerning integrating smart buildings into the smart grid [J]. Building and Environment, 2016, 108：273-283.

[2]　Tian C, Ye Y, Lou Y, et al. Daily power demand prediction for buildings at a large scale using a hybrid of physics-based model and generative adversarial network[J]. Building Simulation, 2022, 15 (9)：1685-1701.

[3]　Fan C, Huang G S, Sun Y J. A collaborative control optimization of grid-connected net zero energy buildings for performance improvements at building group level [J]. Energy, 2018, 164：536-549.

［4］ 李秀磊，耿光飞，季玉琦，等. 主动配电网中储能和需求侧响应的联合优化规划 ［J］. 电网技术，2016（12）：199-206.

［5］ Wang Y H，Li Y，Cao Y J，et al. Hybrid AC/DC microgrid architecture with comprehensive control strategy for energy management of smart building ［J］. International Journal of Electrical Power & Energy Systems，2018，101：151-161.

［6］ Kalluri B，Seshadri B，Gwerder M，et al. A longitudinal analysis of energy consumption data from a high-performance building in the tropics ［J］. Energy and Buildings，2020. 224：110230.

［7］ Chang C，Zhu N，Yang K，et al. Data and analytics for heating energy consumption of residential buildings：The case of a severe cold climate region of China ［J］. Energy and Buildings，2018，172：104-115.

［8］ Rhodes J D，Cole W J，Upshaw C R，et al. Clustering analysis of residential electricity demand profiles ［J］. Applied Energy，2014，135：461-471.

［9］ Ye Y Y，Zuo W D，Wang G. A comprehensive review of energy-related data for US commercial buildings ［J］. Energy and Buildings，2019，186：126-137.

第 8 章 基于域自适应的建筑用能迁移预测

8.1 引言

　　无论是深度还是浅层数据驱动的用能预测方法都是针对每一栋建筑分别建立新的模型进行预测，无法对已建预测模型进行重用。迁移学习的出现为解决上述问题提供了途径，迁移学习旨在借助已学习的知识完成新的任务。目前，迁移学习在用能预测中也取得成功应用。Fan 等人设计了一种集成样本迁移和模型迁移的建筑能耗预测方法，以较少的数据实现了深度模型训练，并通过评估指标验证了迁移学习可用于建筑能耗预测[1]。Ribeiro 等人[2]提出了一种跨建筑的能耗迁移预测方法，该方法利用相似建筑的综合数据来预测复杂的能耗。此外，Fang 等人提出了一种采用 LSTM 网络和域自适应方法的短期建筑用能预测框架，该方案将从相关建筑数据中获得的知识迁移到目标数据预测任务中，以解决目标数据短缺的问题[3]。刘世昌等人[4]提出了一种将多尺度分析和样本迁移结合的短期负荷预测方法，该方法采用互信息特征选择法和基于核岭回归的样本迁移方法选取历史值来扩充序列特征，进而提高相似样本的质量，并通过对比实验验证了该方法的性能。Luo 等人提出了一种基于人工智能的集成预测方法，该方法包含进化优化和自适应 DNN 模型，用于预测一周每小时的建筑能耗，为了评估所提出的预测模型的有效性，在英国的一座办公楼上进行了实验[5]。Du 等人[6]研究了时间序列预测的时间协变量转移（TCS）问题，提出了自适应 RNN 模型来解决 TCS 问题，并在人类活动识别、空气质量预测、家庭用电量和财务分析方面进行实验。

　　这些研究有效解决了用能数据短缺的问题，但忽视了建筑用能数据随时间的推移而容易产生一些时变特征的问题，这会导致源域数据和目标数据之间存在较大差异。在迁移过程中，当研究数据与源域数据分布不同时，会降低模型在目标数据上的预测性能，从而无法达到预期的预测效果。为处理这一问题，域自适应方法近年来受到了广泛关注，其目的是将在源域学习到的特征表示适应于信息较少甚至没有的目标域。最近的研究表明，深度神经网络可以学习到更多的可迁移特征以进行域自适应[7]。基于深度学习的域自适应方法已应用在跨域学习的分类、故障诊断等任务中，取得了理想的结果。但在建筑用能预测任务中的研究较少，而且针对其他任务提出的域适应网络架构与时间序列数据不兼容。因此，需要进一步研究如何基于域自适应方法设计精准用能预测模型。

　　为减少模型训练负担并降低因数据分布不同对模型性能产生的负影响，本章将给出一种基于域自适应的建筑用能预测方法。在该方法中，为了保证网络具有良好的预测性能同时考虑到网络的参数和计算速度，将设计由一维卷积网络和两层 GRU 网络构成的特征提取模块。此外，源域和目标域的分布差异采用 CORAL 损失和 MMD 准则联合度量，并利用梯度反转层对域间分布损失和预测损失进行对抗训练以提高模型的可迁移性。最后，在办公建筑和商业建筑两类数据集上进行测试，并设置对比实验以验证该方法的性能。

8.2　域间损失度量指标

对于跨域迁移学习，为了学习域不变性表示，必须减少源域和目标域之间的数据分布差异。为此已有研究工作提出了几种方法来度量两个域之间的数据分布差异，其中两种常用的域适应方法是 MMD 和 CORAL 损失[8-10]。

CORAL 损失是借助线性变换方法将两个数据域的二阶统计协方差特征进行对齐。其详细过程如下[11]：

设源域数据为 $\boldsymbol{D}_S = \{\boldsymbol{x}_i\}$，$\boldsymbol{x} \in \mathcal{R}^d$，目标数据为 $\boldsymbol{D}_T = \{\boldsymbol{u}_i\}$，$\boldsymbol{u} \in \mathcal{R}^d$，这两个数据域表达式中的 $\boldsymbol{x}$ 和 $\boldsymbol{u}$ 是经过特征提取网络提取的关于输入值的特征。假定 $\boldsymbol{D}_S^{ij}$, $\boldsymbol{D}_T^{ij}$ 分别表示源域和目标域第 i 个数据的第 j 维度值，$\boldsymbol{C}_S$、$\boldsymbol{C}_T$ 表示数据间的特征协方差矩阵，则源域数据和目标数据的 CORAL 损失定义为：

$$l_{\text{CORAL}} = \frac{1}{4d^2} \parallel \boldsymbol{C}_S - \boldsymbol{C}_T \parallel_F^2 \tag{8-1}$$

式中，$\parallel \cdot \parallel_F^2$ 表示矩阵 Frobenius 范数的平方，数据的协方差矩阵 $\boldsymbol{C}_S$ 和 $\boldsymbol{C}_T$ 的计算公式为

$$\boldsymbol{C}_S = \frac{1}{N_S - 1}\left(\boldsymbol{D}_S^T \boldsymbol{D}_S - \frac{1}{N_S}(\boldsymbol{1}^T \boldsymbol{D}_S)^T(\boldsymbol{1}^T \boldsymbol{D}_S)\right)$$
$$\boldsymbol{C}_T = \frac{1}{N_T - 1}\left(\boldsymbol{D}_T^T \boldsymbol{D}_T - \frac{1}{N_T}(\boldsymbol{1}^T \boldsymbol{D}_T)^T(\boldsymbol{1}^T \boldsymbol{D}_T)\right) \tag{8-2}$$

式中，N_S、N_T 分别为源域和目标域的数据数量，$\boldsymbol{1}$ 为由 1 组成的列向量。

然后使用链式规则来计算输入特征的梯度，具体为：

$$\frac{\partial l_{\text{CORAL}}}{\partial \boldsymbol{D}_S^{ij}} = \frac{1}{d^2(N_S - 1)}\left(\left(\boldsymbol{D}_S^T - \frac{1}{N_S}(\boldsymbol{1}^T \boldsymbol{D}_S)^T \boldsymbol{1}^T\right)^T(\boldsymbol{C}_S - \boldsymbol{C}_T)\right)^{ij}$$
$$\frac{\partial l_{\text{CORAL}}}{\partial \boldsymbol{D}_T^{ij}} = \frac{1}{d^2(N_T - 1)}\left(\left(\boldsymbol{D}_T^T - \frac{1}{N_T}(\boldsymbol{1}^T \boldsymbol{D}_T)^T \boldsymbol{1}^T\right)^T(\boldsymbol{C}_S - \boldsymbol{C}_T)\right)^{ij} \tag{8-3}$$

当 CORAL 损失值较小时，说明两个数据集对齐特征提取不足。为了更好度量域间数据特征分布差异，同时采用 MMD 准则度量两个数据域的差异，MMD 准则计算方法在3.5 小节已给出。

MMD 和 CORAL 损失联合度量的域间分布损失如下式所示，此计算公式可以适应多维数据散度的计算。

$$l_d = l_{\text{MMD}} + l_{\text{CORAL}} \tag{8-4}$$

式中，l_{MMD} 的计算参见式（3-22）。

8.3　域自适应用能预测模型

在本章中，受域自适应相关研究工作[8-10]的启发，将该域自适应架构应用于建筑用能预测领域。为了提高域自适应模型在测试数据集上的表现，对模型架构和域间分布度量做了改进，并在网络训练时采用对抗训练的思想。域自适应用能预测方法整体流程如图 8-1

所示，主要包括特征提取、预测和域间分布损失计算三个核心部分。具体流程如下：

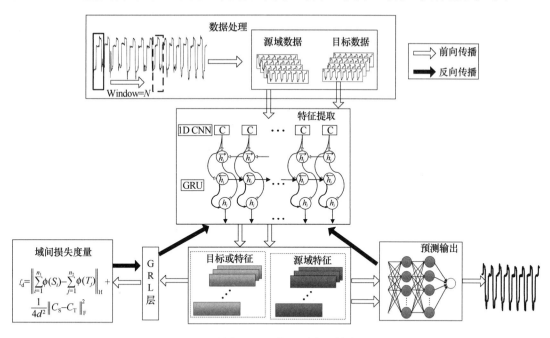

图 8-1　域自适应用能预测方法整体流程

第一步，利用滑动窗将单特征源域数据和目标数据变为 n 维特征时间序列，即 $\boldsymbol{X} = \{(x_1, x_2, \cdots, x_{n-1}, x_n), (x_2, x_3, \cdots, x_n, x_{n+1}), \cdots\}$；

第二步，利用特征提取网络提取数据特征，计算源域和目标域特征的域间分布差异，并利用源域数据特征训练预测网络；

第三步，域间损失和预测损失对抗训练，迭代更新特征提取网络和预测网络，直至预测网络性能指标达到预设值；

最后，共享训练好的特征提取网络参数，对目标数据进行预测。

下面将对核心模块，包括特征提取模块、预测模块和对抗层进行详细论述。

1. 特征提取模块

针对时间序列特征长期依赖问题，同时考虑到网络的计算速度，本章域自适应预测模型采用卷积网络和 GRU 网络[8,9]共同搭建具有较少参数的特征提取模块。特征提取模块的结构如图 8-2 所示，它由一维卷积网络和两层 GRU 构成。其中，一维卷

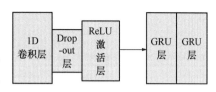

图 8-2　特征提取模块的结构

积网络包含卷积层、Dropout 层和激活层，并采用 ReLU 函数作为激活函数。

2. 预测模块

该模块的功能是网络训练时计算模型的预测损失，网络重用时预测输入值对应的目标值。预测模块结构如图 8-3 所示，它由两个全连接模块和一个全连接层组成。其中两个全连接块采用相同的结构即由全连接层、Dropout 层和激活层构成，但全连接层的隐藏单元不同，在两个全连接块中，激活层皆采用 ReLU 函数。

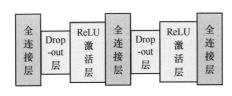

图 8-3　预测模块结构

3. 对抗层

在该架构中，对抗层的目的是将域间分布损失和预测损失对抗训练，此目的由梯度反转层（GRL）实现。GRL 由 Ganin 等人[9] 为解决分类任务的域自适应问题而提出，其功能是将传到本层的误差乘以一个负数，从而使 GRL 前后网络的训练目标相反。网络训练的目的是将预测损失和域间分布损失都尽可能降到最小。为了实现该目的，利用 GRL 层对域间分布损失取反，然后将网络训练目标改为尽可能地最小化预测损失同时最大化域间分布损失。网络迭代重复上述对抗训练步骤，从而实现对模型参数的优化。

4. 域自适应预测模型的训练

该工作的主旨是设计一个包含特征提取器 E 和预测器 P 的网络模型，该模型通过学习来优化预测损失，从而缩小两个域的分布差异，同时利用域间分布损失来优化预测损失，即利用目标特征对源域进行限制，从而使重用模型在目标数据上保持良好的性能。整个模型的训练过程如下：

（1）将源域数据和目标数据输入特征提取网络，提取两个域的分布特征，将提取的特征经 GRL 层的前向传播输出，然后利用式（8-4）计算两者的分布差异，同时将源域特征"喂"给预测模块，计算在目标特征影响下源域特征的预测损失。为了评估模型预测性能，预测损失采用 MSE 计算。

（2）利用 GRL 层的反向传播，把域间分布损失取反加入特征模块训练中，更新提取网络的参数以最小化域间损失，即提取源域和目标域的域不变特征。此时，网络损失记为 l_{loss}，其计算公式为：

$$\min_{\Theta} l_{\text{loss}} = \mu l_{\text{prediction}} + (1 - \mu)(l_{\text{CORAL}} + l_{\text{MMD}}) \tag{8-5}$$

式中，Θ 代表域自适应模型的所有参数，$\mu \in (0,1]$。

（3）重复步骤（1）、（2），如此对抗训练，获得最优模型性能。在对抗训练过程中，利用 Adam 优化器来优化 l_{loss}。

（4）调用预训练的模型，在目标数据集上进行测试，验证重用模型的泛化能力和预测性能。

8.4　实验与分析

为验证域自适应预测模型的性能，本章将同样在办公建筑和商业建筑用能数据集上进行实验。

8.4.1　实验设定

1. 实验数据预处理

数据预处理分为偏自相关函数（Partial Auto Correlation Function，PACF）分析[10] 和滑动窗口处理两步。PACF 分析用于确定数据的特征维度，滑动窗口处理用于将源域数据变为有监督形式。数据处理过程如下：

首先，利用下式计算数据的自协方差：

$$r(m) = \frac{1}{M}\sum_{i=m+1}^{M-m}\left[p(i) - \frac{1}{M}\sum_{i=1}^{M}p(i)\right]\left[p(i-m) - \frac{1}{M}\sum_{i=1}^{M}p(i)\right], \, m = 1,2,\cdots,M-1$$

(8-6)

其次，利用下式计算数据间的自协方差函数，并将第一个超过 PACF 设定值的样本序号 n 作为预测数据的长度。

$$\rho_m = \frac{r(m)}{r(0)}, \, m = 1,2,\cdots,M-1$$

(8-7)

最后，利用滑动窗口算法切割原始数据集，将数据转为由特征和标签组成的有监督形式。设滑动窗口的大小为 $n+1$，即用前 n 个历史数据预测第 $n+1$ 个样本值。经过滑动窗口处理后，数据集数量变为 $M-n$，格式为 $\{(x_1,\cdots,x_{n+1}),\cdots,(x_2,\cdots,x_{n+1}),\cdots\}$。

2. 模型评估指标与对比方法

本实验模型性能评价指标采用 RMSE、MAE 以及训练时间。在本章中，主要考虑用能预测模型预训练的时间，即考虑对比模型预训练需要的时间和域适应模型进行对抗训练的时间。

将本章域自适应方法与 DaNN 方法、域间损失只采用 CORAL 度量的方法进行对比以验证所提出方法的性能，对比方法的参数如下：

（1）DaNN：该方法由特征提取模型和预测模块组成，其中特征提取模型由一层人工神经网络构成，预测模块由一层全连接层构成。在该方法中，域间损失度量方法采用 MMD 准则，并且直接反馈给网络。

（2）CORAL 度量：该方法采用本章设计的域自适应模型架构，但域间损失只采用 CORAL 度量方法。

8.4.2　办公建筑用能预测实验

1. 实验数据

办公建筑用能数据采用美国橡树岭国家实验室 2013～2014 年的用能数据。该数据集中两座建筑物的用能数据被用作实验数据集。将选用的两个用能数据集命名为 AB 和 V，名为 V 的建筑物最后 5000 个采样点被选作目标数据，部分目标数据如图 8-4 所示。

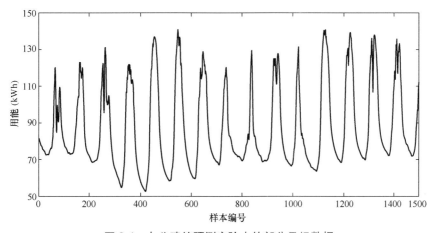

图 8-4　办公建筑预测实验中的部分目标数据

2. 实验结果及分析

通过 PACF 分析，该办公建筑用能样本 x_{t-3} 与 x_t 具有较大的偏自相关系数，即采用 $x_{t-3}, x_{t-2}, x_{t-1}$ 来预测 t 时刻的值 x_t。利用消融实验找到该模型的最优参数，部分实验的参数信息如表 8-1 所示。

由表 8-1 可得该模型卷积核参数信息设为 1、6、2，GRU 单元设为 20，全连接层单元为 64、5、1，损失权重值 $\mu = 0.65$ 时模型性能最优。此外，在该实验中，预训练次数设置为 12，学习率的值为 10^{-3}，数据迭代最优批次为 6。

办公建筑预测实验的部分模型参数设置及训练结果　　　　　　　　表 8-1

模型参数					训练指标		
卷积核	GRU 单元	全连接层	权重	批次	*RMSE*	*MAE*	时间（s）
(1, 8, 2)	20	(64, 5, 1)	0.65	6	6.4544	2.8865	1726
(1, 8, 2)	20	(64, 5, 1)	0.6	6	5.1431	2.0997	1452
(1, 8, 2)	20	(64, 5, 1)	0.55	8	12.7332	4.5019	1157
(1, 8, 2)	20	(64, 5, 1)	0.45	6	6.9822	3.1225	1762
(1, 8, 2)	20	(32, 5, 1)	0.65	6	4.2722	1.7441	1449
(1, 8, 2)	20	(32, 5, 1)	0.55	6	10.6125	4.7461	2860
(1, 6, 2)	20	(64, 5, 1)	0.65	6	2.4042	0.9815	1242
(1, 6, 2)	12	(64, 5, 1)	0.6	6	13.0380	5.3227	1280
(1, 6, 2)	12	(32, 5, 1)	0.65	6	4.3824	1.9726	1188
(1, 4, 2)	20	(32, 5, 1)	0.65	6	12.7093	4.0190	960

为了更好地展示模型预测效果，选择部分数据的预测值进行展示，如图 8-5 所示。

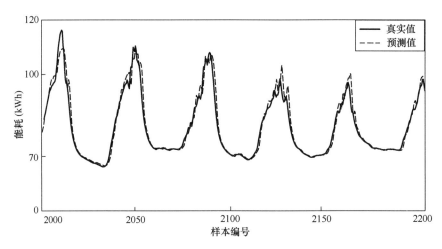

图 8-5　办公建筑用能实验中域自适应模型输出结果

从图 8-5 可以得出，该域适应模型已具备良好的预测性能和泛化性，所设计的模型可以在目标数据上进行重用。

利用办公建筑 V 对 3 个方法进行测试，在该实验中，CORAL 度量方法的卷积核个数和大小、GRU 单元和隐藏单元的个数以及模型的学习率、数据迭代次数等参数皆与本章设计的域自适应方法相同。DaNN 方法的神经元和隐藏单元个数分别为 64、5，其他模型参数如学习率、迭代次数以及丢弃率等与本章域自适应方法相同。

　　域自适应模型以及对比实验的测试结果如图 8-6 所示。从图 8-6 可以看出，相较于对比方法，本章设计的域自适应方法对分布不同的数据进行模型重用时具有更好的泛化能力，该方法有效降低了因数据分布不同产生的负迁移影响。

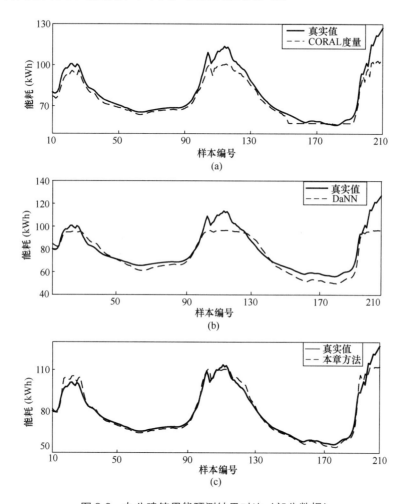

图 8-6　办公建筑用能预测结果对比（部分数据）

（a）采用 CORAL 度量时预测结果；（b）采用 DaNN 时预测结果；（c）采用本章域适应方法时的预测结果

办公建筑用能预测实验中三种模型的性能比较　　　　　　　　表 8-2

模型	*MAE*	*RMSE*	时间（s）
DaNN	2.3033	7.2836	540
CORAL 度量	1.6983	4.1599	2542
域适应	1.3739	3.3653	1242

　　所有实验的 *RMSE*、*MAE* 和训练时间如表 8-2 所示。由表 8-2 可得，本章设计的域

自适应方法的 *RMSE*、*MAE* 全部优于对比方法，域自适应方法的 *RMSE* 分别下降了53.79%、19.11%，*MAE* 分别下降了40.35%、19.10%。相较于 *CORAL* 度量方法，本章设计的域自适应方法训练时间节省了1300s，虽然 DaNN 方法由于网络结构简单预训练花费的时间较少，但在相同训练轮数和数据迭代批次下其预测性能较差。因此，可以推断出所设计的域自适应方法在保证预测精度的前提下实现了不同分布数据间的模型重用，一定程度上缓解了模型训练的负担。

8.4.3　商业建筑用能预测实验

1. 实验数据

美国加利福尼亚州某些超市2010年的用能数据被用作该实验的数据集。该数据集采样频率为15min/次，选用其中两个商店的用能数据作为目标数据和源域数据，并将其命名为 F 和 H，该实验的目标数据样本数量为5000，部分目标数据如图8-7所示。

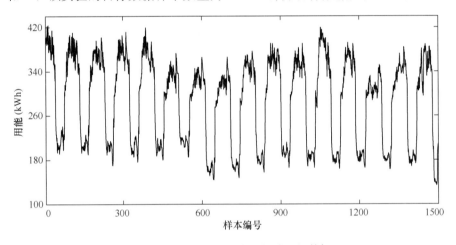

图8-7　商业建筑实验中的部分目标数据

2. 实验结果及分析

通过 PACF 分析，商业建筑用能样本 x_{t-5} 与 x_t 具有较大的偏自相关系数，即采用 $x_{t-5}, \cdots, x_{t-1}$ 来预测 t 时刻的值 x_t。同样利用消融实验找到该模型的最优参数，实验的部分模型参数设置及训练结果如表8-3所示。

商业建筑实验的部分模型参数设置及训练结果　　　　　　　　表8-3

模型参数					训练指标		
卷积核	GRU	全连接层	权重	批次	*RMSE*	*MAE*	时间（s）
(1, 48, 2)	16	(128, 50, 1)	0.65	8	65.7973	26.8616	29404
(1, 48, 2)	16	(128, 50, 1)	0.65	10	66.6338	21.0714	14220
(1, 48, 2)	20	(128, 50, 1)	0.55	10	72.5096	22.9296	12051
(1, 48, 2)	16	(128, 50, 1)	0.55	8	56.2440	19.8853	21825
(1, 48, 2)	16	(128, 50, 1)	0.5	10	76.6748	24.2467	10758
(1, 48, 2)	12	(64, 50, 1)	0.5	10	39.8230	12.5931	9798

续表

模型参数					训练指标		
卷积核	GRU	全连接层	权重	批次	RMSE	MAE	时间（s）
(1, 32, 2)	12	(128, 50, 1)	0.55	10	74.4054	23.5290	6432
(1, 32, 2)	12	(128, 50, 1)	0.55	8	34.8644	12.3264	7758
(1, 32, 2)	16	(128, 50, 1)	0.5	10	88.8243	28.8807	7052
(1, 32, 2)	16	(64, 50, 1)	0.5	8	67.7493	27.6585	11859

由表 8-3 可得商业建筑的域自适应预测模型最优参数如下：卷积核大小为 2，卷积核个数为 32，两层 GRU 网络的单元数量为 12，全连接层的单元数分别为 128、50 和 1，最优损失权重值 $\mu = 0.55$。此外，在该实验中，学习率调整为 10^{-3}，数据迭代批次设为 8。

为了更好地展示模型预测效果，选择模型预训练的部分预测值进行展示，如图 8-8 所示。从该图可以得出，针对商业建筑用能数据，该域适应模型也已具备良好的预测性能和泛化性，所训练的模型可以在目标数据集上进行重用。

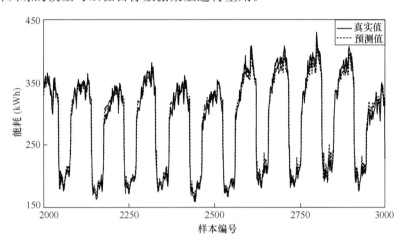

图 8-8 商业建筑用能实验中域自适应模型预训练结果

利用目标数据 F 对 3 个方法进行测试，该实验中对比方法的参数设置如下：CORAL 度量方法的卷积核个数和大小、GRU 网络的层数和每层网络隐藏单元的个数等模型参数与本实验的域自适应方法相同，DaNN 方法的神经元和隐藏单元个数分别为 128、50，其他模型参数如学习率、迭代次数以及丢弃率等与本实验域自适应方法相同。

部分测试结果如图 8-9 所示。从图 8-9 中可以看出，对于周期规律显著的商业建筑用能数据，域自适应方法仍然可以实现不同分布数据间的模型迁移，减少模型训练负担。

商业建筑用能预测实验中四种模型的性能比较见表 8-4。从该表可以得出，在商业建筑用能预测实验中，DaNN 方法需要的时间最少，但由于模型单一，该方法提取该类数据特征的能力不足，因此在该类时序数据集上的预测指标相对较差。相较于对比方法，本章设计的域自适应方法仍然性能最优，其 RMSE 分别减少了 43.29%、26.59%，MAE 分别下降了 61.21%、26.60%。此外，本章域自适应方法预训练比 CORAL 度量方法节省了 9589s。

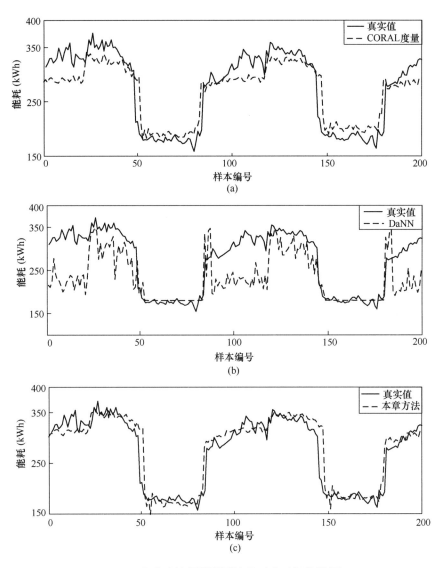

图 8-9　商业建筑用能预测结果对比（部分数据）

（a）采用 CORAL 度量时预测结果；（b）采用 DaNN 时预测结果；（c）采用本章域适应方法时预测结果

商业建筑用能预测实验中四种模型的性能比较　　　　表 8-4

模型	MAE	RMSE	时间（s）
DaNN	27.4730	53.1490	451
CORAL 度量	14.5183	41.0640	17347
域适应	10.6571	30.1428	7758

8.5　小结

本章给出了基于域自适应的建筑用能预测方法。首先，给出了该方法中域间分布损失的度量准则；然后，详细给出了域自适应用能预测模型，包含特征提取网络的搭建、域自适应模型的对抗训练；最后，在办公和商业建筑两组数据集上测试了所提出的模型的性能。通过对比实验可知，在确保预测精度的前提下，该方法可以实现不同分布数据间的模型重用，减少模型训练成本。

本章参考文献

[1] Fan C，Sun Y，Xiao F，et al. Statistical investigations of transfer learning-based methodology for short-term building energy predictions[J]. Applied Energy，2020，262：114499.

[2] Ribeiro M，Grolinger K，ElYamany H F，et al. Transfer learning with seasonal and trend adjustment for cross-building energy forecasting [J]. Energy and Buildings，2018，165：352-363.

[3] Fang X，Gong G，Li G，et al. A hybrid deep transfer learning strategy for short term cross-building energy prediction [J]. Energy，2021，215：119208.

[4] 刘世昌，金敏. 多尺度分析与数据互迁移相结合的短期电力负荷预测方法 [J]. 计算机科学，2018，45（7）：315-321.

[5] Luo X J，Oyedele L O，Ajayi A O，et al. Feature extraction and genetic algorithm enhanced adaptive deep neural network for energy consumption prediction in buildings [J]. Renewable and Sustainable Energy Reviews，2020，131：109980.

[6] Du Y，Wang J，Feng W，et al. Adarnn：Adaptive learning and forecasting of time series [C] // Proceedings of the 30th ACM International Conference on Information & Knowledge Management，2021：402-411.

[7] Yosinski J，Clune J，Bengio Y，et al. How transferable are features in deep neural networks [J]. Advances in Neural Information Processing Systems，2014，27：1-9.

[8] Ghifary M，Kleijn W B，Zhang M. Domain adaptive neural networks for object recognition [C] // Pacific Rim International Conference on Artificial Intelligence，Springer，Cham，2014：898-904.

[9] Ganin Y，Ustinova E，Ajakan H，et al. Domain-adversarial training of neural networks [J]. The Journal of Machine Learning Research，2016，17（1）：1996-2030.

[10] Sun B，Saenko K. Deep coral：Correlation alignment for deep domain adaptation [C] // European Conference on Computer Vision 2016 Workshops，Springer，Cham，2016：443-450.

[11] Ihueze C C，Onwurah U O. Road traffic accidents prediction modelling：An analysis of Anambra State，Nigeria [J]. Accident Analysis & Prevention，2018，112：21-29.

第 9 章　基于模型迁移与边缘计算的建筑用能预测

9.1　引言

在建筑用能预测中，深度学习方法尤其是 LSTM 等深度网络模型表现出色[1-6]，然而，在实际应用中，往往需要为每一栋建筑搭建独立的深层网络模型，这无疑增加了设备的计算成本，降低了效率。

为缓解设备的计算和存储压力，云计算平台得到应用。云计算平台负责对上传的数据进行分析并将结果反馈给执行端。然而，当数据样本较多时，云计算可能无法实现数据实时性操作。边缘计算的出现可以满足对数据实时操作的要求，但是边缘的计算能力容易受到内存限制的影响。为了更合理地进行数据分析，云边协同架构应运而生。该架构在设备寿命预测[7]、智能电网[8]等领域获得应用，有效降低了设备的计算压力。随着 5G 的推广，云边协同架构在建筑用能管理中的应用也越来越受到重视。

如何实现云端预测模型在边缘端的重用，缓解边缘端模型的训练负担是需要解决的关键问题。域自适应预测方法虽然可以实现已有模型的重用，减少因数据分布不同产生的负迁移影响。但对于样本数量较多的建筑或用能规律显著的建筑，域自适应方法的模型训练却给设备带来了较大的负担。模型迁移方法为突破这一瓶颈提供了有效途径[9]。该方法旨在利用大量数据预先训练模型，然后将训练好的模型以某种方式完成相似数据分析的任务，而且迁移的模型在相似数据上只需要训练除特征提取层以外的结构就能够取得良好的精度。因此，利用模型迁移方法实现已有模型的重用，可以减少模型参数的训练，加快模型训练过程，从而降低模型训练负担。经过上述分析可以发现，将迁移学习和云边协同架构结合应用于建筑用能预测模型构建，可以实现云端已有模型的重用，缓解边缘端设备的训练负担和存储压力。

为降低模型训练的成本，进一步提升效率，本章将给出一种基于云边协同的模型迁移建筑用能预测方法。此方法首先在云端基于 LSTM 构建不同类型建筑的能耗预测模型，增加重用模型的种类；其次，为了确保重用模型在目标数据上的预测性能，将借助动态时间规整度量方法，实现边缘端的观测数据与云端历史数据的相似性分析，从而匹配最佳重用模型；最后，在边缘端，利用迁移学习中模型迁移方法实现已有模型在目标建筑预测中的重用。

9.2　域间数据相似性分析方法

考虑到目标数据与云端存储的数据的采集频率可能不同，采用动态时间翘曲（DTW）方法[10]对域间数据的相似性进行分析，从而匹配最优的重用模型。

假设待匹配的两个用能序列为 $\boldsymbol{h} = (h_1, \cdots, h_m)$、$\boldsymbol{r} = (r_1, \cdots, r_n)$，具体相似性度量方

式如下：

首先，通过欧几里得距离计算两个序列元素之间的距离 $d(i,j)$，同时利用这些距离构造一个 $m \times n$ 维的距离矩阵，在此过程中，两个序列元素之间是一对多的非线性对应关系。

然后，借助动态规整思想，在距离矩阵中找到两个序列的相似对齐点，通过序列间对齐点的路径称为规整路径。h 序列和 r 序列的规整路径表示为：

$$((h_1,r_1),\cdots,(h_i,r_j),\cdots,(h_m,r_n)) \tag{9-1}$$

其中 $1 < i \leqslant m$，$1 < j \leqslant n$。

由于序列元素的对应是非线性的，所以存在许多条弯曲路径，因此需要寻找最优动态路径。根据以下步骤找到最优路径：

首先，指定弯曲路径从矩阵的左下角开始，累加至其最右端的位置。

其次，在这个过程中设移动步长为 1，这意味着它只对准与自己相邻的点，并定义规整路径沿着前一个点的右侧方向前进。

此外，当从距离矩阵中 $(i-1,j-1)$ 点去 $(i-1,j)$ 点或 $(i,j-1)$ 到 (i,j) 点时，设路径方向为横向或竖向的距离为 $d(i,j)$，方向为斜对角线的距离 $2d(i,j)$。

最终，选择累积距离最小的路径作为最优路径，将总累积距离用于分析两个序列的相似度，该相似度与计算的总距离成反比。因此，两个序列的相似性计算如下：

$$s(i,j) = \min \begin{cases} s(i-1,j) + d(i,j) \\ s(i-1,j-1) + 2d(i,j) \\ s(i,j-1) + d(i,j) \end{cases} \tag{9-2}$$

式中，$s(i,j)$ 表示两个序列都是从起点依次对齐到序列 h 的第 i 个点和序列 r 的第 j 个点的累计距离。

通过以上步骤，便可以从模型库中挑选出作用于边缘端用能数据的重用模型，其对应的数据集为最优源域数据。

9.3　基于模型迁移的用能预测

为了减少网络训练的计算成本，同时减少网络性能对数据量的依赖，本章将云边协同架构、LSTM 网络和模型迁移方法结合实现已有模型重用。所给出的基于云边协同模型迁移的建筑用能预测架构如图 9-1 所示，具体步骤如下：

（1）在云端，根据历史用能数据集构建不同类型建筑的用能预测模型，并基于这些模型构建代表性预测模型库；

（2）在边缘端，将目标数据上传至云端，将云端数据与目标数据进行相似性分析从而匹配待迁移模型；

（3）下载最佳源域数据集对应的预测模型到边缘端，使用边缘端数据测试迁移模型，并对其参数进行微调以确保重用模型在目标数据上的性能。

下面将给出该架构中核心环节的具体细节。

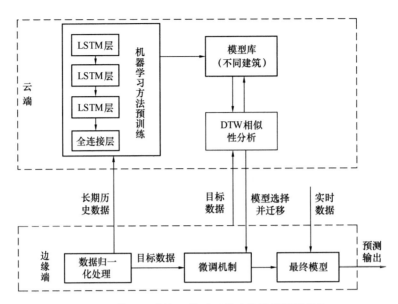

图 9-1 基于云边协同模型迁移建筑用能预测架构

9.3.1 LSTM 预测模型的搭建及训练

假设 $y(t)$ 是 t 时刻的输出值，其大小由输入网络的值决定，假定采用 $y(t-p),y(t-p+1),\cdots,y(t-1)$ 来预测 $y(t)$ 的值。

因此，能耗预测模型的表达式为：

$$y(t) = f(y(t-1),y(t-2),\cdots,y(t-p)) \tag{9-3}$$

式中，$f(\cdot)$ 表示实现预测的模型。

假设预测模型的输入变量为 $z(t) = (z_1(t),z_2(t),\cdots,z_p(t))$，其中 $z_1(t) = y(t-p)$，$z_2(t) = y(t-p+1),\cdots,z_p(t) = y(t-1)$，则式（9-3）可以改写为 $y(t) = f(z(t))$。

为了预训练 LSTM 预测模型，需要将能耗序列处理为 LSTM 网络需要的数据对的形式，即将输入量、输出量如下表示：

$$(z^{(t)},y^{(t)}),t=1,2,\cdots,N-p \tag{9-4}$$

式中，$z^{(t)} = (y(t),y(t+1),\cdots,y(t+p-1))$，$y^{(t)} = y(t+p)$，$N$ 是用能时序的总长度。

下面搭建预测模型并对其进行预训练，用能预测模型采用三层 LSTM 和一层全连接层组成的网络结构，搭建的 LSTM 网络预测模型如图 9-2 所示。

模型的预训练过程如下：

首先，将上述输入—输出数据对"喂"给网络，然后遗忘门 f_t 选取输入向量 $z^{(t)}$ 中可以"喂"给网络的值并更新状态单元，遗忘门 f_t 的计算如下：

$$f_t = \sigma(\boldsymbol{V}_f \cdot [\hat{y}(t-1),z^{(t)}]^{\mathrm{T}} + \boldsymbol{b}_f) \tag{9-5}$$

式中 $\hat{y}(t-1)$ ——上一时刻的输出；

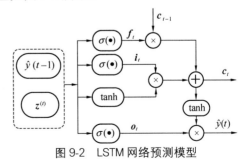

图 9-2 LSTM 网络预测模型

$z^{(t)}$——t 时刻的输入；

$\sigma(\cdot)$——函数运算；

$\boldsymbol{V}_f$、$\boldsymbol{b}_f$——该运算过程中的权重矩阵和偏置。

然后，利用输入门 i_t 对状态信息进行过滤，更新后的值从 tanh 层变为候选值，i_t 的计算为：

$$i_t = \sigma(\boldsymbol{V}_i \cdot [\hat{y}(t-1), \boldsymbol{z}^{(t)}]^{\mathrm{T}} + \boldsymbol{b}_i) \tag{9-6}$$

式中　$\sigma(\cdot)$——函数运算；

　　　$\boldsymbol{V}_i$、$\boldsymbol{b}_i$——输入门计算过程中的权重矩阵和偏置。

在上述过程中，状态单元 $\boldsymbol{c}_t$ 记录并保存当前网络状态，$\boldsymbol{c}_t$ 的表达式为：

$$\boldsymbol{c}_t = \boldsymbol{f}_t \otimes \boldsymbol{c}_{t-1} + \boldsymbol{i}_t \otimes \tanh(\boldsymbol{V}_\mathrm{d} \cdot [\hat{y}(t-1), \boldsymbol{z}^{(t)}]^{\mathrm{T}} + \boldsymbol{b}_\mathrm{d}) \tag{9-7}$$

式中　$\boldsymbol{c}_{t-1}$——上一状态；

　　　$\boldsymbol{f}_t$——遗忘门的计算值；

　　　$\boldsymbol{i}_t$——输入门的计算值；

　　　$\otimes$——逐点乘积；

$\boldsymbol{V}_\mathrm{d}$、$\boldsymbol{b}_\mathrm{d}$——此计算过程中的权重矩阵和偏置。

然后，输出门 $\boldsymbol{o}_t$ 选取部分当前状态单元的值作为输出，$\boldsymbol{o}_t$ 的计算如下：

$$\boldsymbol{o}_t = \sigma(\boldsymbol{V}_\mathrm{o} \cdot [\hat{y}(t-1), \boldsymbol{z}^{(t)}]^{\mathrm{T}} + \boldsymbol{b}_\mathrm{o}) \tag{9-8}$$

式中，$\boldsymbol{V}_\mathrm{o}$ 和 $\boldsymbol{b}_\mathrm{o}$ 代表此计算过程中的权重矩阵和偏置。

最终，LSTM 层的输出为 $\hat{y}(t)$，表示为：

$$\hat{y}(t) = \boldsymbol{o}_t \otimes \tanh(\boldsymbol{c}_t) \tag{9-9}$$

在训练 LSTM 神经网络时，门的值、记忆单元和隐藏状态会循环更新，每个过程的权重矩阵和偏置都是随机初始化的。

在网络训练过程中，选用 ReLU 作为全连接层的激活函数，然后采用 Adam 算法优化网络的训练。

为了实现基于数据间相似性分析选择重用模型，利用不同建筑的能耗数据对搭建的 LSTM 模型进行预训练，针对每个数据集分别调整模型参数以使每个模型都具有良好的预测性能，并将这些模型保存到云模型库中，以增加可用模型的种类和数量。

9.3.2　模型重用策略

上传至云端的目标数据通过 9.2 节讲述的步骤，从云端数据集中选出与其相似度最高的数据集作为源域数据，即选出待重用的预测模型。

考虑到目标数据与最佳源域数据具有相似性，从预测模型中提取的参数可以共享，然而这两个数据集并不完全相同，匹配的模型不能直接使用。为了保证重用模型在目标数据上的预测性能，需要对匹配的模型进行微调。本章所给出的微调策略如图 9-3 所示，主要包括数据处理、迁移模型和模型微调三个步骤。

第一步，数据处理：利用 Min-Max 归一化方法对在边缘端收集的数据进行标准化，

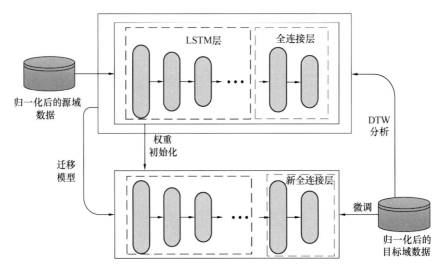

图 9-3   预测模型迁移并微调框图

其原理是将目标域数据中的每个初始值通过线性化均值转换为 0~1 范围内的值。

第二步，模型迁移：为了找到要匹配的模型，应用前述 DTW 分析方法选择与目标数据距离最小的源数据集，然后将被重用的预测模型下载到边缘端。

最后一步，模型微调：下载到边缘的模型需要进行微调，可采用的微调策略是所下载下来预测模型的 LSTM 层参数采用预训练好的值，然后，LSTM 层连接一个新的全连接层，用目标数据中的训练数据仅对该层相关参数进行重新训练，减少边缘端的训练负担。

9.4   实验与分析

为了验证基于模型迁移的建筑用能预测方法的性能，本节采用办公建筑用能数据和商业建筑用能数据进行实验，并与不采用知识迁移的 LSTM 模型进行比较。

9.4.1   性能指标和对比方法

同样采用 *RMSE*、*MAE* 以及训练时间作为评价指标来衡量模型的性能。本章主要考虑边缘端模型训练时间，分别考虑在边缘端不采用迁移策略直接训练 LSTM 模型需要的时间和进行迁移后模型的微调时间。

为了体现模型重用方法可以减轻边缘端模型训练负担，对比试验设置如下：

1）将模型微调方法与第 8 章域自适应方法、不采用迁移策略的 LSTM 预测方法（简称为 LSTM 方法）进行对比。在实验中，域自适应方法的模型参数采用第 8 章给出的最优参数。不采用迁移策略的 LSTM 预测方法参数设置与本章设计的方法参数相同；

2）采用不同样本数量的训练数据集对 3 个方法进行训练，以验证模型微调方法在训练成本上的优势。

9.4.2　所采用的数据集

1. 办公建筑用能数据

办公建筑实验采用与第 8 章相同的数据集。采用第 8 章命名的建筑物 V 作为目标数据，再从该数据集中选择 4 座建筑物的用能数据作为源域数据集，这些建筑物被命名为 AB、AD、AV、CR。源域数据集的部分数据如图 9-4 所示。

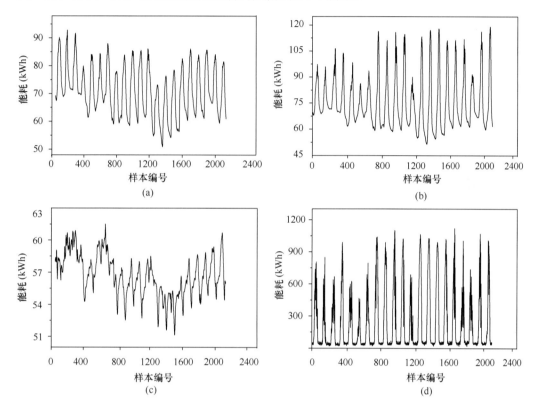

图 9-4　办公建筑预测实验中的 4 个源域数据集

（a）建筑物 AB 用能数据；（b）建筑物 AD 用能数据；（c）建筑物 AV 用能数据；（d）建筑物 CR 用能数据

2. 商业建筑用能数据

商业建筑用能预测实验的数据集同样采用美国加利福尼亚州的超市用能数据集。目标数据集选用 8.4.3 节中命名的 F 建筑，它包括 2010 年 6 月 3 日至 2010 年 12 月 30 日的运行能耗。将该数据集包含的其他 4 个建筑用能数据作为源域数据集并基于 LSTM 方法在云端构建预测模型，命名为 E、G、H 和 I，源域数据集的部分数据如图 9-5 所示。

9.4.3　实验结果与分析

1. 办公建筑用能预测实验

（1）模型匹配

目标数据上传至云端，调用 DTW 方法进行相似性分析，即选出重用预测模型。相似性分析结果如表 9-1 所示，从目标数据与云端数据的 DTW 距离中可以得出，最佳源域数

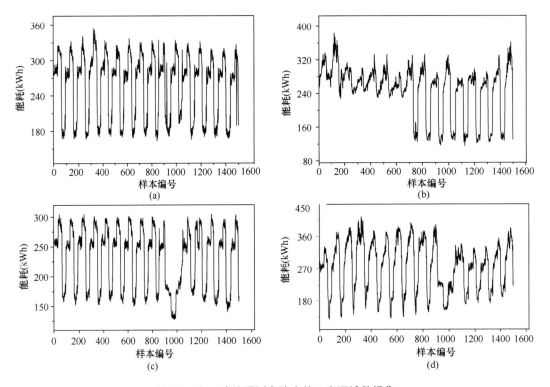

图 9-5　商业建筑预测实验中的 4 个源域数据集

（a）建筑物 E 用能数据；（b）建筑物 G 用能数据；（c）建筑物 H 用能数据；（d）建筑物 I 用能数据

据集是 AB。

办公建筑实验中的相似性分析结果　　　　　　　　　　　　　　表 9-1

数据集	AB 和 V	AD 和 V	AV 和 V	CR 和 V	X 和 V
DTW 距离	46.9814	68.6238	66.5681	51.3217	69.9334

　　在预测模型库中，AB 数据集对应的模型已经完成了预训练。在对网络进行预训练时，利用消融实验找到模型的最优参数。该模型的最优参数如下：LSTM 单元的数量为64、10 和 5，学习率调整为 10^{-6}，Dropout 设置为 0.3，预训练的训练轮次设置为 10。此外，通过 PACF 分析，最优输入长度设置为 5。

　　该模型的预测结果如图 9-6 所示，其 *RMSE*、*MAE* 分别为 4.9198、3.1378。由此可以推断出，基于 AB 数据集构建的 LSTM 预测模型已具有良好的预测性能，可以在目标数据上进行重用。

　　将匹配的 AB 数据集对应的预测模型下载到边缘端，按照 9.3.2 节所述的步骤对模型进行微调，然后采用目标数据前 2/3 的数据，对待迁移的 LSTM 模型的全连接层重新训练，剩下的 1/3 数据用来评估迁移模型在目标数据上的性能。

　　（2）实验结果

　　办公建筑用能预测实验的预测结果如图 9-7 所示，为了更好地展示模型预测效果，仅选择部分数据的预测值进行展示。图 9-7 表明域自适应方法和本章提出的模型微调方案可

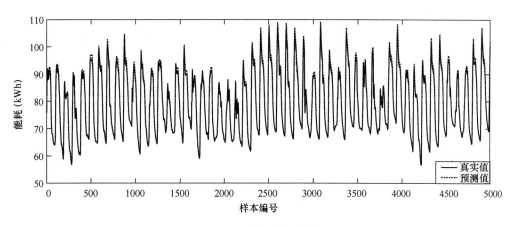

图 9-6 匹配模型的预测结果

以在少量样本数量的前提下有效地跟踪办公建筑用能趋势,而 LSTM 方法的预测性能则依赖于样本数据的数量,在样本数量大于 8000 时才能较好地预测用能趋势。

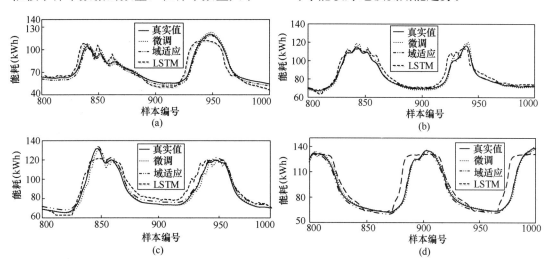

图 9-7 办公建筑实验中的预测结果

(a) 训练样本数量 5000 时的部分结果;(b) 训练样本数量 8000 时的部分结果;
(c) 训练样本数量 10000 时的部分结果;(d) 训练样本数量 12000 时的部分结果

办公建筑实验中三种方法的预测性能比较　表 9-2

训练样本数量	时间(s)			RMSE			MAE		
	微调	域自适应	LSTM	微调	域自适应	LSTM	微调	域自适应	LSTM
5000	14.25	103.5	19.25	8.6536	3.3653	9.3780	2.2970	1.3739	3.5638
8000	24.5	104.4	33	8.5696	2.8857	9.2183	1.8214	1.1781	2.3044
10000	30.9	105.2	47.5	8.4875	1.9513	9.3497	2.3310	0.7966	2.7364
12000	43	109.6	56.37	8.1976	1.5198	8.9440	2.7926	0.6205	2.9102

办公建筑实验中三种方法的预测性能比较如表 9-2 所示。因域自适应方法和本章方法的训练次数不同，性能指标中训练时间取各个方法的平均值。从该表可以看出，在这些实验中，域自适应方法的 *RMSE* 和 *MAE* 指标最优，但微调方法预训练所花费的时间最少，且能达到较好的预测性能。相较于域自适应方法，微调方法的预训练平均时间分别节省了 89.25s、79.9s、74.3s 和 66.6s；相较于直接训练 LSTM 方法，平均时间分别节省了 5s、8.5s、16.6s 和 13.4s，其 *RMSE* 分别下降了 7.72%、7.03%、9.22% 和 8.35%，*MAE* 分别下降了 35.55%、20.96%、14.82% 和 4.04%。

因此，由表 9-2 可以得出所设计的模型微调方法可以优化模型的训练负担，并能基于少量数据实现较为精确的预测。通过以上分析可以证实，基于模型迁移方法的建筑用能预测不仅实现了现有模型的重用，而且有效降低了计算成本。

2. 商业建筑用能预测实验

（1）模型匹配

将商店 F 的用能数据上传至云端并采用 DTW 方法从模型库中选择迁移的预测模型。相似性分析结果如表 9-3 所示，从表中的 DTW 距离可以推断出该数据集的最优源域数据集为 H。

商业建筑实验中的相似性分析结果   表 9-3

数据集	E 和 F	G 和 F	H 和 F	I 和 F
DTW 距离	94.4059	76.4065	67.9923	88.2805

商店 H 对应的预测模型已在云端完成了预训练。对网络进行预训练时，模型的最优参数同样借助消融实验确定，该模型的最优参数如下：LSTM 单元数为 64，128 和 10，学习率调整为 10^{-5}，预训练次数设置为 8，最优 Dropout 为 0.2。此外，最佳输入长度调整为 10。

通过以上配置，预测模型的 *RMSE* 和 *MAE* 分别为 21.7861 和 14.6331，预测结果如图 9-8 所示。因此，可以得出结论该预测模型已具有良好的特征提取能力，可以迁移至目标数据进行重用。

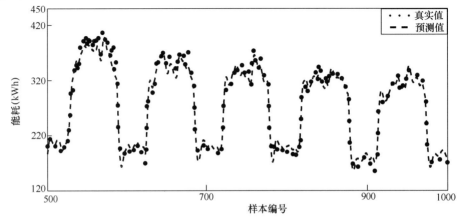

图 9-8 商业建筑实验中匹配模型的预测结果

（2）实验结果

将商店 H 对应的预测模型下载到边缘端，并按照 9.3.2 节中描述的步骤对其进行微调，然后利用商店 F 的用能数据训练和测试迁移的模型。

该实验同样设置了对比实验，实验策略与上一实验相同。对比实验的部分预测结果如图 9-9 所示。从图 9-9 中可以看出，对于具有周期规律的样本，域自适应方法和本章提出的模型微调方案仍然可以在少量样本数量的前提下有效地跟踪建筑用能趋势。图 9-9 再次证实所提出的模型微调方案可以较好地提取建筑用能数据的特征。

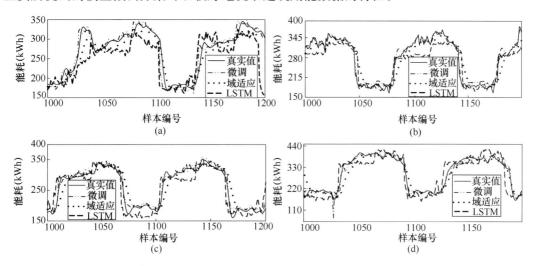

图 9-9 商业建筑对比实验的部分预测结果

（a）训练样本数量 5000 时的部分结果；（b）训练样本数量 8000 时的部分结果；
（c）训练样本数量 10000 时的部分结果；（d）训练样本数量 12000 时的部分结果

商业建筑实验中 3 种方法的预测性能比较　　　　　　表 9-4

训练样本数量	时间（s）			RMSE			MAE		
	微调	域自适应	LSTM	微调	域自适应	LSTM	微调	域自适应	LSTM
5000	39	258.6	47.3	21.2916	20.7342	37.2795	11.1351	6.5567	26.8192
8000	60.8	267.4	75	23.1082	36.4274	35.7762	12.6912	12.8825	19.1928
10000	75.2	269.4	97.2	20.6505	35.9493	35.5352	9.4067	12.7100	18.644
12000	92.3	276.7	120.4	20.7064	30.3479	36.2248	9.9005	10.7296	22.3827

商业建筑实验中 3 种方法的预测性比较如表 9-4 所示，训练时间同样采用平均时间。从该表可以观察到，在该实验中，当数据量大于 5000 时，模型微调方法的 RMSE、MAE 和平均训练时间指标均为最优。相较于域自适应方法，微调方法的预训练平均时间分别节省了 206.6s、194.2s 和 184.4s，RMSE 分别下降了 36.56%、42.55% 和 31.37%，MAE 分别下降了 1.48%、25.99% 和 7.73%。相较于直接训练 LSTM 方法，本章所给出方法的平均训练时间分别节省了 8.3s、14.2s、22s 和 28.1s，RMSE 分别下降了 42.88%、35.41%、41.88% 和 42.84%，MAE 分别下降了 75.55%、32.87%、49.54% 和 55.76%。

因此，通过以上分析，给出的模型迁移并微调预测架构在网络训练负担和预测精度上的优点再一次被证实。

9.5 小结

本章给出了基于模型迁移的建筑用能预测方法。首先介绍了该方法中时间序列的相似度量准则和模型重用方案的详细内容，其中包含 LSTM 预测模型搭建及预训练和在相似性分析的前提下对匹配模型的微调；然后，在办公和商业建筑两类数据集上测试了所提出方法的预测性能。通过对比实验可知，所给出的方法可以实现已有模型在相似样本数据上的重用，并可以有效减少边缘端设备的训练负担。

本章参考文献

[1] Kim T Y, Cho S B. Predicting residential energy consumption using CNN-LSTM neural networks [J]. Energy, 2019, 182: 72-81.

[2] Yan K, Li W, Ji Z, et al. A hybrid LSTM neural network for energy consumption forecasting of individual households [J]. IEEE Access, 2019, 7: 157633-157642.

[3] Sherstinsky A. Fundamentals of recurrent neural network (RNN) and long short-term memory (LSTM) network [J]. Physica D: Nonlinear Phenomena, 2020, 404: 132306.

[4] Kuan L, Yan Z, Xin W, et al. Short-term electricity load forecasting method based on multilayered self-normalizing GRU network [C] // 2017 IEEE Conference on Energy Internet and Energy System Integration (EI2), IEEE, 2017: 1-5.

[5] Ke K, Hongbin S, Chengkang Z, et al. Short-term electrical load forecasting method based on stacked auto-encoding and GRU neural network [J]. Evolutionary Intelligence, 2019, 12 (3): 385-394.

[6] Sajjad M, Khan Z A, Ullah A, et al. A novel CNN-GRU-based hybrid approach for short-term residential load forecasting [J]. IEEE Access, 2020, 8: 143759-143768.

[7] Jing T, Tian X, Hu H, et al. Cloud-Edge collaboration framework with deep learning-based for remaining useful life prediction of machinery [J]. IEEE Transactions on Industrial Informatics, 2021, 82: 1-11.

[8] Shen L, Dou X, Long H, et al. A cloud-edge cooperative dispatching method for distribution networks considering photovoltaic generation uncertainty [J]. Journal of Modern Power Systems and Clean Energy, 2020, 9 (5): 1111-1120.

[9] Zhuang F, Qi Z, Duan K, et al. A comprehensive survey on transfer learning [J]. Proceedings of the IEEE, 2020, 109 (1): 43-76.

[10] Hou W, Pan Q, Peng Q, et al. A new method to analyze protein sequence similarity using dynamic time warping [J]. Genomics, 2017, 109 (2): 123-130.

第三部分

建筑设备及用能异常检测与诊断

如前所述，根据《中国建筑能耗研究报告2020》，在2018年，国内建筑全寿命周期能源消耗总量达到了全国能源消耗总量的46.5%。在美国和欧盟，建筑行业消耗的能源占能源消耗总量的比重分别为39.8%和40%。在建筑能耗中，一大部分是电能损耗，电能损耗可以分为技术性损耗和非技术性损耗。技术性损耗是配电线路内部特性所决定的，比如发电机、变压器和输电线路的电阻等。非技术性损耗则主要是由异常用电行为导致的，比如设备故障或异常、电力故障、计费错误以及非法使用电力等。非技术性损耗是全球配电设施中面临的最重要的问题之一，造成了严重的能源浪费以及经济损失。据统计，在全球范围内每年的损失高达893亿美元。在我国，每年也会因此造成200亿元左右的经济损失。因此，实现用能的异常诊断对能源的精细化管理异常重要。

在商业建筑中，仅仅暖通空调（HVAC）系统所消耗的能源就占据了总量的一半，而其中的空气处理单元和冷水机组又是HVAC系统的用能主要部分，一旦发生故障，将加大能源消耗，缩短系统内部各设备的使用寿命，导致运营及维护成本增加。因此，展开其故障诊断研究是必要的，也是本部分将重点解决的问题。

第10章 冷水机组故障诊断

冷水机组作为 HVAC 系统的一个核心组成部分，主要负责制冷量的有效输出，为整个系统的稳定运行提供基础条件。冷水机组主要由蒸发器、冷凝器、压缩机和节流装置构成，在它们的共同作用下，制冷剂能够不断地对指定空间进行冷却。然而，在实际应用中，由于冷水机组的结构非常复杂，且所处工作环境较恶劣，使其很容易发生各种类型的故障。冷水机组故障不仅会对 HVAC 系统的功效产生不利影响，还会引起能源浪费和设备使用寿命缩短等问题。

本章将对冷水机组的工作流程和主要结构部件进行简要介绍，同时对其常见的 7 种故障问题进行详细分析；进而，总结当前冷水机组故障诊断研究现状，并指出需要解决的问题；然后，将探讨基于残差特征和统计特征的冷水机组智能故障诊断方法，并给出具体的实验验证和分析。

10.1 冷水机组系统及其常见故障

10.1.1 工作流程及部件结构

图 10-1 某冷水机组实物图

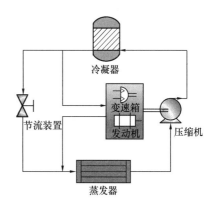

图 10-2 制冷剂流通路径[1]

某冷水机组实物如图 10-1 所示，它包含四大主要部件：蒸发器、冷凝器、压缩机和节流装置。在冷水机组中，制冷剂简要流通路径如图 10-2 所示。可以看出，在冷水机组正常工作时，制冷剂可在各个部件之间循环流动。其中，节流装置将从冷凝器流出的制冷剂转变为低温低压状态的液体[1]，另外，用于冷却变速箱和发动机的制冷剂与之汇合。随后，制冷剂流入蒸发器的盘管中，并通过吸收盘管周围介质的热量而蒸发成气态。由此，冷水机组便达到了冷却的目的。为了实现制冷剂的循环利用，压缩机对蒸发器排出的制冷剂进行处理，将制冷剂转变为高温高压的气态形式。随后，气态制冷剂被再次送入冷凝器，并与冷却介质（水或空气）进行热交换。至此，制冷剂又重新恢复到液体状态。如此往复，冷水机组便可以利用制冷剂不断地对室内环境进行冷却。

为了更加清楚地了解冷水机组，将对蒸发器、冷凝器、压缩机和节流装置四个主要部件进行更加详细的介绍。冷水机组核心部件如图 10-3 所示。

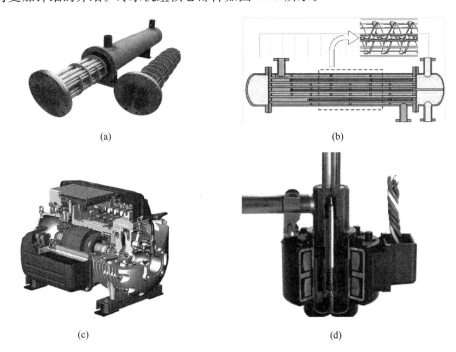

(a)   (b)

(c)   (d)

图 10-3　冷水机组核心部件图
(a) 蒸发器内部结构；(b) 水冷式冷凝器结构；(c) 离心式压缩机结构；(d) 电子膨胀阀结构

（1）蒸发器

蒸发器通过低温的制冷剂吸收被冷却介质的热量来达到制冷的目的。根据被冷却介质的类别，蒸发器可分为液体冷却型和空气冷却型[2]。图 10-3（a）展示的是液体冷却类型的蒸发器的内部结构，其内部一般是由铜材质的 U 形盘管构成，被冷却介质从中流动。制冷剂则从盘管外的通道的一端流入，在经过螺旋折流板后从另一端流出。经过铜制盘管的热量传导，制冷剂吸收并带走被冷却介质的热量。

（2）冷凝器

冷凝器与蒸发器都属于换热器。但是，冷凝器是将气体转变为液体，并将制冷剂所携带的热量释放到外部环境[2]。一般情况下，依据冷却方式可将冷凝器分为水冷式和风冷式两种类型。其中，水冷式冷凝器的结构与液体冷却的蒸发器非常相似，其结构如图 10-3（b）所示。水冷式冷凝器内部一般包含多段铜制盘管和螺旋折流板，制冷剂可通过铜制盘管与冷却水进行热量交换。伴随着冷却水的流动，制冷剂中所有来自蒸发器和压缩机的热量被同时带离冷水机组系统。

（3）压缩机

压缩机是冷水机组的重要组成，为制冷剂的循环流动提供了动力。同时它也负责将制冷剂压缩为高温高压蒸汽形态。

压缩机按照工作原理可分为容积型和速度型。容积型压缩机依靠周期性地压缩汽缸工作容积来压缩气体，从而增加气体压力。而速度型压缩机则是依靠高速旋转的叶轮装置对气体进行做功，并结合扩压元件赋予气体更大的压力[3]。速度型压缩机又分为轴流式、离心式和混流式。图 10-3（c）展示了离心式压缩机的内部构造。在该类型压缩机的叶轮高速旋转时，气体会被迅速甩进扩压元件中。在扩压元件通道中，气体的压力会被迅速提高。同时，伴随着气体的快速流动，叶轮处形成真空环境，这就促使压缩机再次吸入新的气体。

（4）节流装置

节流装置在制冷剂管道中形成局部收缩的空间以使制冷剂静压力降低[4]。在离心式冷水机组中，节流装置会根据不同的情形来选择相应的类型。一般情况下，厂家采用 R134a 作为制冷剂时会采用电子膨胀阀，而使用 R123 时则会选择节流孔板。其中，电子膨胀阀成本较高，但是更加高效和可靠。电子膨胀阀的结构如图 10-3（d）所示，在工作时，中间部分的阀针在转子的驱动作用下可实现上下移动，从而控制左侧与上侧管道之间的流量。

10.1.2　常见故障

冷水机组结构复杂，而且长期处于恶劣的工作环境，导致其会发生各种不同类型的故障。冷水机组故障主要分为硬故障和软故障，其中，硬故障往往对设备影响非常大，比如电机烧毁，可能会使系统完全偏离原有状态。虽然硬故障的发生概率比较低，且难以预防，但是其发生时的表征通常比较明显，所以硬故障比较容易被发现，不需要复杂的故障诊断方法来识别。相比之下，冷水机组软故障发生时的症状并不明显，用户和维护人员通常难以察觉。所以软故障持续存在的时间可能会很长，这就导致设备会长期受损，并且造成不必要的能源损耗。

根据 Comstock 等人[5,6]对美国主流冷水机组产品进行的调查，发现制冷剂泄漏故障发生的概率达到了 18.5%，而冷凝器发生故障的概率达到了 8.5%。同时，他们也列出了 7 种值得研究的故障类型，分别是冷凝器水流量减少（FWC）、蒸发器水流量减少（FWE）、制冷剂泄漏/不足（RL）、制冷剂过量（RO）、机油过多（EO）、冷凝器结垢（CF）、制冷剂中含有不凝性气体（NC）。下面，将对这 7 种故障的产生原因以及造成的影响进行简要分析，具体可参见参考文献 [2-6]。

（1）冷凝器水流量减少

在冷凝器所处的水循环系统中，若存在水泵选型不当或发生故障，滤网发生堵塞，阀门调节异常或者管道存在空气等问题，就会导致进入冷凝器的水流量减少。在上述问题发生时，管道中水流的流速会低于标准流速，从而导致冷凝器的冷却水不足。最终，制冷剂所携带的热量无法被及时排出，从而使冷凝器的温度升高。同时，压缩机的工作负荷也会变大，使得冷水机组能耗增加。

（2）蒸发器水流量减少

导致蒸发器水流量减少的原因与冷凝器水流量减少的原因类似，包括水泵选型不当或发生故障，管道堵塞，阀门调节异常和蒸发器结垢等因素。当该故障发生时，被冷却水在进出口的温差就会加大，同时吸气过冷度变小，蒸发温度降低，严重影响蒸发效果。此外，当被冷却水量相比制冷剂量过少时，水会在蒸发器中逐渐凝结，而这很有可能使盘管管道出现裂缝导致制冷剂泄漏。

（3）制冷剂泄漏/不足

依靠制冷剂在气态和液态之间的不断转变，蒸发器和冷凝器之间能够实现能量的持续传递。在冷水机组中，作为主要介质的制冷剂在繁杂的管道中循环流通。而循环管道中存在着许多连接器件，一旦接头有裂缝或者元件的阀门等部位出现空洞，就会导致制冷剂泄漏。而在冷水机组装机或者维修后，若工作人员没有注入规定量的制冷剂，就会导致制冷剂不足。制冷剂泄漏或不足都会导致制冷量减少、换热效率下降等问题。

（4）制冷剂过量

根据压缩机和管道容积等条件可以确定出相应的制冷剂标准量，但是在装机或者设备维修时，如果工作人员充注的制冷剂超过了标准量，就会产生制冷剂过量问题。在制冷剂过量的情况下，制冷剂通常无法完全蒸发，而这会导致压缩机中发生液击现象而使叶轮受损。与此类似，过量的制冷剂无法在冷凝器中全部液化，而未液化的制冷剂蒸气则会影响液体制冷剂与冷却介质之间的换热效率。这会导致冷凝温度上升以及压缩机功率增大等问题。

（5）机油过多

机油过多指的是压缩机中的润滑油过量，一般是由于工作人员在装机或维修时的失误导致的。润滑油主要起到减少器件磨损以及传递热量等作用。但是，在润滑油过量的情况下，很容易因为黏性效应造成压缩机功率损失。另外，过多的润滑油很容易使得部分润滑油进入到压缩机汽缸中，这会导致液击现象的产生而使设备受损。同时，在部分润滑油流入到汽缸后，制冷剂会掺杂进润滑油。随着制冷剂的流动，润滑油会附着在盘管管壁上，从而降低设备的换热效率。

（6）冷凝器结垢

冷凝器结垢问题往往与冷却水水质有着密切的关系。如果冷却水本身硬度很高或冷却水与空气接触后使得水质变差，都会导致在温度发生变化时，冷却水在冷凝器内部形成水垢。当冷凝器中形成一定量的水垢后，制冷剂和冷却水之间的有效换热面积便会减小，换热效率也会随之降低。另外，此类故障还会导致制冷量降低以及压缩机功率上升等问题。

（7）制冷剂中含有不凝性气体

正常情况下，制冷剂只处于液态或气态形式，但是在制冷剂充注、设备维修或者机组本身出现故障时，制冷剂中很可能混入空气或者气态润滑油等不凝性气体。随着制冷剂的循环，此类气体会聚集在蒸发器和冷凝器的内壁上，这会导致换热面积以及换热效率的降低。此外，这些气体还会伴随着制冷剂一起进入到压缩机中，造成压缩机的排气温度上升，压力升高以及功率增加等问题。同时，某些不凝性气体会和制冷剂发生反应并产生酸性物质，这会严重腐蚀冷水机组设备。

通过对上述7种冷水机组故障问题的分析，可以看出每种故障都会造成比较严重的不利影响。从中还可以发现，在同一条件下，可能会发生不同类型的故障，而不同类型的故障也可能会造成相似的影响。同时，某一种故障所产生的不利影响有可能引起另外一种故障。总之，各种故障之间存在着非常密切的联系，而这会大大增加故障诊断模型构建的难度。

10.2　冷水机组故障诊断研究现状及问题

目前，在冷水机组的故障诊断研究中，主要包含了基于模型和基于数据两大类方法[7-9]。其中，基于模型的方法使用输入输出模型来预测正常操作下的系统预期行为，可依靠少量在线数据实时检测故障。但是，这些方法的成本可能非常高，因为它们通常需要进行大量的实验活动，并需要引入其他各种测量输入和输出的传感器，而且它们通常是针对特定的系统结构而定制的。但是，冷水机组系统本质上是非线性的，并且具有彼此之间密切关联的输入、输出参数。因此，利用基于模型的方法为冷水机组系统建立完善的故障诊断模型会是一项非常繁重的任务。

相较于上述方法，基于数据的冷水机组故障诊断方法不需要研究人员建立精准的系统数学模型。同时，由于监测系统的快速发展，研究人员可以利用传感器采集大量的冷水机组运行数据来建立基于数据的故障诊断模型。此外，基于数据的方法还可以轻松地扩展到不同结构的系统中。根据文献 [10] 的统计，在 197 种出版物中，基于数据的方法占比达到了 62%，凭借可用性高且建模复杂度低的优势，基于数据的方法已成为最流行的方法。在众多的基于数据的冷水机组故障诊断方法中，研究人员普遍采用的方法主要包括：PCA[2, 11]、贝叶斯分类器[3, 12]、基于神经网络的模型[13-15]、支持向量数据描述（SVDD）[4, 16] 和 SVM[17, 18]。值得注意的是，这些基于数据的冷水机组故障诊断方法仍在被相关人员深入研究并改进。

针对基于数据的冷水机组故障诊断研究中存在的缺陷，研究人员采取了多种方法进行完善，并取得了有效成果。比如，文献 [19] 设计了一个贝叶斯信念网络（BBN）来诊断冷水机组的多种故障，虽然部分历史数据缺失或存在错误，但是 BBN 通过概率计算有效地解决了这些问题。文献 [20] 则通过将离散化引入贝叶斯网络改善了传统故障诊断方法效率低等问题。文献 [21] 应用最小二乘 SVM（LS-SVM）来诊断多种类型的冷水机组故障，其中，故障诊断问题被视为多分类问题。文献 [22] 则通过将扩展卡尔曼滤波器模型和 SVM 进行结合的方式，构建了一种实时诊断冷水机组故障的方法。但是，常规的一些算法模型可能不足以快速、精准地处理复杂的多故障诊断问题，而深度神经网络（DNN）模型对多故障诊断问题却具有明显的优势。在文献 [23] 中，作者分析了在变制冷剂流量（VRF）空调系统故障诊断中被广泛应用的五种方法：决策树、SVM、聚类、脉冲神经网络和 DNN。实验结果表明 SVM 方法是最佳的单故障诊断模型，而 DNN 方法则是首选的多故障诊断方法。文献 [24] 提出了将模拟退火（SA）方法融入 DNN 中的策略，该策略不仅提高了冷水机组故障诊断模型的正确诊断率，还缩短了训练时间并且提高了模型的稳定性。文献 [25]、文献 [26] 则分别将 LSTM 和 GRU 用于实现冷水机组运行数据的高效分析，从而对冷水机组多种类型的故障进行了精确诊断。

在上述基于数据的冷水机组故障诊断模型中，模型的输入通常为残差特征或者是原始数据集。无论是残差特征还是原始数据集，都仅仅是依靠独立的冷水机组过程变量建立的。这些模型往往忽略了由于制冷剂等传输介质在部件之间的循环流动而引起的变量间的动态耦合特性。动态耦合特性使得冷水机组各过程变量之间具有随着时间变化的关联性质，这直接影响了冷水机组数据的质量，进而有时会导致基于数据的故障诊断模型产生误判。

10.3　基于特征增强的冷水机组故障智能诊断

冷水机组信息流如图 10-4 所示，图中虚线表示各部件的输入或输出信息变量，各信息变量的描述见表 10-1。以冷凝器为例，其输出信息变量 P_c 和 RE_3 均为膨胀阀和冷却管道的输入信息变量，而 P_c 也是压缩机的输入信息变量。由此可见，冷凝器对膨胀阀、冷却管道和压缩机都有直接的影响。此外，上述三个部件的输出信息变量 m_v、m_{cl}、Q_{cc} 与 RE_3 共同作用，产生直接作用于蒸发器的 RE_4。同时，信息变量 m_v 和 m_{cl} 也都对蒸发器和冷凝器有直接影响。

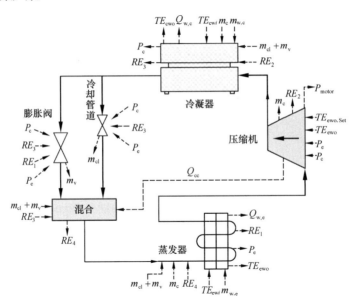

图 10-4　冷水机组信息流[27]

信息变量及其概述　　　　　　　　　　　　　　　　　　　　　　表 10-1

变量	概述	变量	概述
RE_1	蒸发器出口制冷剂焓	m_c	压缩机制冷剂流量
RE_2	压缩机出口制冷剂焓	m_v	阀门制冷剂流量
RE_3	冷凝器出口制冷剂焓	m_{cl}	冷却管路制冷剂流量
RE_4	蒸发器进口制冷剂焓	$m_{w,e}$	蒸发器水流量
$m_{w,c}$	冷凝器水流量	Q_{cc}	热损失
$Q_{w,e}$	蒸发器换热速率	$Q_{w,e}$	冷凝器换热速率
TE_{cwi}	冷凝器进水温度	TE_{cwo}	冷凝器出水温度
TE_{ewi}	蒸发器进水温度	TE_{ewo}	蒸发器出水温度
P	压力	$TE_{ewo,Set}$	蒸发器出水设定温度
P_{motor}	电机功率		

　　根据上述分析可以发现，伴随着制冷剂在冷水机组内部的循环以及能量的持续传递，任意一个部件的输出信息变量都会直接或间接地影响其他部件的输入信息变量。同时，由于制冷剂的循环是个闭环过程，一个部件的输出信息变量最终同样会影响自身的输入信息变量。总之，冷水机组各个部件的变量之间具有随时间变化的关联特性，即动态耦合特性。

　　冷水机组多种不同类型故障的诊断问题可以看作是一个多分类问题。然而，数据的动态耦合特性会影响变量数据与故障类型之间的映射过程，从而增加模型错误诊断的概率。因此，在建立冷水机组故障诊断模型时，应考虑并解决数据动态耦合问题。

　　如上所述，在许多基于数据的冷水机组故障诊断模型中，模型的输入通常为残差特征或者是原始数据，这些数据都是基于不同监测变量之间彼此独立的假设而建立的。因此，这些模型往往会忽略由制冷剂在部件之间的循环流动所引起的动态耦合特性的负面影响。

　　为了尽可能消除动态耦合特性所带来的负面影响，提高故障诊断模型的准确度，本章构建了特征增强（Feature Enhancement，FE）技术。该技术不仅获取了能够反映每个变量独立变化信息的残差特征，还计算出了能够揭示不同变量之间动态耦合特性的统计特征。由此可见，特征增强方法有利于故障诊断模型捕捉到更加丰富的特征信息。

　　下面，首先详细介绍所给出的残差特征和统计特征的提取方法。随后，将阐述本章所构建的特征增强方法以及故障诊断方案。

10.3.1　基于编码-解码网络的残差特征提取

　　为了精准、高效地提取冷水机组变量的独立变化信息，基于 LSTM 构建了 EDN 模型，并将其输出与输入的差值作为残差特征。

　　编码-解码网络（Encoder-Decoder Network，EDN）主要负责将输入向量映射为同等长度的输出向量，其模型结构如图 10-5 所示。其中，编码器部分使用了双向 LSTM 结构，以帮助 EDN 更好地学习输入向量的特性。解码器部分则采用了堆叠的 LSTM 结构，可以将输入信息在更高的维度空间进行表达，有利于提高模型性能。

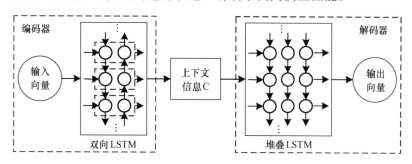

图 10-5　EDN 模型结构

　　EDN 模型利用双向 LSTM 获取了包含输入向量丰富信息的变量 C 。在 t 时刻，隐藏层的隐藏状态 $\boldsymbol{h}_t$ 计算如下：

$$\vec{\boldsymbol{h}}_t = \vec{g}(\vec{\boldsymbol{h}}_t, \boldsymbol{x}_t) \tag{10-1}$$

$$\overleftarrow{\boldsymbol{h}}_t = \overleftarrow{g}(\overleftarrow{\boldsymbol{h}}_t, \boldsymbol{x}_t) \tag{10-2}$$

$$h_t = (\vec{h}_t^{\mathrm{T}}, \overleftarrow{h}_t^{\mathrm{T}})^{\mathrm{T}} \tag{10-3}$$

式中，$\vec{g}$ 和 $\overleftarrow{g}$ 分别代表了正向和反向的 LSTM 单元，而 x_t 为 EDN 的输入向量。

另外，Bahdanau 等人[27]提出了现代注意力机制并将其用于计算长度可变的上下文变量 C，t 时刻的变量 C_t 为：

$$C_t = \sum_{j=1}^{T} \alpha_{t,j} \boldsymbol{h}_j \tag{10-4}$$

式中，T 代表样本数量，而 $\boldsymbol{h} = (\boldsymbol{h}_1, \boldsymbol{h}_2, \cdots, \boldsymbol{h}_t, \cdots, \boldsymbol{h}_T)$ 为隐藏层状态向量，$\alpha_{t,j}(j = 1, 2, \cdots, T)$ 则是通过模型学习得到的权重系数，其取值范围在 $0\sim1$ 之间。

解码器是由堆叠的 LSTM 构成的，其中，第一层的隐藏状态 s_t^1 表示为：

$$\boldsymbol{s}_t^1 = g(C_t, \boldsymbol{s}_{t+1}^1, \hat{\boldsymbol{x}}_{t+1}) \tag{10-5}$$

式中　　g——第一层 LSTM 隐藏层；

　　　　$\hat{\boldsymbol{x}}_{t+1}$——EDN 模型在 t 时刻的输出向量。

解码器剩余隐藏层的隐藏状态为 $s_t^l(l = 2, 3)$，任意时刻的隐藏状态的计算公式为：

$$\boldsymbol{s}_t^l = g^l(\boldsymbol{s}_t^{l-1}, \boldsymbol{s}_{t+1}^l) \tag{10-6}$$

式中，g^l 代表了第 l 个 LSTM 隐藏层。

最后，末端隐藏层的输出向量会进入到一个全连接层。EDN 模型在 t 时刻的输出向量 $\hat{\boldsymbol{x}}_t$ 为：

$$\hat{\boldsymbol{x}}_t = \boldsymbol{W} \cdot \boldsymbol{s}_t^3 + \boldsymbol{b} \tag{10-7}$$

式中，$\boldsymbol{W}$ 和 $\boldsymbol{b}$ 依次代表全连接层中的权重矩阵和偏置项。

10.3.2　基于统计池化方法的统计特征提取

近年来，Yaman 等人[28]采用统计池化方法（SPM）对声音数据进行了分析，并实现了帕金森病的高效诊断。统计池化方法通过计算不同变量之间的多项统计指标，获得了原始数据的深度特征信息。该方法通过对多个变量进行分组以及特征计算，大大丰富了数据量和特征信息。

在本章中，为了揭示冷水机组不同变量之间的动态耦合特性，基于统计池化方法实现了统计特征的提取，以进一步提升故障诊断模型的性能。

为了更详细地计算统计特征信息，统计池化方法对包含了 N_p 个变量的原始输入数据矩阵进行分割。首先，将数据矩阵在变量维度中按照顺序划分为 N_{b1} 个数据块，每个数据块包含 N_{s1} 个变量；然后，将数据矩阵在变量维度中按照顺序划分为 N_{b2} 个数据块，每个数据块包含 N_{s2} 个变量；最后，将整个数据矩阵视为一个数据块。

经过上述处理后，形式为 $(N_s \times T)$（其中，$N_s \in \{N_{s1}, N_{s2}, N_p\}$ 代表了变量数目）的原始输入数据矩阵被划分为 $N_b (N_b = N_{b1} + N_{b2} + 1)$ 个数据块。在 t 时刻，每个数据块的 N_s 个变量之间的 19 项统计特征可以通过表 10-2 中对应的公式计算得到。最后，合并 N_b 个数据块的所有统计特征。由此，可将包含 N_p 个变量的原始数据集扩展为包含 $N_{sf} = 19 \times N_b$ 个新变量的统计特征集。

统计特征信息　　　　　　　　　　　　　　　　表 10-2

特征	公式	特征	公式
平均值	$f_1 = \dfrac{\sum_{i=1}^{N_s} x_{t,i}}{N_s}$	标准差	$f_2 = \sqrt{\dfrac{\sum_{i=1}^{N_s}(x_{t,i}-f_1)^2}{N_s}}$
能量	$f_3 = \sqrt{\dfrac{\sum_{i=1}^{N_s}(x_{t,i})^2}{N_s}}$	熵	$f_4 = -\sum_{i=1}^{N_s} \dfrac{x_{t,i}}{f_3}\ln\left(\dfrac{x_{t,i}}{f_3}\right)$
自相关系数	$f_5 = \dfrac{\sum_{i=1}^{N_s}(x_{t,i}-f_1)(x_{t,i+1}-f_1)}{\sum_{i=1}^{N_s}(x_{t,i}-f_1)^2}$	绝对平均值	$f_6 = \dfrac{\sum_{i=1}^{N_s} x_{t,i+1}-x_{t,i}}{N_s}$
峰度	$f_7 = \left(\dfrac{\frac{1}{N_s}\sum_{i=1}^{N_s}(x_{t,i}-f_1)^3}{\frac{1}{N_s}\sum_{i=1}^{N_s}(x_{t,i}-f_1)^2}\right)^{\frac{3}{2}}$	偏度	$f_8 = \left(\dfrac{\frac{1}{N_s}\sum_{i=1}^{N_s}(x_{t,i}-f_1)^4}{\frac{1}{N_s}\sum_{i=1}^{N_s}(x_{t,i}-f_1)^2}\right)-3$
中位数	$f_9 = \text{median}\{x_{t,1},x_{t,2},\cdots,x_{t,N_s}\}$	最小值	$f_{10} = \min\{x_{t,1},x_{t,2},\cdots,x_{t,N_s}\}$
最大值	$f_{11} = \max\{x_{t,1},x_{t,2},\cdots,x_{t,N_s}\}$	变异系数	$f_{12} = \dfrac{f_1}{f_2}$
均方根	$f_{13} = \sqrt{\sqrt{\dfrac{\sum_{i=1}^{N_s} x_{t,i}^2}{N_s}}}$	形状因子	$f_{14} = \dfrac{\sqrt{\frac{1}{N_s}\sum_{i=1}^{N_s} x_{t,i}^2}}{\frac{1}{N_s}\sum_{i=1}^{N_s} x_{t,i}}$
峰值因子	$f_{15} = \dfrac{\max\{x_{t,1},x_{t,2},\cdots,x_{t,N_s}\}}{\sqrt{\frac{1}{N_s}\sum_{i=1}^{N_s} x_{t,i}^2}}$	裕度因子	$f_{16} = \dfrac{\max\{x_{t,1},x_{t,2},\cdots,x_{t,N_s}\}}{\left(\frac{1}{N_s}\sum_{i=1}^{N_s} x_{t,i}^2\right)^2}$
脉冲因子	$f_{17} = \dfrac{\max\{x_{t,1},x_{t,2},\cdots,x_{t,N_s}\}}{\frac{1}{N_s}\sum_{i=1}^{N_s} x_{t,i}}$	最大-最小	$f_{18} = f_{11} - f_{10}$
最大-平均	$f_{19} = f_{11} - f_1$		

注：在 t 时刻，每个数据块的 N_s 个变量之间的 19 项统计特征可以通过表中对应的公式计算得到，表中 $x_{t,i}(i=1,2,\cdots,N_s)$ 是 N_s 个变量的取值。

10.3.3　冷水机组数据特征增强

为获取冷水机组数据的多种特征信息，基于上述所给出的 EDN 模型和统计池化方法构建了特征增强方法。特征增强方法能够帮助故障诊断模型从多个角度对冷水机组数据进行更加详细地分析。

在特征增强方法中，为了高质量地提取能够反映每个变量独立变化的残差特征，需要依靠冷水机组正常运行时的数据集来训练 EDN 模型。通过上述方式可以保证在正常运行数据集输入模型时，输出与输入的差值会接近 0。但是，在故障数据集输入模型时，输出与输入的差值会远离 0，并且对于每个变量，不同类型的故障数据的差值将呈现不同的分布。因此，不同类型的故障之间的差异将会变得更加明显，这有助于提高故障诊断模型的精度。

在 EDN 模型训练之前，首先要对数据集进行切片和标准化操作。原始数据集 $\boldsymbol{X}_{\text{all}}^* \in \mathbb{R}^{N(N_p \times T)}$ 包含了 N 批次的样本，每个批次中含有 T 个数据样本。而每一批次的数据样本集可表示为：

$$\boldsymbol{X}^* = (x_1^*, \cdots, x_t^*, x_{t+1}^*, \cdots, x_T^*) \in \mathbb{R}^{N_p \times T} \tag{10-8}$$

式中，$\boldsymbol{x}_t^* = (x_{t,1}^*, x_{t,2}^*, \cdots, x_{t,N_p}^*)^\mathrm{T} \in \mathbb{R}^{N_p \times 1}$ 代表了在 t 时刻的 N_p 个变量的值。在对上述原始数据集进行 Z-Score 标准化操作后，形成了新的数据矩阵 $\boldsymbol{X}_{\mathrm{all}} \in \mathbb{R}^{N \langle N_p \times T \rangle}$，其每一批次的数据样本集的形式如下：

$$\boldsymbol{X} = (\boldsymbol{x}_1, \cdots, \boldsymbol{x}_t, \boldsymbol{x}_{t+1}, \cdots, \boldsymbol{x}_T) \in \mathbb{R}^{N_p \times T} \tag{10-9}$$

式中，$\boldsymbol{x}_t = (x_{t,1}, x_{t,2}, \cdots, x_{t,N_p})^\mathrm{T} \in \mathbb{R}^{N_p \times 1}$ 为 $\boldsymbol{x}_t^*$ 对应的标准化形式。

　　经过标准化处理后的数据便可以用于 EDN 模型的训练，将 EDN 模型在 t 时刻的输出向量定义为 $\hat{x}_t$，它对应着输入向量 x_t。对于任一训练样本，t 时刻的残差向量 $\boldsymbol{z}_{r,t}$ 计算为：

$$\boldsymbol{z}_{r,t} = (\hat{x}_{t,1} - x_{t,1}, \cdots, \hat{x}_{t,N_p} - x_{t,N_p})^\mathrm{T} = \hat{\boldsymbol{x}}_t - \boldsymbol{x}_t \tag{10-10}$$

　　由此可见，残差向量反映了输出向量 $\hat{x}_t$ 和输入向量 $\boldsymbol{x}_t$ 之间的差异。在模型训练阶段，EDN 需要尽可能促使残差向量值趋近于零。所以，训练时采用 MSE 损失函数，并采用 Adam 优化方法最小化 MSE，直至 MSE 的值小于设定的阈值 $\varepsilon = 10^{-3}$。

　　待 EDN 模型训练完成后，将其用在特征增强方法中以计算残差特征数据。特征增强方法的思路如图 10-6 所示，其详细工作流程如下：

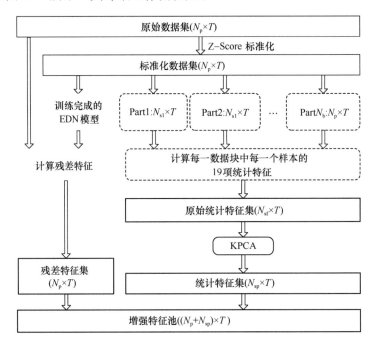

图 10-6　所给出的特征增强方法思路

　　步骤 1：对包含正常数据和故障数据的数据集进行 Z-Score 标准化运算，得到如式（10-9)形式的标准化数据集。值得注意的是，此处使用的正常数据与 EDN 模型训练过程中的正常数据集是不同的。

　　步骤 2：已标准化的数据集全部输入到已训练完成的 EDN 模型中。将 EDN 模型的输出向量与对应的原始输入向量的差值作为残差特征向量 $\boldsymbol{z}_{r,t} \in \mathbb{R}^{N_p \times 1}$，最后，可获得残差

特征集 $\boldsymbol{Z}_r = (\boldsymbol{z}_{r,1}, \cdots, \boldsymbol{z}_{r,t}, \cdots, \boldsymbol{z}_{r,T}) \in \mathbb{R}^{N_p \times T}$ 。

步骤 3：对包含 N_p 个变量的输入数据进行划分，获得 N_b 个形式为（$N_s \times T$）的数据块，用于捕捉变量之间更加详细的动态耦合信息。

步骤 4：计算数据块 $1 \sim N_b$ 中的每一个样本的 19 项统计特征，合并由同一样本计算出的特征向量可得到原始统计特征向量 $\bar{\boldsymbol{z}}_s = ((\hat{\boldsymbol{z}}_s^1)^T, (\hat{\boldsymbol{z}}_s^2)^T, \cdots, (\hat{\boldsymbol{z}}_s^{N_b})^T)^T \in \mathbb{R}^{N_{sf} \times 1}$ 。最后，所有原始统计特征向量可组建出原始统计特征集，其形式为：

$$\overline{\boldsymbol{Z}}_s = (\bar{\boldsymbol{z}}_{s,1} \cdots, \bar{\boldsymbol{z}}_{s,t}, \cdots, \bar{\boldsymbol{z}}_{s,T}) \in \mathbb{R}^{N_{sf} \times T} \tag{10-11}$$

步骤 5：为减小冗余特征带来的不利影响，并减少计算量，使用了核主成分分析（Kernel Principal Component Analysis，KPCA）方法降低原始统计特征集 $\overline{\boldsymbol{Z}}_s \in \mathbb{R}^{N_{sf} \times T}$ 的数据维度。降维后的统计特征集定义为 $\boldsymbol{Z}_s = (\boldsymbol{z}_{s,1}, \cdots, \boldsymbol{z}_{s,t}, \cdots, \boldsymbol{z}_{s,T}) \in \mathbb{R}^{N_{sp} \times T}$ ，其中 N_{sp} 代表了降维后的特征数量。

步骤 6：对 t 时刻样本的残差特征向量 $\boldsymbol{z}_{r,t} \in \mathbb{R}^{N_p \times 1}$ 和统计特征向量 $\boldsymbol{z}_{s,t} \in \mathbb{R}^{N_{sp} \times 1}$ 进行合并，合并形式为：

$$\boldsymbol{z}_t = (\boldsymbol{z}_{r,t}^T, \boldsymbol{z}_{s,t}^T)^T \in \mathbb{R}^{(N_p + N_{sp}) \times 1} \tag{10-12}$$

然后，将所有样本的特征向量合并，每一批次数据的增强特征池可表示为

$$\boldsymbol{Z} = (\boldsymbol{z}_1, \boldsymbol{z}_2, \cdots, \boldsymbol{z}_t, \cdots, \boldsymbol{z}_T) \in \mathbb{R}^{(N_p + N_{sp}) \times T} \tag{10-13}$$

通过特征增强方法，从多个方面对原始数据集进行了分析，并获得增强的特征数据。增强的特征数据中含有丰富的数据信息，这有利于模型提高故障诊断性能。

10.3.4　特征增强的故障诊断方案

图 10-7 展示了基于特征增强方法的故障诊断方案流程。该方案主要包括 4 部分：EDN 训练，特征增强，分类器训练和故障诊断。具体流程如下：

步骤 1：EDN 训练。从原始训练数据集中筛选出系统正常运行状态数据，并对其进行标准化操作。将标准化后的数据作为 EDN 模型的输入，并依据 MSE 损失函数对 EDN 模型的参数进行更新，直至均方误差小于设定的阈值。

步骤 2：特征增强。将包含冷水机组正常运行状态和多种故障类型的数据集进行标准化处理。随后，将标准化后的数据集输入已训练完成的 EDN 模型中，并使其输出和原始输入进行作差，即可获得残差特征集。同时，对标准化后的数据集进行统计池化操作，并利用 KPCA 方法降低所计算出的特征的维度，由此获得统计特征集。最后，将上述两种特征进行合并，以构建增强的训练特征池。

步骤 3：分类器训练。利用增强训练特征池和与之对应的数字标签构建训练集，并使用该训练集对分类器模型进行参数训练，直至达到训练的设定要求。

步骤 4：故障诊断。类似于步骤 2，将原始测试数据集输入特征增强模块中，计算出增强的测试特征池。将特征池中的样本逐个输入已训练完成的分类器中，获得代表不同故障类型的数字标签。

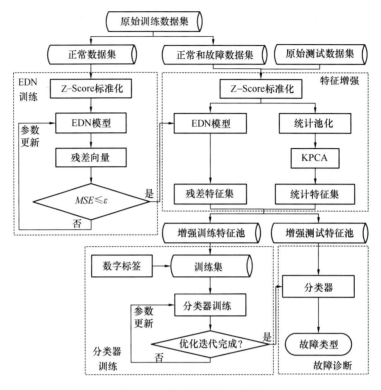

图 10-7   故障诊断方案流程

10.4   实验与结果分析

10.4.1   实验数据集

目前，对于冷水机组的故障诊断研究，相关人员通常采用来自 ASHRAE 1043 研究项目的 RP-1043 数据集[6]。ASHRAE 1043 是美国供暖制冷和空调工程师学会曾进行过的一个重要项目，其根本目的是缓解冷水机组数据不足的问题。因为冷水机组在真实环境下，不可能长期处于故障运行状态，而且维护人员也不会经常更换其运行工况。这就使得冷水机组的各种数据只能通过人为实验模拟采集。在 ASHRAE 实验中，制冷剂使用 R134a，节流装置则选用热力膨胀阀。另外，冷水机组选用了离心式，其重量为 90t，换热器则采用了管壳式结构。

此实验的装置不仅包含冷水机组内部的制冷剂回路，还有如图 10-8 所示的外部水回路，包括城市供水回路、蒸发器水回路、冷凝器水回路、热水回路和蒸汽供应回路。其中，城市供水回路负责给冷凝器的冷却水进行降温，之所以不直接使用城市供水作为冷却水是为了防止冷凝器水温不稳定。冷凝器水回路则负责利用水排出制冷剂中的热量，以降低冷凝器的温度。蒸发器水回路则是模拟在实际应用中的空调末端不断消耗制冷量的场景，该水回路可以带走环境中的热量，同时也与冷凝器水回路实现热交换。热水回路则代表了实际应用中用户环境所产生的热量，循环水可通过其与蒸汽供应回路之间的热交换器

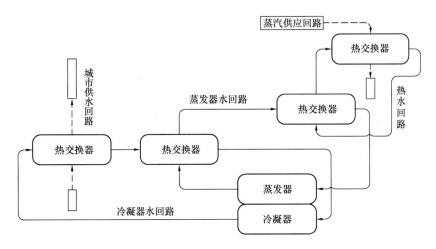

图 10-8　RP-1043 实验装置水回路[6]

实现加热。蒸汽供应回路则负责提供由锅炉加热产生的蒸汽，并可通过调节蒸汽流量改变热水回路的水温，这模拟了实际用户环境中的各种变量。

本实验数据集源自 RP-1043 公开数据集，并以 30s 为间隔对 RP-1043 原始数据进行了重新采样，并且仅保留表 10-3 所示的冷水机组过程变量信息。将 RP-1043 中的 12997 个正常运行样本作为 EDN 模型的训练数据集。同时，保留了 4 种故障严重级别的数据集，分别表示为 LEVEL1、LEVEL2、LEVEL3 和 LEVEL4。每个数据集包含 13296 个样本，涉及正常运行样本和 7 种故障类型样本，并且每一种类型包含了 1662 个样本。在实验分析过程中，每个数据集又被划分为包含 9968 个样本的训练数据集和包含 3328 个样本的测试数据集。

选用的变量信息　　　　　　　　　　　　　　表 10-3

编号	概述	单位	编号	概述	单位
1	蒸发器进-出水温度	°F	9	进油压力	PSIG
2	冷凝器进-出水温度	°F	10	冷凝器水温差	°F
3	冷凝器内制冷剂饱和温度	°F	11	蒸发器水温差	°F
4	冷凝器内制冷剂压力	MPa	12	自来水温度	°F
5	管线制冷剂过冷度	°F	13	热水出水温度	°F
6	制冷剂温度	°F	14	压缩机压力	MPa
7	油箱油温	°F	15	冷凝器温度	°F
8	进油温度	°F	16	压缩机瞬时功率	kW

10.4.2　对比方法与对比指标

为测试特征增强方法的性能，选用 SVM、ELM、LSTM 和 TCN 作为分类器进行了实验分析。对于经典的机器学习算法 SVM，将其核函数设定为高斯核函数，惩罚项设置为 10。而 ELM 采用了 Sigmoid 函数作为激活函数，隐藏神经元数量设为 2400。LSTM 神经网络采用了堆叠结构，步长设为 3，学习率定为 0.001，并使用 Adam 优化器对参数进行更新。TCN 神经网络的膨胀因子和残差块个数均设定为 2，而参数优化算法同样选择了 Adam。

为了评估 SVM、ELM、LSTM 和 TCN 的故障诊断能力，采用故障诊断率（FDR）和平均故障诊断率（FDR_{avg}）两个性能指标，其具体定义见第 3 章式（3-14）和式（3-15）。由于每个数据集的每种类型的样本数量基本相同，数据呈现平衡状态，因此 FDR 指标能够较好地反映 SVM、ELM、LSTM 和 TCN 模型的性能。另外，为了尽可能确保结果的有效性，FDR 值为 10 次实验结果的平均值。

10.4.3　特征增强方法适用性实验

为了测试特征增强方法在不同分类器中的性能，将其产生的增强特征数据输入到 SVM、ELM、LSTM 和 TCN 模型中，并将组合模型依次表示为 FESVM、FEELM、FELSTM 和 FETCN。在实验过程中，选用了 LEVEL2 数据集来训练 FESVM、FEELM、FELSTM 和 FETCN 模型，并测试各模型在正常和 7 种故障数据中的故障诊断性能。

上述 4 种模型的故障诊断率对比结果如表 10-4 所示。从具体的数值结果来看，增强的特征数据在 FETCN 分类器上的平均故障诊断率可以达到 99.08%。同时，该数据在 FEELM 和 FELSTM 网络模型上的平均故障诊断率也都能超过 97%。而从单个故障类型的诊断结果来看，除了 RL 和 RO 故障，FEELM、FELSTM 和 FETCN 模型在多种单个故障类型上的故障诊断率都超过了 95%。特别是 FETCN，它是 4 种模型中整体性能表现最为优异的。

4 种模型的故障诊断率对比结果　　　　　　　　　　　　　表 10-4

模型	故障诊断率（%）								
	Normal	CF	EO	FWC	FWE	NC	RL	RO	FDR_{avg}
FESVM	93.8	98.2	96.2	96.6	95.9	97.8	89	92.4	94.99
FEELM	95.2	99.5	99	99.3	99.3	99.5	93.8	94.5	97.51
FELSTM	98.1	99.3	99.5	100	99.3	99.3	94	94.5	98
FETCN	99	99.8	99.8	100	99.8	99.5	97.6	97.1	99.08

总之，特征增强方法产生的数据在 4 种分类器模型上都具有不错的表现。这说明该方法所产生的特征数据对于故障诊断过程可以提供非常有力的支持，并且对不同的分类器模型都具有良好的适用性。

10.4.4　故障诊断性能对比实验

为了进一步分析特征增强方法的故障诊断性能，将特征增强方法与 EDN 和统计池化方法进行了比较。选用在上一实验中表现最好的 TCN 作为分类器，将其与 EDN 和统计池化方法分别进行结合以构建 E-TCN 和 S-TCN。最后，使用 LEVEL1 数据集对 FETCN、E-TCN 和 S-TCN 模型进行了训练和测试。

E-TCN、S-TCN 和 FETCN 模型的对比情况如图 10-9 所示。横轴为每种数据类型的

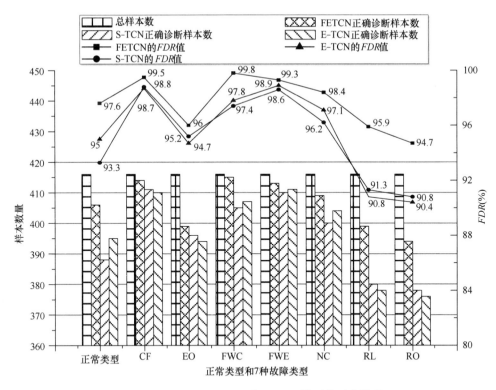

图 10-9　E-TCN、S-TCN 和 FETCN 模型的对比情况

名称，左、右纵轴分别表示样本的数量和 *FDR* 值。从图中可以看出，对于 8 种类型的数据，代表 FETCN 模型的折线要比其他两种的折线更高，这反映出 FETCN 具有更高的故障诊断率，性能更加突出。

表 10-5 展示了更加详细的对比结果。对于 CF、EO、FWC、FWE 和 NC 故障类型，FETCN 模型在 *FDR* 指标上都有一定程度的提升，最高提升幅度为 2.4%。而在正常类型、RL 和 RO 三种类型数据的诊断中，FETCN 模型 *FDR* 值的提升更为明显。特别是在 RL 故障的诊断中，相比较于 E-TCN 和 S-TCN 模型，FETCN 模型的 *FDR* 值提高了 5.62% 和 5.04%。这意味着 FETCN 能正确分类更多的数据样本，具有更佳的故障诊断性能。

S-TCN、E-TCN 和 FETCN 模型的详细对比结果　　　　表 10-5

指标	模型	数据类型							
		正常类型	CF	EO	FWC	FWE	NC	RL	RO
正确分类样本数	S-TCN	388	411	396	405	410	400	380	378
	E-TCN	395	410	394	407	411	404	378	376
	FETCN	406	414	399	415	413	409	399	394
故障诊断率（%）	S-TCN	93.3	98.8	95.2	97.4	98.6	96.2	91.3	90.8
	E-TCN	95	98.7	94.7	97.8	98.9	97.1	90.8	90.4
	FETCN	97.6	99.5	96	99.8	99.3	98.4	95.9	94.7

总之，相比较于单一的特征提取方法，特征增强方法可以更好地挖掘原始数据的信息，增强的特征数据包含着更为丰富的特征信息，这为分类器的正确诊断提供了坚实的基础，能够有效提升模型的故障诊断性能。

10.5　小结

本章对冷水机组运行时传感器数据所呈现出的特性进行了分析，发现冷水机组数据具有非常强的动态耦合特性。为了尽可能消除动态耦合特性带来的不利影响，构建了特征增强方法来提取数据的动态耦合信息和独立变化信息。在特征增强方法中，基于 LSTM 构造了 EDN 模型以计算能够反映变量独立变化的残差特征，并采用统计池化方法获得可以揭示变量之间动态耦合特性的统计特征。最后，通过 RP-1043 数据集对特征增强方法进行了实验分析，实验结果表明特征增强方法可以有效提高模型的故障诊断率，并且在多种分类器模型上都表现出了良好的适用性。

本章参考文献

[1]　Li C，Shen C，Zhang H，et al. A novel temporal convolutional network via enhancing feature extraction for the chiller fault diagnosis[J]. Journal of Building Engineering，2021，42：103014.

[2]　谢伟. 基于 KPCA-LSSVM 的冷水机组故障诊断研究[D]. 杭州：杭州电子科技大学，2019.

[3]　何所畏. 基于贝叶斯网络的冷水机组故障检测和诊断研究[D]. 西安：西安建筑科技大学，2017.

[4]　Zhao Y，Wang S，Xiao F. Pattern recognition-based chillers fault detection method using support vector data description (SVDD)[J]. Applied Energy，2013，112：1041-1048.

[5]　Comstock M C，Braun J E，Groll E. A. A survey of common faults for chillers/Discussion[J]. Ashrae Transactions，2002，108：819-825.

[6]　Comstock M C，Braun J E，Bernhard R. Development of analysis tools for the evaluation of fault detection and diagnostics in chillers[D]. West Lafayette：Purdue University，1999.

[7]　Zhao Y，Li T，Zhang X，et al. Artificial intelligence-based fault detection and diagnosis methods for building energy systems：Advantages，challenges and the future[J]. Renewable and Sustainable Energy Reviews，2019，109：85-101.

[8]　Rogers A P，Guo F，Rasmussen B P. A review of fault detection and diagnosis methods for residential air conditioning systems[J]. Building and Environment，2019，161：106236.

[9]　Venkatasubramanian V，Rengaswamy R，Yin K，et al. A review of process fault detection and diagnosis：Part I：Quantitative model-based methods[J]. Computers & Chemical Engineering，2003，27 (3)：293-311.

[10]　Kim W，Katipamula S. A review of fault detection and diagnostics methods for building systems[J]. Science and Technology for the Built Environment，2018，24 (1)：3-21.

[11]　Li G，Hu Y. An enhanced PCA-based chiller sensor fault detection method using ensemble empirical mode decomposition based denoising[J]. Energy and Buildings，2019，183：311-324.

[12]　Wang Z，Wang Z，Gu X，et al. Feature selection based on Bayesian network for chiller fault diagnosis from the perspective of field applications[J]. Applied Thermal Engineering，2018，129：674-683.

[13]　Gao J，Han H，Ren Z，et al. Fault diagnosis for building chillers based on data self-production and

deep convolutional neural network[J]. Journal of Building Engineering, 2021, 34: 102043.

[14] 徐玲, 韩华, 崔晓钰, 等. 基于 PSO 优化 BP 的冷水机组故障诊断研究[J]. 制冷学报, 2015 (5): 87-93, 106.

[15] 刘旭婷, 李益国, 孙栓柱, 等. 基于稀疏局部嵌入深度卷积网络的冷水机组故障诊断方法[J]. 化工学报, 2018, 69 (12): 5155-5163.

[16] Zhao Y, Xiao F, Wen J, et al. A robust pattern recognition-based fault detection and diagnosis (FDD) method for chillers[J]. HVAC&R Research, 2014, 20 (7): 798-809.

[17] Han H, Cui X, Fan Y, et al. Least squares support vector machine (LS-SVM)-based chiller fault diagnosis using fault indicative features[J]. Applied Thermal Engineering, 2019, 154: 540-547.

[18] Fan Y, Cui X, Han H, et al. Chiller fault diagnosis with field sensors using the technology of imbalanced data[J]. Applied Thermal Engineering, 2019, 159: 113933.

[19] Zhao Y, Xiao F, Wang S. An intelligent chiller fault detection and diagnosis methodology using Bayesian belief network[J]. Energy and Buildings, 2013, 57: 278-288.

[20] Wang Y, Wang Z, He S, et al. A practical chiller fault diagnosis method based on discrete Bayesian network[J]. International Journal of Refrigeration, 2019, 102: 159-167.

[21] 卿红, 韩华, 崔晓钰. 基于 LSSVM 的制冷系统故障诊断[J]. 能源研究与信息, 2017, 33 (1): 1-7.

[22] Yan K, Ji Z, Shen W. Online fault detection methods for chillers combining extended kalman filter and recursive one-class SVM[J]. Neurocomputing, 2017, 228: 205-212.

[23] Zhou Z, Li G, Wang J, et al. A comparison study of basic data-driven fault diagnosis methods for variable refrigerant flow system[J]. Energy and Buildings, 2020, 224: 110232.

[24] Han H, Xu L, Cui X, et al. Novel chiller fault diagnosis using deep neural network (DNN) with simulated annealing (SA)[J]. International Journal of Refrigeration, 2021, 121: 269-278.

[25] Gao L, Li D, Li D, et al. An improved LSTM based sensor fault diagnosis strategy for the air-cooled chiller system[C]// 2019 Chinese Control Conference (CCC), IEEE, 2019: 4990-4995.

[26] Wang Z, Dong Y, Liu W, et al. A novel fault diagnosis approach for chillers based on 1-D convolutional neural network and gated recurrent unit[J]. Sensors, 2020, 20 (9): 2458-2465.

[27] Bahdanau D, Cho K, Bengio Y. Neural machine translation by jointly learning to align and translate[C]//International Conference on Learning Representations, 2015: 1-5.

[28] Yaman O, Ertam F, Tuncer T. Automated Parkinson's disease recognition based on statistical pooling method using acoustic features[J]. Medical Hypotheses, 2020, 135: 109483.

第 11 章　空气处理单元故障诊断

空气处理单元（Air Handling Unit，AHU）是 HVAC 系统的重要组成部分，它可以调节各个房间和区域的空气温湿度。AHU 的故障会导致送风温度和送风流量等参数偏离设定值，进而影响室内的舒适性，其长时间处于故障运行状态也会缩短设备的使用寿命，导致大量的能源浪费。及时对 AHU 进行的故障排除，大约可节省商业建筑 15%～30% 的能源[1]。因此，AHU 的可靠和节能运行对于建筑物可持续性和室内舒适性非常重要，十分有必要探索一种高效、准确的 AHU 故障诊断方法。

11.1　AHU 工作原理及其常见故障

11.1.1　工作原理及其运行特性

一般情况下，AHU 可以分为变风量（VAV）系统和定风量（CAV）系统。VAV 系统根据室内负荷或室内设置参数的变化，通过控制送风机的变频驱动器自动调节送风量。CAV 系统的送风量在运行过程中恒定不变，通常一直保持在满足系统最大负荷要求的风量[2]。与 CAV 系统相比，VAV 系统可以根据需求调节送风量，较为节能，因此 VAV 系统越来越受到人们的青睐。AHU 主要由空气混合段、空气过滤段、冷却盘管段、空气加热段、空气加湿段和风机段组成[3]。在系统运行过程中，空调区域回风的一部分空气被排出到室外，其余部分在空气混合段与室外新风混合后输送至空气过滤段。空气过滤段中的过滤器对空气进行处理以清除其中的灰尘，随后将过滤后的空气送入冷却盘管段或空气加热段进行冷却或加热处理，以达到预设的送风温度。最后，送风机将处理完成的空气经变风量末端输送至室内，变风量末端的开度大小根据室内温度预设值自动调节，以满足室温的控制需求[4]。

AHU 根据室外环境的变化以不同模式运行，图 11-1 展示了 AHU 的 4 种主要运行模式（机械加热模式、自由制冷模式、机械和省煤器冷却模式以及机械制冷模式）[5]。在机械加热模式下，室外风阀保持在最小开度，冷却盘管阀门处于关闭状态，控制加热盘管加热空气使送风温度达到预设要求；在自由制冷模式下，加热和冷却盘管阀门均关闭，通过调节室外风阀将送风温度维持在预设值；在机械和省煤器冷却模式下，室外风阀开度调节至最大，通过控制冷却盘管的阀门将送风温度维持在预设的冷却值；在机械制冷模式下，室外风阀被调节至最小开度，通过控制冷却盘管阀门开度使送风温度满足控制要求[6,7]。上述模式会导致多个特征变量呈现出不同的时变趋势，例如加热盘管阀控制信号、送风机调速信号等变量变化剧烈，而送风温度和送风道压力等变量变化平稳。特征变量的多尺度变化导致 AHU 具有较强的时间动态特性[8,9]。此外，AHU 中的多个特征变量之间相互影响，例如环境温度的波动会引起相应控制器信号的变化。在收集的 AHU 时间序列数据中，多个特征变量在空间上相互依赖，具有潜在的关联信息，这使得 AHU 具有较强的空间关联特性。综上所述，AHU 具有较强的时间动态特性和空间关联特征，即时空特性。

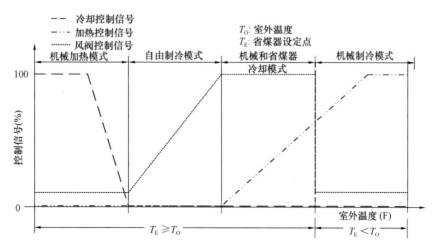

图 11-1　AHU 的 4 种运行模式[10]

图 11-2 描述了一个典型的单通道单回风变风量 AHU 运行原理，其具有复杂多样的控制器，主要包括回风流量控制器（FC）、风阀控制器（DC）、送风温度控制器（TC）和送风静压控制器（PC）。此外，为了收集 AHU 运行数据并进行相应的控制，系统中还安装了多种类型的传感器，如温度传感器、流量传感器、压力传感器和湿度传感器等。为提高 AHU 系统的控制精度和响应速度，系统中采用了多传感器和控制器相结合的控制策略，主要包括风管静压控制策略、回风流量控制策略、送风温度控制策略和室内温度控制策略。下面给出相关介绍，具体内容可参见文献［10-16］。

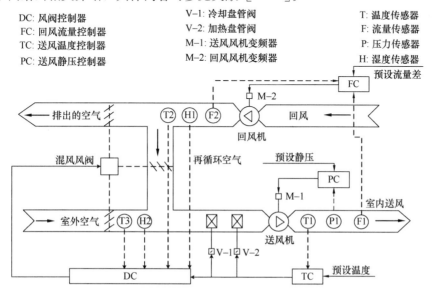

图 11-2　AHU 运行原理

（1）风管静压控制策略

风管静压控制策略包括定静压控制策略和变静压控制策略，两种策略最终都是通过控制送风机转速实现的。定静压控制策略主要由送风静压传感器、送风静压控制器、送风机及其变频器组成。当室内负荷变小时，变风量末端阀门开度随之变小，而管道静压值增大，在管道静压最低的位置安装压力传感器监测管内静压，当该值大于预设静压值时，送风静压控制器调节送风机的变频器，从而降低转速以维持管内静压恒定。当室内负荷增大时，各设备动作相反。

然而，当空调系统处于负荷较小的工况时，变风量末端的阀门开度也较小，此时维持静压恒定节能效果并不明显。在变静压控制策略中，每个末端阀门安装了传感器用于预测阀门开度的返回值，以调整满足此负荷条件下风管的最小静压值，该方法可以使风阀尽可能处于全开状态以减小阻力，实现最大限度的节能降耗。

（2）回风流量控制策略

对于普通房间来说，回风流量理论上应当与送风流量保持一致，但例如手术室等特殊房间，则需要送风流量大于回风流量，以保证室内有一定的正气压，避免室外未净化的空气进入室内。回风流量的控制策略主要由流量控制器、流量传感器、送回风机及其变频器组成。该控制策略通过流量传感器测量实际送风流量和回风流量，将其差值与预设的送回风流量差值相比较，从而控制回风机变频器使回风流量与送风流量满足预设差值。

（3）送风温度控制策略

变风量 AHU 系统主要通过调节冷却盘管或者加热盘管水流量的方式对送风温度进行冷却或加热，使送风温度满足控制需求。送风温度的控制策略本质上为一个负反馈控制回路，主要由送风温度控制器、冷却盘管（或者加热盘管）及其阀门组成。首先，由温度传感器收集送风温度数据，并与送风温度设定值相比较，进而控制冷却盘管（或加热盘管）阀门的开度，以保证送风温度稳定在设定值。

（4）室内温度控制策略

相较于其他指标的控制，室温控制更为重要和复杂。室内温度控制策略主要包括压力相关型策略和压力无关型策略。其中，压力相关型控制策略最终是由控制器直接调节变风量末端风阀控制室温的。该策略无法保持恒定的管内静压，并且送风量也会随静压做出相应变化。而压力无关型控制策略采用了较为复杂的串级控制回路，解决了送风量随风管静压变化的问题。回路中包含了外环控制和内环控制两部分，其中外环控制为室温控制，其通过温度传感器测量实际室内温度，并与室内预设温度进行比较，根据两者之间的差值计算出需求风量，将结果反馈给风阀控制器。内环控制为送风流量控制，其通过流量传感器测量实际送风流量，并与需求风量相比较，进而控制风阀使送风流量达到设定值。

这些复杂的控制策略使 AHU 系统具有较强的非线性特性。此外，各控制策略主要通过易受噪声影响的传感器收集数据，噪声会导致测量数据与实际数据之间的偏差，最终影响 AHU 的运行和故障排除。因此，AHU 系统具有较强的非线性特性和噪声敏感特性。

11.1.2　AHU 常见故障

由于操作不当或外部影响等因素，AHU 容易出现控制器错误和硬件故障等问题。具体而言，典型的故障类型主要可分为 AHU 设备故障、执行器故障、传感器故障与控制器故障。其中，如风机烧毁等硬件设备故障会直接导致整个 AHU 系统无法正常工作，但此类严重性的设备故障特征明显，容易排查。传感器偏移等故障特征不明显，不会严重影响 AHU 运行，但长时间故障运行会影响设备使用寿命，浪费大量能源，甚至会发展为严重性故障进而威胁用户的财产安全和生命安全[13]。下面，将简要分析常见的几种 AHU 故障，以便于后续的故障诊断方法研究，具体可参见文献 [10-16]。

（1）表冷器水阀卡死

表冷器的作用是对空气进行冷却和减湿，由于其阀门频繁地进行开关工作，可能会导致零件松动，进而无法正常调节阀门开度大小，当元器件工作时间较长且未及时检修也可能会发生水阀卡死的故障。发生该故障时冷却水流量无法调节，送风温度会高于设定值，送风温度控制器会发出增大冷却水阀门的信号，但送风温度无法保持在预设值，进而会导致室内温度暂时升高。

（2）新风阀门卡死

新风阀的功能是调节进入系统的新风流量，若风阀内有异物或者年久失修可能会导致新风阀门卡死。一旦发生该故障，新风流量将无法改变，可能会导致新风流量与回风流量的比值偏低，影响空气的质量，降低室内舒适度。如果长时间处于密闭空间内，甚至会影响用户的身体健康。

（3）送风机功能失效

当送风机的电机发生失压、缺相、触头接触不良或电机轴承损坏等故障时，可能会导致送风机功能失效。此时，风管内的空气无法正常输送至室内，送入室内的空气仅由变风量末端的抽力提供，这会导致室内温度远远偏离室温预设值，无法满足用户对生活和工作环境的需求。

（4）传感器偏移故障

AHU 内部安装了多种类型传感器，如温度、湿度和压力传感器。当传感器线头松动、探头位置偏移或者探头脏污时，可能会导致传感器测量值与实际值不符，产生读数偏移的问题。该故障会小幅度影响 AHU 的运行，使其无法顺利达到预期的控制效果，也会对 AHU 故障诊断产生影响。

（5）送风机风阀卡死

AHU 工作环境较为恶劣，长时间的工作可能会导致送风机风阀生锈和腐蚀，进而无法正常调节风阀开度。当送风机的风阀卡死时，风机转速下降，管内静压升高，送风流量无法达到预设值，导致送风温度和回风温度均比设定值偏高，并会出现暂时的室内温度升高。随后，相应的控制器会发出增大表冷器冷水阀门开度的信号，以降低送风温度。

（6）表冷器结垢

表冷器结垢发生的原因通常是流经表冷器的水含有杂质，并且长时间未得到清理。该故障会导致空气换热效率减小，进而导致送风温度逐渐升高，后续控制器会增大冷水量以维持室内温度。如果该故障不能得到及时处理，还可能会阻塞冷却盘管，发生更严重的故障，导致大量的能源浪费。

11.2　AHU 故障诊断研究现状及问题

目前，AHU 故障诊断方法可大体分为两大类：基于模型的故障诊断法和基于数据的故障诊断法[17-20]，更加具体的故障诊断方法分类如图 11-3 所示。其中，基于模型的故障诊断法将 AHU 各元器件考虑在内建立系统模型，随后通过计算模型预测值与 AHU 系统实际测量值判断 AHU 是否发生故障。然而，该方法在建立模型的过程中可能会受到复杂参数的约束，并且是针对某一个具体系统建立的模型，推广度不高。

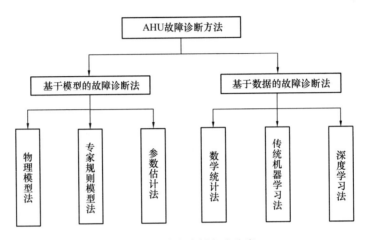

图 11-3　故障诊断方法分类

相比之下，基于数据的故障诊断法利用人工智能算法处理数据，不需要先验知识即可建立故障诊断模型，随后通过将新采集的数据输入至建立好的模型中即可得到故障诊断结果[21,22]。近年来，为了充分利用丰富的观测时间序列数据，研究者提出了大量数据驱动的故障诊断方法[23-25]。人工智能方法作为一种强大的数据驱动方法，在 AHU 故障诊断研究领域受到越来越多的关注。常见的人工智能方法有 SVM[26-28]、DNN[29]、动态模糊神经网络[30]、贝叶斯网络[31-33]、CNN[34] 和半监督神经网络[35]。

为提高模型处理数据的能力以及故障诊断性能，研究人员将多种方法相结合开发了混合型故障诊断方法。例如，文献 [36] 将 Elman 神经网络与小波分析相结合的方法引入 AHU 系统的故障检测与诊断。文献 [37] 提出了 ELM 与扩展卡尔曼滤波的混合模型，用于 AHU 故障诊断。文献 [38] 将经验知识与贝叶斯信念网络相结合，建立了 AHU 故障检测与诊断模型。文献 [39] 针对 AHU 系统的轻微故障诊断，提出了一种 KPCA 与双层双向 LSTM 相结合的故障诊断方法。文献 [40] 将监督式自编码器与基于神经网络的故障诊断模型相结合，提高了 AHU 的故障诊断性能。文献 [41] 利用楼宇管理系统采集的历史数据，提出了一种基于规则和 CNN 的故障诊断方法。文献 [42] 开发了一种基于一维 CNN 和聚类分析的 AHU 传感器故障检测与诊断的方法。在 AHU 实际运行中，外界环境的变化会使得操作模式随之变化，具有极强的时间动态特性。然而，上述方法均为基于时不变系统建立的模型，在处理 AHU 时间动态特性方面具有局限性。

针对 AHU 时间动态特性对故障诊断的影响，研究人员提出了许多动态故障诊断方法。例如，数据时间注意网络[43]、自适应高斯混合模型[44]、非线性状态估计方法[45]、动态隐马尔可夫模型[46]、改进的卡尔曼滤波器[47]以及主成分分析与小波变换相结合的方法[48]。顺序控制逻辑作为潜在的驱动力，决定了 AHU 多种操作模式的切换[49]，但是上述方法均未考虑这一点，导致模型的故障诊断准确率偏低。此外，AHU 中存在多个特征变量，这些特征变量相互影响，具有空间关联信息。但上述方法均为使用数据构建的模型，时间序列数据在某一时刻是一维向量，破坏了特征变量的空间特性。

另一方面，AHU 对噪声高度敏感，噪声会导致测量数据与实际数据之间的偏差，最终影响 AHU 的运行和故障排除。此外，传统的深度神经网络无法在多个特征变量中识别出具有代表性的信息，只能进行无差别的特征提取，增加了网络模型的工作量。并且，传统的深度神经网络随着网络层数增加会出现梯度消失的问题，进而影响故障诊断的准确性。如果不能有效处理上述特性对故障诊断的影响，会导致模型的诊断性能不佳，因此，仍需提出新方法进一步提升 AHU 故障诊断的性能。

11.3　基于慢特征分析的 AHU 智能故障诊断

如前所述，AHU 随外界环境和室内负荷的变化呈现出多种操作模式，具有较强的时间动态特性。目前，大多数基于深度学习的 AHU 故障诊断模型[50-55]都是通过处理原始数据或者残差特征建立的，这些模型无法有效地处理 AHU 的时间动态特性对故障诊断带来的负面影响。慢特征分析（Slow Feature Analysis，SFA）可在动态时变的数据中提取出缓慢变化的特征，是处理 AHU 时间动态特性的有力工具。此外，AHU 复杂的控制策略使得系统呈现出极强的非线性特征。SFA 的变体——核慢特征分析（Kernal SFA，KS-FA）可以同时处理系统的时间动态特性和非线性特性，更适合于 AHU 的故障诊断研究。

另一方面，AHU 的多个特征变量存在着潜在的邻域信息，它们具有极强的空间关联特性。然而，目前大多数 AHU 故障诊断模型的输入都是数值数据的形式，其在某一时刻的数据是一维的，破坏了特征变量的空间关联特性。针对 AHU 特征变量之间的空间关联特性，一种有效处理方法是将时间序列数据转换为二维灰度图像，然后利用深度学习方法挖掘 AHU 多变量之间的空间信息。

为同时处理 AHU 时间动态特性和空间关联特性对故障诊断的影响，本章构建了如图 11-4所示的 KSFA-VGG 故障诊断模型。首先，使用正常运行数据建立 KSFA 模型，并将所有故障数据输入至建立好的 KSFA 模型进行数据的特征提取和特征排序。随后，使用数图转换方法将 KSFA 输出的数据以每天为单位转换为二维灰度图像，并利用滑动窗口方法进行图像数据集的扩展。最后，使用 VGG16 网络处理得到的慢特征图像数据集建立故障诊断模型。

接下来，将详细介绍所涉及的特征提取、数图转换以及深度学习方法，并总结所提出的故障诊断策略。

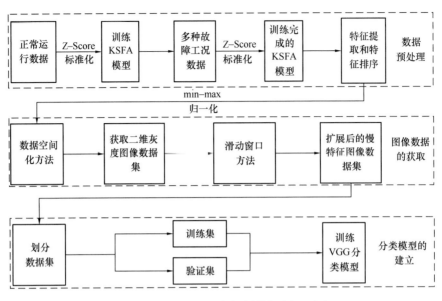

图 11-4　KSFA-VGG 故障诊断模型建立流程

11.3.1　基于 KSFA 的特征提取

SFA 的基本原理是寻求一组输入与输出之间的映射函数，使得输出数据的变化尽可能缓慢[56]，因此，SFA 非常适合用于求解时间动力学问题。此外，许多系统的运行数据往往呈现非线性关系，而传统的 SFA 方法在求解非线性问题时存在不足。为了从非线性观测时间序列数据中提取缓慢变化的特征，可以采用 SFA 的核扩展形式（KSFA）进行数据预处理[57-60]。KSFA 模型建立流程如图 11-5 所示，下面将详细介绍 KSFA 模型的建立及其特征提取步骤。

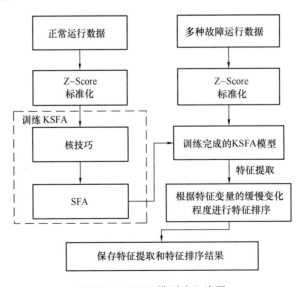

图 11-5　KSFA 模型建立流程

假设原始时间序列数据 $\boldsymbol{X} \in \mathbb{R}^{NT \times P}$ 包含 N 天的数据，且每天有 T 个时间序列的样本以及 P 个特征变量。$\boldsymbol{X}$ 中某一天的数据可以描述为 $\boldsymbol{x}(t) = (\boldsymbol{x}_1(t), \boldsymbol{x}_2(t), \cdots, \boldsymbol{x}_p(t), \cdots, \boldsymbol{x}_P(t)) \in \mathbb{R}^{T \times P}$，其中，$t \in \{1, 2, \cdots, T\}$ 表示时间范围，$\boldsymbol{x}_p(t) = [x_{p,1}(t), x_{p,2}(t), \cdots, x_{p,T}(t)]^T \in \mathbb{R}^{T \times 1}$ 表示连续 T 个时间序列中第 p 个特征变量对应的值。

首先，将每个特征变量对应的数据通过以下公式进行 Z-Score 标准化：

$$\overline{\boldsymbol{x}}_p(t) = \frac{\boldsymbol{x}_p(t) - \mathrm{mean}(\boldsymbol{x}_p(t))}{\mathrm{std}(\boldsymbol{x}_p(t))} \tag{11-1}$$

式中　$\mathrm{mean}(\boldsymbol{x}_p(t))$ —— $\boldsymbol{x}_p(t)$ 的均值；

　　　$\mathrm{std}(\boldsymbol{x}_p(t))$ —— $\boldsymbol{x}_p(t)$ 的标准差。

将 $\boldsymbol{x}(t)$ 标准化后的数据表示为 $\overline{\boldsymbol{x}}(t) = (\overline{\boldsymbol{x}}_1(t), \overline{\boldsymbol{x}}_2(t), \cdots, \overline{\boldsymbol{x}}_p(t), \cdots, \overline{\boldsymbol{x}}_P(t))$，其中 $\overline{\boldsymbol{x}}_p(t) = (\overline{x}_{p,1}(t), \overline{x}_{p,2}(t), \cdots, \overline{x}_{p,T}(t))^T \in \mathbb{R}^{T \times 1}$。

其次，为了处理输入数据的非线性特征，使用隐式非线性映射函数 $\phi(\cdot)$ 将数据 $\overline{\boldsymbol{x}}(t)$ 映射到高维数据 $\boldsymbol{x}_\phi(t) = \phi(\overline{\boldsymbol{x}}(t)) = (\phi(\overline{\boldsymbol{x}}_1(t)), \phi(\overline{\boldsymbol{x}}_2(t)), \cdots, \phi(\overline{\boldsymbol{x}}_p(t)), \cdots, \phi(\overline{\boldsymbol{x}}_P(t)))$。需要注意的是，在后续使用该方法时，映射函数 $\phi(\cdot)$ 只是隐式应用，不需要获得映射函数的详细公式和映射数据的具体数值，因此只需在思想层面上进行数据映射即可。

KSFA 的主要目标是寻找输入与输出之间的映射函数 $\boldsymbol{g}(\boldsymbol{x}_\phi) = (g_1(\boldsymbol{x}_\phi), \cdots, g_S(\boldsymbol{x}_\phi))$，以求得 S 维输出数据 $\boldsymbol{y}(t) = (\boldsymbol{y}_1(t), \cdots, \boldsymbol{y}_S(t))$，其中，$\boldsymbol{y}_j(t) = g_j(\boldsymbol{x}_\phi(t))(j = 1, 2, \cdots, S)$，$\boldsymbol{x}_\phi(t)$ 为输入数据，$\boldsymbol{g}(\cdot)$ 为映射函数。此外，输出数据 $\boldsymbol{y}_j(t)$ 需要满足以下条件：

一般用对时间的一阶导数的平方平均值来衡量变化率，应保证该值尽可能地小，以使输出数据 $\boldsymbol{y}_j(t)$ 的变化尽可能慢。此外，还需要约束 $\boldsymbol{y}_j(t)$，以避免常数解并使不同的输出信号彼此独立。具体来说，假设 $\boldsymbol{y}_1(t)$ 是变化最慢的特征，$\boldsymbol{y}_2(t)$ 是除了 $\boldsymbol{y}_1(t)$ 之外变化最慢的特征，以此类推，可以保证输出数据是按照其变化缓慢程度进行排序的。综上所述，该优化问题的数学表达式为：

$$\begin{cases} \min \langle \dot{\boldsymbol{y}}_j^2(t) \rangle \\ s.t. \langle \boldsymbol{y}_j^2(t) \rangle = 1, \langle \boldsymbol{y}_j(t) \rangle = 0 \\ \forall i \neq j : \langle \boldsymbol{y}_i(t) \boldsymbol{y}_j(t) \rangle = 0 \end{cases} \tag{11-2}$$

式中，输出数据 $\boldsymbol{y}_j(t)$ 是通过映射输入数据 $\boldsymbol{x}_\phi(t)$ 得到的第 j 个慢特征，$\dot{\boldsymbol{y}}_j$ 是 $\boldsymbol{y}_j(t)$ 关于时间变量 t 的一阶导数，符号 $\langle \cdot \rangle$ 定义为：

$$\langle f(t) \rangle = \frac{1}{T-1} \int_1^T f(t) \mathrm{d}t \tag{11-3}$$

假设 $\boldsymbol{w}_j$ 是变换向量，则 $\boldsymbol{y}_j(t)$ 可以记为 $\boldsymbol{y}_j(t) = \boldsymbol{w}_j^T \boldsymbol{x}_\phi(t)$。由于 Z-Score 标准化后的数据均值为 0，所以约束条件 $\langle \boldsymbol{y}_j(t) \rangle = 0$ 自动满足。因此，相应的优化问题可以表示为：

$$\begin{cases} \min \langle \dot{\boldsymbol{y}}_j^2(t) \rangle = \min \boldsymbol{w}_j^T \langle \dot{\boldsymbol{x}}_\phi(t) \dot{\boldsymbol{x}}_\phi^T(t) \rangle \boldsymbol{w}_j \\ s.t. \langle \boldsymbol{y}_j^2(t) \rangle = \boldsymbol{w}_j^T \langle \boldsymbol{x}_\phi(t) \boldsymbol{x}_\phi^T(t) \rangle \boldsymbol{w}_j = 1 \end{cases} \tag{11-4}$$

考虑到有限差分 $\dot{\boldsymbol{x}}_\phi(t) = \boldsymbol{x}_\phi(t) - \boldsymbol{x}_\phi(t-1)$ 可以近似地表示时变的 $\boldsymbol{x}_\phi(t)$[60]。另外，给

定训练数据样本 $X \in \mathbb{R}^{T \times P}$，考虑到变换向量 w_j 存在于 $\phi(X)$ 的长成空间中，故存在常数 $a_{ji}, i = 1, \cdots, T$，使得向量 w_j 可以被进一步表示为[60]：

$$w_j = \sum_{i=1}^{T} \alpha_{ji} \phi(x(i)) = \phi^T(X) \alpha_j = X_\phi^T \alpha_j \qquad (11\text{-}5)$$

式中，X_ϕ 为 $\phi(X)$ 的缩写形式，$\alpha_j = (\alpha_{j1}, \alpha_{j2}, \cdots, \alpha_{jT})^T \in \mathbb{R}^T$ 为系数向量。因此，优化问题可以重新描述为：

$$\begin{cases} \min \langle \dot{y}_j^2(t) \rangle = \min \alpha_j^T \langle X_\phi(x_\phi(t) - x_\phi(t-1))(x_\phi(t) - x_\phi(t-1))^T X_\phi^T \rangle \alpha_j \\ \qquad = \min \alpha_j^T \langle (X_\phi x_\phi(t) - X_\phi x_\phi(t-1))(X_\phi x_\phi(t) - X_\phi x_\phi(t-1))^T \rangle \alpha_j \\ s.t. \langle y_j^2(t) \rangle = \alpha_j^T \langle X_\phi x_\phi(t) x_\phi^T(t) X_\phi^T \rangle \alpha_j = 1 \end{cases} \qquad (11\text{-}6)$$

随后，可使用核函数 $\ker(x, y) = \phi(x)^T \phi(y)$ 来计算两个非线性映射数据的内积，其中 $\ker(\cdot)$ 表示某个核函数。从而可以得到核向量 $k(t) = X_\phi x_\phi(t)$ 和 $k(t-1) = X_\phi x_\phi(t-1)$，其中核向量 $k(t)$ 和 $k(t-1)$ 中的第 i 个元素分别定义为 $k_i(t) = \ker(x(i), x(t))$ 和 $k_i(t-1) = \ker(x(i), x(t-1))$。在此基础上，优化问题可重新表示为：

$$\begin{cases} \min \langle \dot{y}_j^2(t) \rangle = \min \alpha_j^T \langle (k(t) - k(t-1))(k(t) - k(t-1))^T \rangle \alpha_j = \min \alpha_j^T A_\phi \alpha_j \\ s.t. \langle y_j^2(t) \rangle = \alpha_j^T \langle k(t) k^T(t) \rangle \alpha_j = \alpha_j^T B_\phi \alpha_j = 1 \end{cases}$$
$$(11\text{-}7)$$

式中，$A_\phi = \langle (k(t) - k(t-1))(k(t) - k(t-1))^T \rangle$ 和 $B_\phi = \langle k(t) k(t)^T \rangle$ 分别为 $k(t) - k(t-1)$ 和 $k(t)$ 的协方差矩阵[61]。

上述优化问题可以转化为以下特征值问题：

$$A_\phi \alpha_j = \lambda_j^\phi B_\phi \alpha_j \qquad (11\text{-}8)$$

式中，λ_j^ϕ 是对应于向量 α_j 的特征值。通过求解上式，可以得到一系列广义特征向量 $\alpha_j (j = 1, 2, \cdots, S)$，其中 S 为要提取的慢特征信息个数。

最后，可根据下式计算慢特征信息 $y_j(t)$：

$$y_j(t) = \alpha_j^T x_\phi(t) \qquad (11\text{-}9)$$

将特征提取后的数据记为 $y(t) = (y_1(t), \cdots, y_S(t)) \in \mathbb{R}^{T \times S}$。重复上述操作，将 N 天不同工况类型的数据作为输入数据，可以得到慢特征数据集 $Y \in \mathbb{R}^{NT \times S}$。

通过建立 KSFA 模型，可以从动态数据中挖掘缓慢变化的特征信息，并根据特征变化缓慢的程度进行排列，为后续二维灰度图像的生成提供了高质量的数据集。

11.3.2 基于数图转换方法的数据增强

KSFA 模型提取的时间序列数据在某一时刻是一维的向量，破坏了特征变量之间的空间关联特性及其邻域信息。二维图像可以提供一个连续的时间区域来展示数据在此时间段内的变化，并保留其空间特征。因此，根据 KSFA 提供的特征排列，使用数图转换方法将获取的时间序列数据转换为二维灰度图像，可增强特征变量之间的邻域信息和空间特征。图 11-6 展示了获取二维灰度图像数据集的步骤，下面将详细介绍所涉及的方法。

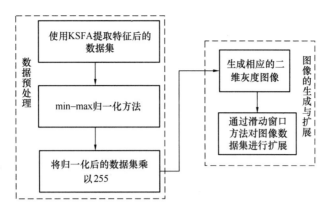

图 11-6　获取二维灰度图像数据集的步骤

1. 慢特征数据集的预处理

首先，对得到的慢特征数据集 $\boldsymbol{y}(t) = \left[\boldsymbol{y}_1(t),\cdots,\boldsymbol{y}_S(t)\right] \in \mathbb{R}^{T \times S}$ 进行 min-max 归一化，然后将结果乘以 255 得到数据集 $\boldsymbol{z}(t) = \left[\boldsymbol{z}_1(t),\cdots,\boldsymbol{z}_S(t)\right] \in \mathbb{R}^{T \times S}$ 。min-max 归一化的数学表达式为：

$$\boldsymbol{z}_\eta(t) = \frac{\boldsymbol{y}_\eta(t) - \min(\boldsymbol{y}_\eta(t))}{\max(\boldsymbol{y}_\eta(t)) - \min(\boldsymbol{y}_\eta(t))} \tag{11-10}$$

式中，$\min(\boldsymbol{y}_\eta(t))$ 和 $\max(\boldsymbol{y}_\eta(t))$ 分别为向量 $\boldsymbol{y}_\eta(t)(\eta = 1,2,\cdots,S)$ 的最小值和最大值。对数据集 $\boldsymbol{Y}$ 中 N 天的数据均执行此操作，可得数据集 $\overline{\boldsymbol{Z}} \in \mathbb{R}^{NT \times S}$ 。

归一化的主要目的是将所有数据的值压缩在 0～1 的区间内，使不同维度的特征之间有一定的数值比较。但是，当数据转换为图像时，最浅和最深的像素对应的数值为 0 和 255，因此需要将归一化后的数据乘以 255，使所有数据值分布于 0～255 的区间内。

2. 二维灰度图像的获取

将 N 天的数据集 $\overline{\boldsymbol{Z}}$ 以每天为单位，分别转换为相应的二维灰度图像，以增强特征变量的邻域信息和空间特征。在二维灰度图像中，根据特征变量的缓慢变化程度进行特征排序。具体来说，将变化最慢的特征变量 $\boldsymbol{z}_1(t)$ 转换为图像中第一列的像素，然后将变化第二慢的特征变量 $\boldsymbol{z}_2(t)$ 转换为图像中第二列的像素，以此类推。二维灰度图像提供了一个连续的时间区域，可以包含所有特征变量在每一时刻的值，原始数值越大，转换后的像素灰度越深。

图 11-7 是由某一天的时间序列数据转换后的二维灰度图像示例，其包含 S 个特征变量和连续 T 个时刻的样本。图像中的每一列表示每个特征变量所对应的时间序列，像素的深度反映了原始数据的数值大小。转换后的二维灰度图像不仅展示了特征变量随时间的变化趋势，而且允许特征变量按照特定的顺序排列，增强了特征变量之间的邻域信息和空间特征。

3. 基于滑动窗口方法的图像数据增强

故障诊断模型的准确建立需要丰富的图像数据，训练数据不足会导致准确率低，无法准确识别新获取的图像。上一节所提出的方法只能为每天的数据生成一张二维灰度图像，这将导致模型训练严重不足，对诊断精度产生较大影响。针对这一问题，本节提出了滑动

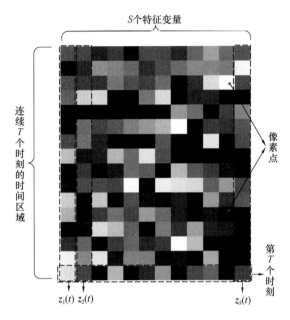

图 11-7 转换后的二维灰度图像示例

窗口方法对生成的二维灰度图像进行处理，以获得大量的二维灰度图像确保模型的准确训练。

图 11-8 展示了滑动窗口方法的工作原理。设滞后参数为 L，则第一张灰度图像由第 M 行到第 $M+L-1$ 行的数据生成。如果滑动窗口的滑动距离为 q，则第二幅灰度图像由第 $M+q$ 行到第 $M+L+q-1$ 行的数据生成。假设一幅原始灰度图像共有 S 个特征变量和 T 个样本，重复上述操作可得到 $(T-1)/q+1$ 张图像，其大小均为 $L\times S$。例如，某一天的数据集中总共含有 1440 个时刻的样本和 16 个特征变量，如果将滞后参数设置为 16，则生成的第一幅图像的数据是从第 1 个时刻开始到第 16 个时刻结束，尺寸大小为 16×16。假设滑动距离为 2，则可以生成 $(1440-16)/2+1=713$ 张灰度图像。

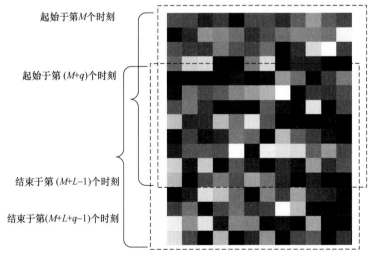

图 11-8 滑动窗口方法的工作原理

11.3.3　基于 VGG 的故障分类

CNN 具有强大的局部特征提取能力，可以有效地提取图像的特征信息。CNN 通过采用并行计算的方式共享卷积核，减少计算量以加快训练速度。VGG（Visual Geometry Group Network）16 是当前最流行的 CNN 模型之一，修改后的 VGG16 结构如图 11-9 所示。VGG16 层数较多，适合大样本训练，因此本章选用它来建立故障分类模型。

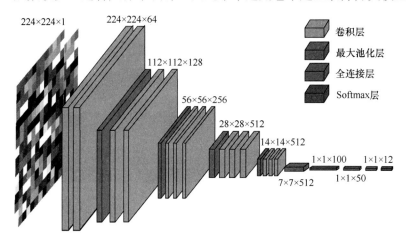

图 11-9　修改后的 VGG16 结构

VGG 分类模型的训练过程如图 11-10 所示，包括以下步骤：

步骤 1：将 11.3.2 节获取的慢特征图像数据集标注上相应工况的数字标签 $y_c = (0,1,\cdots,N_f-1) \in \mathbb{R}^{N_f}$，其中 0 代表正常工作模式，$1,2,\cdots,N_f-1$ 代表不同的故障类型。

步骤 2：将带有标签的慢特征图像数据集划分为训练集、验证集和测试集。将训练集和验证集输入到 VGG16 模型中，通过全连接层的计算得到输出向量 $\hat{y} \in \mathbb{R}^{N_f}$。

步骤 3：使用如下所示的损失函数计算标签向量 y_c 与输出向量 $\hat{y}$ 之间的 Softmax

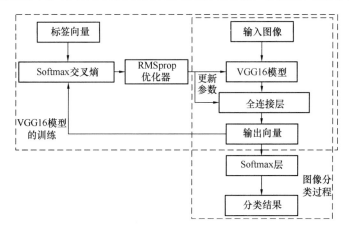

图 11-10　VGG16 分类模型的训练过程

交叉熵：

$$L_{\text{softmax}} = -\frac{1}{N_{\text{f}}} \sum_{s=1}^{N_{\text{f}}} y_{\text{C},s} \ln\left(\frac{e^{\hat{y}_s}}{\sum_{i=1}^{N_{\text{f}}} e^{\hat{y}_i}}\right) \tag{11-11}$$

式中　　$y_{\text{C},s}$——标签向量 $\boldsymbol{y}_{\text{C}}$ 的第 s 个元素；

　　　　$\hat{y}_i$——输出向量 $\hat{\boldsymbol{y}}$ 的第 i 个元素；

　　　　e——自然常数。

步骤 4：根据步骤 3 中计算得到的 Softmax 交叉熵，利用 RMSprop 优化器更新 VGG16 模型的参数。

步骤 5：重复以上所有步骤直至达到预设的迭代次数。

图 11-10 展示了图像分类的过程，输出向量 $\hat{\boldsymbol{y}}$ 从全连接层传递到 Softmax 层后，由式 (11-12) 计算出概率向量 $\tilde{\boldsymbol{y}}$：

$$\tilde{y}_s = \text{softmax}(\hat{y}_s) = \frac{e^{\hat{y}_s}}{\sum_{i=1}^{N_{\text{f}}} e^{\hat{y}_i}} \tag{11-12}$$

式中，$\tilde{y}_s$ 为概率向量 $\tilde{\boldsymbol{y}}$ 中的第 s 个值。随后，确定向量 $\tilde{\boldsymbol{y}}$ 中的最大值，即所识别的具体故障类型。

11.3.4　总体故障诊断方案

本节将总结前面所提出的 KSFA-VGG 模型的故障诊断策略。如图 11-11 所示，该故障诊断策略主要由 4 个模块组成：特征提取模块、数图转换模块、VGG16 模型训练模块

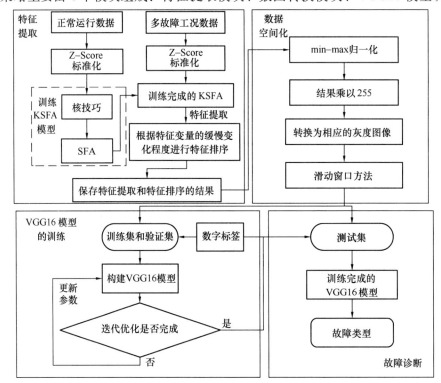

图 11-11　基于 KSFA-VGG 模型的故障诊断策略

和故障诊断模块。该策略的实现主要包括以下步骤：

步骤 1：利用 KSFA 进行特征提取和特征排序。首先，使用 Z-Score 算法对 AHU 原始数据集进行标准化处理。然后，利用正常运行数据建立 KSFA 模型，使用建立完成的 KSFA 模型从多种故障工况数据集中提取出缓慢变化的特征，并根据特征变量的缓慢变化程度进行特征排序。

步骤 2：使用数图转换方法和滑动窗口方法获取慢特征图像数据集。首先，对 KSFA 提取的特征进行 min-max 归一化处理；其次，将时间序列数据转换为相应的二维灰度图像；最后，利用滑动窗口方法对图像数据集进行处理，以获取丰富的二维灰度图像。

步骤 3：构建 VGG16 图像分类模型。首先，将慢特征图像数据集中 60％ 的二维灰度图像划分为训练集，20％ 的二维灰度图像划分为验证集，其余 20％ 的图像划分为测试集。随后，使用训练集和验证集构建 VGG16 图像分类模型。

步骤 4：使用 VGG16 模型实现故障诊断。VGG16 分类模型建立完成后进入测试阶段，将测试集中的图像输入至建立完成的 VGG16 模型中确定具体的故障类型，以验证模型的故障诊断能力。

11.4　实验与结果分析

11.4.1　实验数据集

目前，大多数 AHU 故障诊断研究中使用的数据都是来自美国供暖、制冷和空调工程师学会（ASHRAE）的 RP-1312 实验数据集[62]。该数据集是由德雷塞尔大学在一个小型商业建筑通过模拟实验收集的。如图 11-12 所示，实验设备共装配了 3 个 AHU，其中 AHU-1 工作于大楼的公共区域，AHU-A 和 AHU-B 均工作于 4 个不同的区域，并且 AHU-A 和 AHU-B 的工作环境、外部热负荷等参数均保持一致。3 个 AHU 设备均由加热盘管、冷却盘管、送风机、回风机和混合风门组成，实验和模拟主要集中在 AHU-A 设备上[63]。

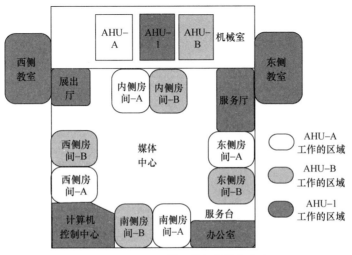

图 11-12　RP-1312 项目的实验设备分布图

每种工况的数据采集均以 1 天（24h）为单位，采样时间间隔为 1min，每天共 1440 个时间序列的数据样本，数据集中包含了如表 11-1 所示的 18 种特征变量和表 11-2 所示的 12 种运行工况。其中，正常运行数据采集天数为 13 天，F1 和 F9 故障采集天数为 2 天，其余故障采集天数均为 1 天。

RP-1312 数据集的 18 种特征变量　　　　　表 11-1

特征变量	概述	单位
送风温度	测量的送风温度	华氏度
送风温度设定值	送风温度设定值	华氏度
室外空气温度	测量的室外空气温度	华氏度
混合空气温度	测量的混风温度	华氏度
回风温度	测量的回风温度	华氏度
送风机状态	送风机状态（0-关，1-开）	—
回风机状态	回风机状态（0-关，1-升）	—
送风机转速信号	测量的送风机转速（范围从 0 到 1；0-风扇转速为 0，1-风扇转速为 100%）	—
回风机转速信号	回风机转速	—
排气风阀控制信号	测量的排气风阀控制信号（范围从 0 到 1；0-风阀完全关闭，1-风阀完全打开）	—
室外风阀控制信号	室外风阀控制信号	—
回风风阀控制信号	测量的室外风阀控制信号（范围从 0 到 1；0-风阀完全关闭，1-风阀完全打开）	—
冷却盘管阀控制信号	测量的冷却盘管阀门控制信号	—
加热盘管阀控制信号	测量的加热盘管阀门控制信号	—
送风管静压	测量的送风管道静压	kPa
送风管静压设定值	送风管道静压的设定值	kPa
占用模式指标	指示系统是否在占用模式下运行（0-未占用模式，1-占用模式）	—
故障指示	指示系统是否存在故障（0-无故障，1-有故障）	—

RP-1312 数据集的 12 种运行工况　　　　　表 11-2

工况类型	故障程度	工况标号
正常运行	—	F0
室外风阀卡住	卡在 0 开度	F1
室外风阀卡住	卡在 40% 开度	F2
室外风阀卡住	卡在 45% 开度	F3
室外风阀卡住	卡在 55% 开度	F4
加热盘管阀泄漏	1.51L/min	F5
加热盘管阀泄漏	3.79L/min	F6
加热盘管阀泄漏	7.57L/min	F7
冷却盘管阀卡住	卡在 0 开度	F8
冷却盘管阀卡住	卡在 100% 开度	F9
冷却盘管阀卡住	卡在 15% 开度	F10
冷却盘管阀卡住	卡在 65% 开度	F11

RP-1312 数据集包含了 AHU 正常运行状况和多种故障运行工况的数据，并且有复杂的特征变量和丰富的样本数量，为基于深度学习的 AHU 故障诊断研究提供了基础条件。

本章将利用该公开数据集对所提出的 KSFA-VGG 故障诊断模型进行性能测试和评估，选择 RP-1312 数据集中 3 天的正常运行数据集（N1，N2 和 N3）以及 11 种故障类型的数据（各 1 天）来建立 VGG16 模型。具体故障类型如表 11-2 所示，将正常状态记为 F0，11 种故障工况分别记为 F1～F11。首先，对选取的数据进行标准化处理，利用正常运行模式的 N1 和 N2 数据集建立 KSFA 模型。随后，从 N3 和所有故障模式数据集中提取特征，并根据特征的缓慢变化程度进行特征排序。最后，将正常运行数据和 11 种故障数据以每天为单位共转换为 12 张二维灰度图像，并通过滑动窗口方法扩展为 $12 \times 713 = 8556$ 张灰度图像。其中，5124 张图像作为 VGG16 模型的训练集，其余的 1716 张图像作为验证集，剩余的 1716 张图像作为测试集。

11.4.2 性能指标与对比方法

本书使用两个性能指标，故障诊断率（FDR）和平均故障诊断率（FDR_{avg}）来验证提出模型的故障诊断性能，其具体定义见第 3 章式（3-14）和式（3-15）。

为证明 KSFA-VGG 故障诊断模型在处理 AHU 时间动态特性方面的优势，将 KSFA、KPCA 和 SFA 所提取的特征与原始特征进行比较。此外，为评估数图转换方法和 VGG16 在处理 AHU 空间关联特性方面的优势，采用 ELM、SVM 和 DBN 作为对比模型。

在建立 KSFA 模型时，选择高斯核函数作为核函数，采用网格搜索法确定 KSFA 的核参数 θ 和松弛因子 β_1，分别设置为 40 和 0.8，保留的慢特征个数为 16。为确保比较的公平性，在建立 KPCA 模型时依然选择高斯核函数作为核函数，保留的主元个数也设置为 16，通过网格搜索法确定 KPCA 的惩罚因子 γ 为 100。在建立 SFA 模型时，保留的慢特征个数同样为 16 个，采用网格搜索法确定松弛因子 β_2 为 0.1。

在训练 VGG16 模型时，将学习率设置为 0.001，Dropout 选择为 0.5，通过 RMSprop 优化器优化模型参数。在建立 ELM 分类模型时，将神经元数量设置为 2200，激活函数设置为 Sigmoid 函数。在训练 SVM 分类模型时，将惩罚参数设置为 1500，核函数选择为高斯核函数。在训练 DBN 分类模型时，学习率选择为 0.001，动量设置为 0.949，模型参数也由 RMSprop 优化器优化。

11.4.3 特征提取方法对比实验

为具体地展现 KSFA-VGG 模型在处理时间动态特征方面的有效性，选取某一时间段的故障数据，将原始特征变量与 SFA、KPCA 和 KSFA 提取的特征进行比较，观察变化趋势。

图 11-13（a）展示了原始数据集中 3 个特征变量（送风温度、室外空气温度和混合空气温度）随时间变化的特征曲线。可以看出，送风温度变化缓慢，而其他两个特征变量随时间波动较大，体现出了 AHU 的时间动态特性。图 11-13（b）为 KPCA 提取 3 个特征随时间变化的曲线，当原始特征变化较慢时 KPCA 特征变化缓慢，当原始特征变化较大时 KPCA 特征变化剧烈。因此，KPCA 无法从动态数据中提取缓慢变化的特征，从而无

法处理 AHU 的时间动态特性。图 11-13（c）展示了 SFA 提取特征的变化趋势。可以观察到，SFA 提取的特征随时间变化较慢，波动较小，可以较好地处理 AHU 时间动态特性。图 11-13（d）展示了 KSFA 提取的 3 个特征随时间变化的曲线，3 条慢特征曲线仅在某一时间段内小幅度波动，与其他特征提取方法相比，KSFA 算法处理 AHU 时间动态特性是最有效的，其为后续 AHU 的故障诊断提供了优质数据集。

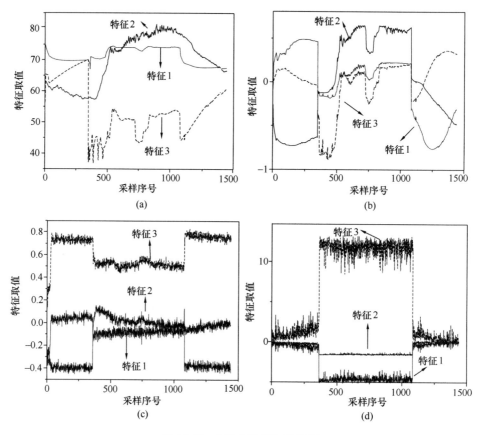

图 11-13   4 种方法提取的特征

（a）原始特征；（b）KPCA 所提取的特征；（c）SFA 所提取的特征；（d）KSFA 所提取的特征

为评估 KSFA-VGG 模型处理时间动态特性后对于故障诊断性能方面的提升，进行以下对比实验。将 SFA 与 VGG 模型相结合，记为 SFA-VGG。同时，将 KPCA 与 VGG 模型相结合，记为 KPCA-VGG。需要注意的是，KSFA-VGG、SFA-VGG 和 KPCA-VGG 三个模型的输入分别为 KSFA、SFA 和 KPCA 特征提取后由数图转换方法生成的图像数据集。此外，将直接采用特征提取后的原始数据（不转换为二维灰度图像）构造的 VGG 分类模型记为 DVGG。

图 11-14 展示了 DVGG、KPCA-VGG、SFA-VGG 和 KSFA-VGG 的正确分类样本数。在 F1 和 F11 故障类型中，KSFA-VGG 的正确分类样本数量远多于 DVGG、SFA-VGG 和 KPCA-VGG。具体而言，在 F1 故障模式下，KSFA-VGG 模型的正确分类样本数为 143 个，分别比 DVGG、SFA-VGG 和 KPCA-VGG 多 39 个、21 个和 17 个。

为进一步比较，表 11-3 列出了 DVGG、KPCA-VGG、SFA-VGG 和 KSFA-VGG 的

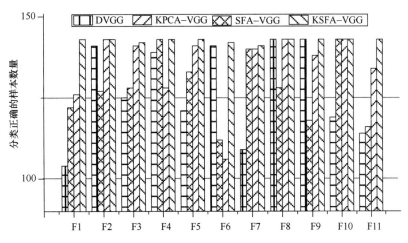

图 11-14　DVGG、KPCA-VGG、SFA-VGG 和 KSFA-VGG 模型的对比情况

FDR 和 *FDR*avg 值。从该表中可以看出，KSFA-VGG 模型的 *FDR*avg 最大，为 99.75%。DVGG、SFA-VGG 和 KPCA-VGG 的 *FDR*avg 值分别为 88.94%、89.64% 和 94.28%，分别比 KSFA-VGG 低了 10.81%、10.11% 和 5.47%。因此，相较于 DVGG、SFA-VGG 和 KPCA-VGG，所提出的 KSFA-VGG 模型具有最佳的故障诊断性能。

综上所述，KSFA 提取的特征对 AHU 故障诊断模型建立具有积极的作用。与 KPCA 相比，KSFA 可以更有效地处理时间动态特性。与 SFA 相比，KSFA 能更好地解决 AHU 数据的非线性问题。与 DVGG 相比，KSFA-VGG 既能处理非线性问题，又能处理时间动态特性。

4 种模型的故障诊断准确率　　　　　　　　　　　　　　　　表 11-3

模型	故障诊断准确率（%）											
	F1	F2	F3	F4	F5	F6	F7	F8	F9	F10	F11	*FDR*avg
DVGG	72.73	98.60	87.41	97.20	84.62	98.60	76.22	100	100	83.22	79.72	88.94
KPCA-VGG	85.31	88.81	89.51	100	93.01	78.32	97.90	89.51	82.52	100	81.12	89.64
SFA-VGG	88.11	100	98.60	89.51	98.60	74.13	97.90	100	96.50	100	93.71	94.28
KSFA-VGG	100	100	99.30	100	100	99.30	98.60	100	100	100	100	99.75

11.4.4　故障分类方法对比实验

为评估 KSFA-VGG 模型在处理 AHU 空间关联特性后，对于故障诊断精度方面的提升，将 ELM、SVM 和 DBN 与 KSFA-VGG 进行比较。为保证比较的公平性，将 KSFA 分别与 ELM、SVM 和 DBN 分类器相结合，记为 KSFA-ELM、KSFA-SVM 和 KSFA-DBN。值得注意的是，KSFA-VGG 是使用图像构建的分类模型，而其他三个模型均使用 KSFA 提取的时间序列数据构建分类模型。

图 11-15 给出了 4 种模型故障诊断结果的混淆矩阵，其中对角线方格和深色方格中的数字分别描述了正确分类和错误分类样本的数量。图 11-15（a）、图 11-15（b）和图 11-15（c）

中深色方格的数量和数值远大于图 11-15（d），这说明较多的故障样本被 KSFA-ELM、KSFA-SVM 和 KSFA-DBN 误分类为其他故障类型。具体来说，KSFA-ELM 的深色方块数量最多，其次是 KSFA-SVM，虽然 KSFA-DBN 的错误分类样本数量有所减少，但仍远高于 KSFA-VGG。KSFA-VGG 模型能正确识别大部分的样本，所有故障类型中错误分类数量也是最少的，因此 KSFA-VGG 故障诊断性能是最佳的。

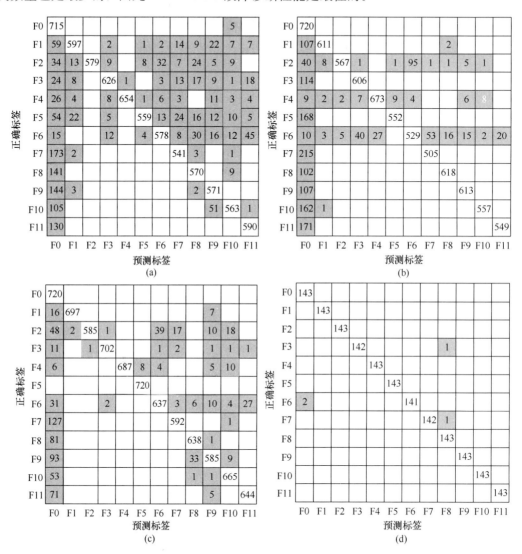

图 11-15　4 种模型诊断结果的混淆矩阵

（a）KSFA-ELM；（b）KSFA-SVM；（c）KSFA-DBN；（d）KSFA-VGG

表 11-4 给出了 4 种模型在 11 种故障模式下的故障诊断准确率，而图 11-16 对该表的对比结果作出了直观分析。通过表 11-4 和图 11-16 可以看出，对于所有故障模式，KSFA-VGG 的 FDR 和 FDR_{avg} 均高于 KSFA-ELM、KSFA-SVM 和 KSFA-DBN。在 F0、F1、F2、F5、F6、F8、F9、F10 和 F11 故障模式下，KSFA-VGG 的 FDR 值均达到了 100%。此外，KSFA-VGG 在 F2、F6 和 F7 故障模式下具有最显著的优势，在 F2 故障模

式中，KSFA-VGG 的 *FDR* 值分别比 KSFA-DBN、KSFA-ELM 和 KSFA-SVM 提高了 18.75%、19.58% 和 21.25%。KSFA-VGG 的 FDR_{avg} 值是 4 种模型里最高的，达到了 99.75%。

4 种模型的故障诊断准确率　　　　　　　　　　表 11-4

模型	故障诊断准确率（%）											
	F1	F2	F3	F4	F5	F6	F7	F8	F9	F10	F11	FDR_{avg}
KSFA-ELM	82.92	80.42	86.94	90.83	77.64	80.28	75.14	79.17	79.31	78.19	81.94	81.16
KSFA-SVM	84.86	78.75	84.17	93.47	76.67	73.47	70.13	85.83	85.14	77.36	76.25	80.55
KSFA-DBN	96.81	81.25	97.50	95.42	100	88.47	82.22	88.61	81.25	92.36	89.44	90.30
KSFA-VGG	100	100	99.30	100	100	99.30	98.60	100	100	100	100	99.75

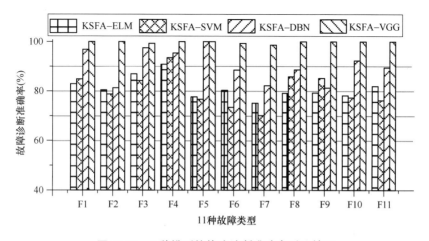

图 11-16　4 种模型的故障诊断准确率对比情况

综上所述，ELM 和 SVM 是普通的机器学习方法，但处理大数据能力不足，导致了分类准确率相对较低。DBN 是一种深度学习方法，与 ELM 和 SVM 相比，平均分类准确率分别提高了 9.14% 和 9.75%。特别是在 F5 故障模式下，DBN 分类准确率比 ELM 和 SVM 提高了 22% 以上。除 F9 故障模式外，DBN 的分类精度均高于 ELM 和 SVM。然而，上述三种分类器均为使用 KSFA 提取特征数据构建的模型，不如基于二维灰度图像的 VGG 模型故障诊断准确率高。

11.5　小结

本章针对 AHU 的时间动态特性和空间关联特性，提出了一种将 KSFA 算法、数图转换方法和 VGG16 相结合的 AHU 故障诊断模型，并使用 RP-1312 数据集进行了详细的对比实验。通过实验分析得出，本章所提出的 KSFA-VGG 模型在 AHU 的故障诊断中表现出了较好的性能。这是因为 KSFA 可以在动态数据中挖掘出变化缓慢的特征信息，并且基于二维灰度图像的分类器可以有效地处理 AHU 的空间关联特性。

本章参考文献

[1] Zhang H，Li C，Wei Q，et al. Fault detection and diagnosis of the air handling unit via combining the feature sparse representation based dynamic SFA and the LSTM network[J]. Energy and Buildings，2022，269：112241.

[2] Wu B，Cai W，Chen H，et al. A hybrid data-driven simultaneous fault diagnosis model for air handling units[J]. Energy and Buildings, 2021, 245：111069.

[3] Nehasil O，Dobiášová L，Mazanec V，et al. Versatile AHU fault detection-Design，field validation and practical application[J]. Energy and Buildings, 2021, 237：110781.

[4] Yan Y，Cai J，Tang Y，et al. Fault diagnosis of HVAC AHUs based on a BP-MTN classifier[J]. Building and Environment，2023，227：109779.

[5] Feng B，Zhou Q，Xing J，et al. A fully distributed voting strategy for AHU fault detection and diagnosis based on adecentralized structure[J]. Energy Reports，2022，8：390-404.

[6] Li D，Zhou Y，Hu G，et al. Optimal sensor configuration and feature selection for AHU fault detection and diagnosis[J]. IEEE Transactions on Industrial Informatics，2016，13（3）：1369-1380.

[7] Bruton K，Coakley D，Raftery P，et al. Comparative analysis of the AHU InFO fault detection and diagnostic expert tool for AHUs with APAR[J]. Energy Efficiency，2015，8（2）：299-322.

[8] Zhang H，Tian X，Deng X. Batch process monitoring based on multiway global preserving kernel slow feature analysis[J]. IEEE Access，2017，5：2696-2710.

[9] Zhang H，Tian X，Deng X，et al. Batch process fault detection and identification based on discriminant global preserving kernel slow feature analysis[J]. ISA Transactions，2018，79：108-126.

[10] 庞义旭. 基于数据驱动的变风量空气处理机组故障诊断研究[D]. 南京：南京师范大学，2021.

[11] 于裕隆. 基于慢特征分析和深度学习方法的空气处理机组故障诊断研究[D]. 济南：山东建筑大学，2023.

[12] 梁雨箫. 变风量空调系统空气处理机组故障检测与诊断[D]. 西安：长安大学，2018.

[13] 王元. 变风量空调系统故障检测与诊断策略研究[D]. 西安：长安大学，2020.

[14] Montazeri A，Kargar S M. Fault detection and diagnosis in air handling using data-driven methods [J]. Journal of Building Engineering，2020，31：101388.

[15] Leong C Y. Fault detection and diagnosis of air handling unit：A review[C]// MATEC Web of Conferences，EDP Sciences，2019，255：06001.

[16] 王姝婷. 基于贝叶斯网络单元的全空气空调系统故障检测与诊断方法研究[D]. 杭州：浙江大学，2021.

[17] Gunay B，Bursill J，Huchuk B，et al. Inverse model-based detection of programming logic faults in multiple zone VAV AHU systems[J]. Building and Environment，2022，211：108732.

[18] 陈昭文. 基于数据驱动的空调系统故障识别与诊断方法研究[D]. 北京：中国建筑科学研究院，2020.

[19] Wen S，Zhang W，Sun Y，Zhenxi Li，et al. An enhanced principal component analysis method with Savitzky-Golay filter and clustering algorithm for sensor fault detection and diagnosis[J]. Applied Energy，2023，337：120862.

[20] Verbert K，Babuška R，De S B. Combining knowledge and historical data for system-level fault diagnosis of HVAC systems[J]. Engineering Applications of Artificial Intelligence，2017，59：260-273.

[21] Zhao Y, Li T, Zhang X, et al. Artificial intelligence-based fault detection and diagnosis methods for building energy systems: Advantages, challenges and the future[J]. Renewable and Sustainable Energy Reviews, 2019, 109: 85-101.

[22] Yan Y, Cai J, Tang Y, et al. A Decentralized Boltzmann-machine-based fault diagnosis method for sensors of Air Handling Units in HVACs[J]. Journal of Building Engineering, 2022, 50: 104130.

[23] Ranade A, Provan G, Mady A E, et al. A computationally efficient method for fault diagnosis of fan-coil unit terminals in building Heating Ventilation and Air Conditioning systems[J]. Journal of Building Engineering, 2020, 27: 100955.

[24] Cheng H, Chen H, Li Z, et al. Ensemble 1-D CNN diagnosis model for VRF system refrigerant charge faults under heating condition[J]. Energy and Buildings, 2020, 224: 110256.

[25] Du J, Er M J. Fault diagnosis in air-handling unit system using dynamic fuzzy neural network[C]// Proceedings of the 6th International FLINS Conference on Applied Computational Intelligence, 2004: 483-488.

[26] Li J, Guo Y, Wall J, et al. Support vector machine based fault detection and diagnosis for HVAC systems[J]. International Journal of Intelligent Systems Technologies and Applications, 2019, 18 (1-2): 204-222.

[27] Mulumba T, Afshari A, Yan K, et al. Robust model-based fault diagnosis for air handling units[J]. Energy and Buildings, 2015, 86: 698-707.

[28] Van-Every P M, Rodriguez M, Jones C B, et al. Advanced detection of HVAC faults using unsupervised SVM novelty detection and Gaussian process models[J]. Energy and Buildings, 2017, 149: 216-224.

[29] Lee K P, Wu B H, Peng S L. Deep-learning-based fault detection and diagnosis of air-handling units [J]. Building and Environment, 2019, 157: 24-33.

[30] Du J, Er M J, Rutkowski L. Fault diagnosis of an air-handling unit system using a dynamic fuzzy-neural approach[C]//International Conference on Artificial Intelligence and Soft Computing, Springer, Berlin, Heidelberg, 2010: 58-65.

[31] Zhao Y, Wen J, Xiao F, et al. Diagnostic Bayesian networks for diagnosing air handling units faults-part I: Faults in dampers, fans, filters and sensors[J]. Applied Thermal Engineering, 2017, 111: 1272-1286.

[32] Xiao F, Zhao Y, Wen J, et al. Bayesian network based FDD strategy for variable air volume terminals[J]. Automation in Construction, 2014, 41: 106-118.

[33] Taal A, Itard L. Fault detection and diagnosis for indoor air quality in DCV systems: Application of 4S3F method and effects of DBN probabilities[J]. Building and environment, 2020, 174: 106632.

[34] Cheng F, Cai W, Zhang X, et al. Fault detection and diagnosis for Air Handling Unit based on multiscale convolutional neural networks[J]. Energy and Buildings, 2021, 236: 110795.

[35] Fan C, Liu X, Xue P, et al. Statistical characterization of semi-supervised neural networks for fault detection and diagnosis of air handling units[J]. Energy and Buildings, 2021, 234: 110733.

[36] Fan B, Du Z, Jin X, et al. A hybrid FDD strategy for local system of AHU based on artificial neural network and wavelet analysis[J]. Building and Environment, 2010, 45 (12): 2698-2708.

[37] Yan K, Ji Z, Lu H, et al. Fast and accurate classification of time series data using extended ELM: application in fault diagnosis of air handling units[J]. IEEE Transactions on Systems, Man, and Cybernetics: Systems, 2017, 49 (7): 1349-1356.

［38］ Dey D, Dong B. A probabilistic approach to diagnose faults of air handling units in buildings［J］. Energy and Buildings, 2016, 130: 177-187.

［39］ Yan X, Guan T, Fan K, et al. Novel double layer biLSTM minor soft fault detection for sensors in air-conditioning system with KPCA reducing dimensions［J］. Journal of Building Engineering, 2021, 44: 102950.

［40］ Yun W S, Hong W H, Seo H. A data-driven fault detection and diagnosis scheme for air handling units in building HVAC systems considering undefined states［J］. Journal of Building Engineering, 2021, 35: 102111.

［41］ Liao H, Cai W, Cheng F, et al. An online data-driven fault diagnosis method for air handling units by rule and convolutional neural networks［J］. Sensors, 2021, 21 (13): 4358.

［42］ Liu J, Zhang M, Wang H, et al. Sensor fault detection and diagnosis method for AHU using 1-D CNN and clustering analysis［J］. Computational intelligence and neuroscience, 2019: 5367217.

［43］ Li D, Li D, Li C, et al. A novel data-temporal attention network based strategy for fault diagnosis of chiller sensors［J］. Energy and Buildings, 2019, 198: 377-394.

［44］ Karami M, Wang L. Fault detection and diagnosis for nonlinear systems: A new adaptive Gaussian mixture modeling approach［J］. Energy and Buildings, 2018, 166: 477-488.

［45］ Bonvini M, Sohn M D, Granderson J, et al. Robust on-line fault detection diagnosis for HVAC components based on nonlinear state estimation techniques［J］. Applied Energy, 2014, 124: 156-166.

［46］ Yan Y, Luh P B, Pattipati K R. Fault diagnosis of HVAC air-handling systems considering fault propagation impacts among components［J］. IEEE Transactions on Automation Science and Engineering, 2017, 14 (2): 705-717.

［47］ Sun L, Li Y, Jia H, et al. Research on fault detection method for air handling units system［J］. IFAC-PapersOnLine, 2019, 52 (3): 79-84.

［48］ Li S, Wen J. A model-based fault detection and diagnostic methodology based on PCA method and wavelet transform［J］. Energy and Buildings, 2014, 68: 63-71.

［49］ Zhang H, Li C, Li D, et al. Fault detection and diagnosis of the air handling unit via an enhanced kernel slow feature analysis approach considering the time-wise and batch-wise dynamics［J］. Energy and Buildings, 2021, 253: 111467.

［50］ Nebauer C. Evaluation of convolutional neural networks for visual recognition［J］. IEEE Transactions on Neural Networks, 1998, 9(4): 685-696.

［51］ Guan B, Yao J, Zhang G, et al. Thigh fracture detection using deep learning method basedon new dilated convolutional feature pyramid network［J］. Pattern Recognition Letters, 2019, 125: 521-526.

［52］ He Z, Shao H, Zhong X, et al. Ensemble transfer CNNs driven by multi-channel signals for fault diagnosis of rotating machinery cross working conditions［J］. Knowledge-Based Systems, 2020, 207: 106396.

［53］ Gao J, Han H, Ren Z, et al. Fault diagnosis for building chillers based on data self-production and deep convolutional neural network［J］. Journal of Building Engineering, 2021, 34: 102043.

［54］ Xu Z, Li C, Yang Y. Fault diagnosis of rolling bearing of wind turbines based on the variational mode decomposition and deep convolutional neural networks［J］. Applied Soft Computing, 2020, 95: 106515.

［55］ Zhu X, Hou D, Zhou P, et al. Rotor fault diagnosis using a convolutional neural network with symmetrized dot pattern images［J］. Measurement, 2019, 138: 526-535.

［56］ Shang C，Huang B，Yang F，et al. Slow feature analysis for monitoring and diagnosis of control performance[J]. Journal of Process Control，2016，39：21-34.

［57］ Zhang H，Tian X，Deng X，et al. Multiphase batch process with transitions monitoring based on global preserving statistics slow feature analysis[J]. Neurocomputing，2018，293：64-86.

［58］ Wu C，Zhang L，Du B. Kernel slow feature analysis for scene change detection[J]. IEEE Transactions on Geoscience and Remote Sensing，2017，55（4）：2367-2384.

［59］ Ma K J，Han Y J，Tao Q，et al. Kernel-based slow feature analysis[J]. Pattern recognition and artificial intelligence，2011，24（2）：153-159.

［60］ Lee J M，Yoo C K，Lee I B. Fault detection of batch processes using multiway kernel principal component analysis[J]. Computers & Chemical Engineering，2004，28（9）：1837-1847.

［61］ Zhang S，Zhao C. Slow-feature-analysis-based batch process monitoring with comprehensive interpretation of operation condition deviation and dynamic anomaly[J]. IEEE Transactions on Industrial Electronics，2018，66（5）：3773-3783.

［62］ Pourarian S，Wen J，Veronica D，et al. A tool for evaluating fault detection and diagnostic methods for fan coil units[J]. Energy and Buildings，2017，136：151-160.

［63］ Li D，Zhou Y，Hu G，et al. Handling incomplete sensor measurements in fault detection and diagnosis for building HVAC systems[J]. IEEE Transactions on Automation Science and Engineering，2019，17（2）：833-846.

第 12 章　建筑异常用能诊断

12.1　引言

据统计，截至 2016 年，美国、英国和中国的智能电表安装数量已经分别达到了 7000 万台、290 万台和 9600 万台[1-4]。随着智能电表的普及，配用电进入大数据时代。智能电表与通信系统、数据管理系统构成的高级量测体系，通过记录负载分布和双向信息流通，在电力输送系统中发挥了重要作用。智能电表可以为该体系提供大量细粒度数据，其中蕴含丰富的消费者用电行为和生活方式的相关信息，从而为电力公司进行用电数据分析提供数据支持，消费者在用电过程中的各种问题也逐渐被揭露。

用电过程中最严重的问题就是电能损耗，电能损耗可以分为技术性损耗和非技术性损耗。技术性损耗是由配电线路内部特性所决定的，比如发电机、变压器和输电线路的电阻等造成的损耗。非技术性损耗则主要是由异常用电行为引起的，比如电力故障、计费错误以及非法使用电力等造成损失。非技术性损耗是全球配电设施所面临的最重要的问题之一，造成了严重的能源浪费以及经济损失。据统计，每年全球由此造成的损失高达 893 亿美元，在中国，每年也会因此产生 200 亿元左右的经济损失[5, 6]。

在异常用电检测中，用电数据是简单的时间序列数据，因此，如何在时间序列数据中提取更有效的特征并且发掘到更深层次的信息是一项重要任务。为了从用电数据中提取深层次、多尺度的信息，受各种信号分解方法的启发，本章将提出基于经验模态分解和熵特征的特征提取方法。使用经验模态分解将原始数据进行分解得到不同尺度下的子波，然后对子波和原始数据提取熵特征并构建特征向量。由于原始数据包含用户的用电规律，而特征向量中包含了不同尺度下的数据信息，两者对于异常用电检测都非常重要。因此，提出了基于多尺度卷积模块的特征融合方法，通过多个不同卷积核大小的卷积层实现对原始数据和特征向量的融合。

图神经网络（Graph Neural Network，GNN）也为解决上述数据建模问题提供了思路。GNN 的研究对象是图数据，图数据能够同时考虑节点和边的关系，GNN 对数据特征的提取发掘能力更强。因此，在本章使用图卷积网络（Graph Convolutional Network，GCN）发掘用电数据的隐含信息，构建用电数据与其对应用电行为的映射关系，实现更加高效的异常用电检测。

12.2　基于经验模态分解的多尺度特征提取、融合方法

为了提高用电数据的价值，增强对数据信息的发掘能力，提高异常用电的检测准确率，本节提出了基于经验模态分解的多尺度特征提取、融合方法。该方法包含两部分，第

一部分是基于经验模态分解和熵特征的特征提取方法，第二部分是基于多尺度卷积模块的特征融合方法。下面详细介绍上述两种方法的具体步骤。

12.2.1　基于经验模态分解和熵特征的特征提取方法

1. 经验模态分解

经验模态分解（Empirical Mode Decomposition，EMD）是一种有效的信号处理方法，它可以将原始信号分解为包含不同尺度的局部特征信号子分量，这些子分量称为本征模函数（IMF）[7]。在将信号分解为本征模函数时，不需要预先设置基函数，因此，该方法具有自适应能力。经验模态分解流程图如图 12-1 所示。

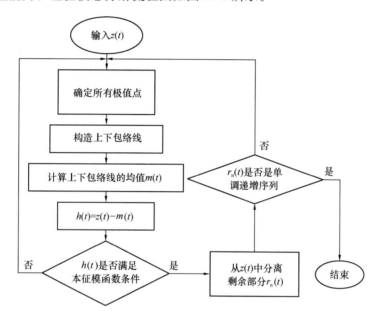

图 12-1　经验模态分解流程图[8]

经验模态分解的具体步骤如下：

步骤 1：计算输入信号 $z(t)$ 的所有极值点，拟合出上下极值点的包络线 $e_{max}(t)$ 和 $e_{min}(t)$，并求出 $e_{max}(t)$ 和 $e_{min}(t)$ 的平均值 $m(t)$，进而通过 $h(t) = z(t) - m(t)$ 计算得到 $h(t)$。

步骤 2：判断 $h(t)$ 是否为 IMF，若 $h(t)$ 为 IMF，则令 $c_i(t) = h(t)$，如果不是，那么令 $z(t) = h(t)$，重复步骤 1，直到 $h(t)$ 是 IMF。

步骤 3：每得到一个 IMF 就从原始信号中去掉并重复上述步骤，直到原始信号最后剩余部分是单调序列或者常值序列。

经过上述步骤，原始信号就分解成了若干 IMF 和剩余部分的叠加，即 $x(t) = \sum_{i=0}^{n-1} c_i(t) + r_n(t)$。

2. 熵特征

信息熵是香农于 1948 年提出的，可以用来解决信息的定量测量问题[9]。随后，由信息熵演化出各种非线性信息定量测量概念如近似熵[10]、样本熵[11]和模糊熵[12]等。本章采用近似熵、样本熵和模糊熵表征用电数据的复杂性，下面详细介绍其计算步骤。

（1）近似熵

近似熵可以用来衡量时间序列的规律性。它表示时间序列的复杂程度和时间序列中出现新信息的可能性。更大的近似熵意味着时间序列更复杂，序列中出现新信息的可能性越大[13]。

在计算近似熵时，首先，假设 $u(1),u(2),\cdots,u(N)$ 是等间隔采样的 N 维时间序列，重构 m 维向量 $\boldsymbol{w}(1),\boldsymbol{w}(2),\cdots,\boldsymbol{w}(N-m+1)$，其计算公式为：

$$\boldsymbol{w}(i) = (u(i),u(i+1),\cdots,u(i+m-1))^{\mathrm{T}} \tag{12-1}$$

式中，$i = 1,2,\cdots,N-m+1$。

然后，计算任意两个向量 $\boldsymbol{w}(i)$ 和 $\boldsymbol{w}(j)$ 之间的距离 d_{ij}，其公式为：

$$d_{ij} = d(\boldsymbol{w}(i),\boldsymbol{w}(j)) = \max_{k=1}^{m-1} \parallel \boldsymbol{w}(i+k) - \boldsymbol{w}(j+k) \parallel_2 \tag{12-2}$$

式中，$i,j = 1,2,\cdots,N-m+1, i \neq j$。

那么，近似熵的计算公式为：

$$ApEn = \phi^m(r) - \phi^{m+1}(r) \tag{12-3}$$

式中，$\phi^m(r) = \dfrac{1}{N-m+1}\sum_{i=1}^{N-m+1}\ln\dfrac{C_i}{N-m+1}$，此式中，$C_i$ 是小于 r 的 d_{ij} 的个数，而 r 是代表相似性度量的实数，$r = 0.2\mathrm{std}$，std 是原始时间序列的标准差。

（2）样本熵

样本熵是由近似熵改进而来，与近似熵相比，样本熵的计算不依靠于数据长度，具有更好的均匀性。样本熵越大，时间序列越复杂[14]。样本熵的计算公式为：

$$SampEn = \ln B_i^m(r) - \ln B_i^{m+1}(r) \tag{12-4}$$

式中，$B_i^m(r) = \dfrac{B_i}{N-m}$，而 B_i 是小于 r 的 d_{ij} 的个数。

（3）模糊熵

模糊熵是由模糊集和样本熵结合产生的，通过指数函数来度量向量之间的相似性[15]。为了计算模糊熵，首先需要用下面的公式重新计算任意两个向量 $\boldsymbol{w}(i)$ 和 $\boldsymbol{w}(j)$ 之间的新距离 d'_{ij}：

$$d'_{ij} = d(\boldsymbol{w}(i),\boldsymbol{w}(j)) = \max_{k=1}^{m-1} \parallel (\boldsymbol{w}(i+k) - u(i)) - (\boldsymbol{w}(j+k) - u(j)) \parallel_2 \tag{12-5}$$

式中，$i,j = 1,2,\cdots,N-m+1, i \neq j$。

那么，模糊熵的计算公式为：

$$FuzzyEn = \ln\Phi^m(r) - \ln\Phi^{m+1}(r) \tag{12-6}$$

式中，$\Phi^m(r) = \dfrac{1}{N-m}\sum_{i=1}^{N-m}\left(\dfrac{1}{N-m+1}\sum_{j=1,j\neq i}^{N-m}D_{ij}\right)$，此式中 $D_{ij} = \exp\left[-\dfrac{(d'_{ij})^n}{r}\right]$ 是向量 $\boldsymbol{w}(i)$ 和 $\boldsymbol{w}(j)$ 的相似度，n 是指数函数的梯度。

3. 特征提取方法及步骤

本章所给出的特征提取方法示意图如图 12-2 所示。

首先，对任意原始数据样本 $x(t)$ 计算样本熵、近似熵和模糊熵来描述原始数据序列

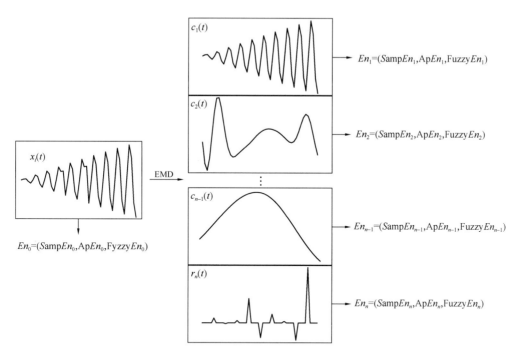

图 12-2　基于 EMD 和熵特征的特征提取方法示意图

的复杂程度，得到特征向量 $En_0 = (SampEn_0, ApEn_0, FuzzyEn_0)$。

其次，使用 EMD 将原始数据样本 $x(t)$ 分解为不同时间尺度下的信号分量 $c_1(t)$、$c_2(t), \cdots, c_{n-1}(t)$ 和剩余分量 $r_n(t)$。

然后，由于 $c_1(t)$，$c_2(t), \cdots, c_{n-1}(t)$ 和 $r_n(t)$ 包含了不同时间尺度的特征信息，因此，对每个分量分别提取样本熵、近似熵和模糊熵三个特征得到特征向量 $En_1 = (SampEn_1, ApEn_1, FuzzyEn_1)$，$En_2 = (SampEn_2, ApEn_2, FuzzyEn_2), \cdots, En_n = (SampEn_n, ApEn_1, FuzzyEn_1)$。

最后，经过上述特征提取方法，最终得到了含有不同特征尺度的特征分量 En_0，En_1，$En_2, \cdots, En_n$。

12.2.2　基于多尺度卷积模块的特征融合方法

由于原始数据包含了用户所有的用电信息，上述特征提取方法得到的特征向量可以体现不同尺度下的数据特征信息，因此可以将原始数据与特征分量融合后再用于异常用电检测中。

为了更好地将特征向量与原始数据融合并且适应后续检测的需求，提出了基于多尺度卷积模块（Multi Scale Convolutional，MSC）的特征融合方法，多尺度卷积模块示意图见图 12-3。

多尺度卷积模块的输入 $\boldsymbol{x}_i = (x(t), En_0, En_1, \cdots, En_n)$ 是由原始数据 $x(t)$ 与特征向量 En_0、En_1，$En_2, \cdots, En_n$ 直接拼接得到。

如图 12-3 所示，首先，输入 $\boldsymbol{x}_i$ 经过一个卷积核为 $k_1 \times 1$ 的卷积层得到 $\boldsymbol{x}'_i$，该卷积层可以增加通道数，使得数据能够与下一个卷积层交互。

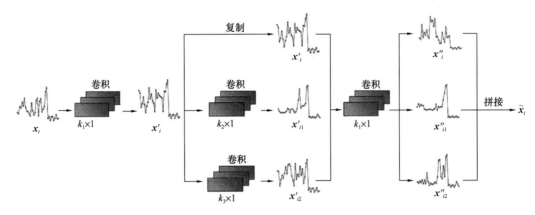

图 12-3   多尺度卷积模块示意图

其次，x'_i 经过复制、卷积核为 $k_2 \times 1$ 的卷积和卷积核为 $k_3 \times 1$ 的卷积得到 x'_i、x'_{i1} 和 x'_{i2}。

然后，x'_i、x'_{i1} 和 x'_{i2} 进行卷积核为 $k_1 \times 1$ 的卷积操作分别得到 x''_i、x''_{i1} 和 x''_{i2}。该卷积层不仅能够增加非线性，而且在不降低该模块表达能力的情况下能够减少参数数量和计算量。另外，该模块中的两个卷积核为 $k_1 \times 1$ 的卷积层实现了各通道间数据信息的融合。

最后，将 x''_i、x''_{i1} 和 x''_{i2} 拼接得到 $\tilde{x}_i = (x''_i, x''_{i1}, x''_{i2})$，$\tilde{x}_i$ 是 GCN 模型的输入。

12.3   基于 EMD 和 GCN 的异常用电检测

为了发现数据之间的隐含关系，实现对数据的二维建模分析，在 EMD 和 MSC 特征提取融合方法的基础上，下面详细给出异常用电检测 GCN 模型的实现过程。

所采用的 EMD-MSC-GCN 模型结构图如图 12-4 所示。由于图卷积网络的输入是图数据，而用电数据是典型的时间序列，因此在图卷积网络之前需要使用数据转换层将时间序列数据转换为图结构。

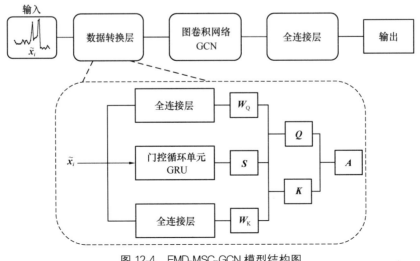

图 12-4   EMD-MSC-GCN 模型结构图

首先，将 MSC 的输出 $\tilde{x}_i$ 分别输入到 GRU 和两个全连接层中。GRU 可以按照时间戳顺序以此计算隐藏状态，隐藏状态作为神经网络的储存单元，包含着网络处理数据中的信息。因此，GRU 最后的隐藏状态 S 可以用来表示时间序列。然后，通过全连接层获得两个可学习权重 W_Q 和 W_K。最后，采用下述公式计算邻接矩阵 A。

$$Q = SW_Q \tag{12-7}$$

$$K = SW_K \tag{12-8}$$

$$A = \text{Softmax}\left(\frac{QK^\top}{\sqrt{d}}\right) \tag{12-9}$$

式中，d 是输入数据的维度。

在数据处理过程中，图是由包含边信息的邻接矩阵 A 和包含节点信息的对角矩阵 D 表示的，并且对角矩阵可以由邻接矩阵计算得到，其公式为：

$$D(i,i) = \sum_j A(i,j) \tag{12-10}$$

通过数据转换层得到邻接矩阵和对角矩阵后，初始化图 G 可表示为 $G = G(x_v, N, A)$，其中，x_v 表示节点数据，N 为节点个数。进而，可以如下计算得到正则化拉普拉斯矩阵：

$$L = I - D^{-\frac{1}{2}} A D^{-\frac{1}{2}} \tag{12-11}$$

正则化拉普拉斯矩阵由于其实对称半正定的性质，可被分解为：

$$L = U\Lambda U^\top \tag{12-12}$$

式中　U——由 L 的特征向量构成的矩阵；

　　　$U^\top$——U 转置矩阵；

　　　Λ——对角矩阵，对角线上的值是 L 的特征值。

如图 12-5 所示，基于频谱的 GCN 是由图傅里叶变换、图卷积和图傅里叶逆变换三个步骤实现的。可以定义图傅里叶变换为：

$$\tilde{x}_v = F(x_v) = U^\top x_v \tag{12-13}$$

式中，$x_v \in \mathbb{R}^N$ 是图节点的特征向量。

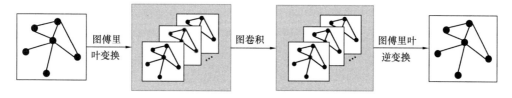

图 12-5　GCN 示意图

然后，图卷积操作可以表示为：

$$\hat{x}_v = \tilde{x}_v *_G g = U(U^\top g \odot U^\top x_v) \tag{12-14}$$

式中，$g \in \mathbb{R}^N$ 是定义的滤波器，可以对傅里叶变换后的各个频率分量的强度进行增强或者衰减,⊙ 表示哈达玛积。

最后,通过图傅里逆变换将 $\hat{x}_v$ 转换成 x,该过程可以表示为:

$$x = F^{-1}(\hat{x}_v) = U\hat{x}_v \tag{12-15}$$

为了实现对用电数据的分类,首先,将 x 送入全连接层,得到输出向量 $\tilde{y}$。然后,通过 Softmax 得到归一化结果 y,该过程可以表示为:

$$y = \text{softmax}(f(Wx + b)) \tag{12-16}$$

式中　f——激活函数;

　　W——权重矩阵;

　　b——偏置向量。

最后,返回 y 中元素最大值的索引,该索引代表了用户的用电类型。

12.4　实验分析

在本节,将首先介绍本章使用的数据集及实验的评价指标。然后,详细说明实验的参数设置。最后,分析实验结果以此验证所提出方法的性能。

12.4.1　数据集介绍

实验数据集参见文献 [6],该数据集是加拿大不列颠哥伦比亚省伯纳比一家省级电力公司收集到的用户正常用电数据,其中 5 位用户的数据采集详细信息如表 12-1 所示,每位用电用户提供了大约 3 年的消费数据,数据采样间隔是 1h。在正常用电数据基础上,采用文献 [1] 中方法进一步生成了异常用电数据。最终,实验中所采用的 5 位用户的正常与异常数据的总量分别为 7283 天、6480 天、5808 天、6217 天和 6131 天。

用电用户信息表　　　　　　　表 12-1

用户	采集时间	缺失值占比	房屋类型	房屋朝向	所在区域	RUs	EVs	HVAC
1	2012.06.01~2015.10.03	0.00	平房	南	YVR	1	1	FAGF+FPG+HP
2	2015.01.27~2018.01.29	1.30%	现代住房	南	YVR	2	—	IFRHG+1BHE, NAC
3	2015.01.30~2018.01.29	0.30%						—
4	2015.02.21~2018.02.20	0.50%	特殊住房	南	YVR	0	—	FAGF, NAC
5	2015.02.21~2018.02.20	1.00%	复式	北	YVR	0		FAGF+IFRHE+1BHE, NAC

表 12-1 中的平房是指建于 20 世纪 40 年代和 50 年代的单层(带地下室)房屋;现代住房是指 20 世纪 90 年代及以后建造的两层/三层房屋;特殊住房是指 1965~1989 年间建造的两层房屋;复式是指共用一面墙的两栋房子,既可以是并排的,也可以是前后的。表 12-1 中的"—"代表该信息是未知的。数据集中的缺失值使用了平均值代替。表 12-1 中的英文缩写解释说明见表 12-2。

缩写说明　　　　　　　　　　　　　　　　表 12-2

缩写	说明	缩写	说明
YVR	温哥华和低大陆地区	FPG	燃气壁炉
RUs	租赁单位	IFRHG	地板内辐射供暖（燃气锅炉）
EVs	电动汽车	NAC	不含空调
HVAC	暖通空调系统	BHE	地板电加热器
FAGF	鼓风炉	IFRHE	地板内辐射供暖（电）
HP	热泵（含空调）		

其中，租赁单位是指该房屋中出租房的数量，更多的出租房意味着更高的用电量。

在该数据集中，共存在 5 类异常用能现象，具体见表 12-3。在实际生活中，异常 1 可以代表用户某些设备存在异常关闭的情况。异常 2 和异常 3 分别代表用户的主线路和支路发生故障。异常 4 代表用户某些设备在非工作时间内全天均处于运行状态。异常 5 代表用户某些设备存在故障导致部分时间段内用电量突变。

异常数据解释说明　　　　　　　　　　　　表 12-3

用电类型	说明
异常 1	用电量异常降低
异常 2	电路主线路发生故障
异常 3	电路支路发生故障
异常 4	全天用电量异常增加
异常 5	部分时间段用电量异常增加

12.4.2　评价指标与实验设置

为了衡量上述方法的性能，本章使用了准确率（Acc）、精确度（Pre）、召回率（Rec）以及 $Kappa$ 系数作为评价指标，其具体计算见式（3-5）～式（3-11）。

在实验中，将本章的方法与 SVM、ELM、LSTM 和 CNN 进行对比，实验的参数设置如下。

在 SVM 的实验中，使用了非线性多维支持向量分类器，惩罚系数设置为 1，核函数设置为高斯径向基 RBF，gamma 设置为 auto。在 ELM 的实验中，隐含层节点数设置为 32。在 LSTM 实验中构建了一个双向 LSTM 模型，隐藏层节点数设置为 72。在 CNN 实验中，卷积核分别为 1、3 和 1，池化层选择最大池化，池化窗口大小分别设置为 1、2 和 3。在所提出的方法中，激活函数选择 ReLU，k_1 设置为 1，k_2 设置为 3，k_3 设置为 5。损失函数设置为交叉熵函数，优化器设置为 Adam。

12.4.3　特征提取方法验证实验

为了验证所给出的特征提取方法性能，将含有特征提取方法的 GCN 模型（EMD-GCN）与不含特征提取方法的 GCN 在 5 位用户所提供的数据集上进行了异常用电检测的对比实验。在实验中，除了特征提取方法外，其余参数设置等条件均保持一致，实验结果见图 12-6。

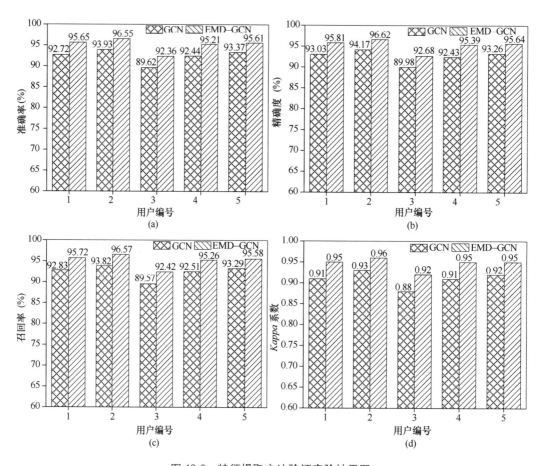

图 12-6   特征提取方法验证实验结果图

(a) 准确率指标结果对比；(b) 精确度指标结果对比；(c) 召回率指标结果对比；(d) *Kappa* 系数指标结果对比

如图 12-6 所示，4 个子图分别代表了准确率、精确度、召回率和 *Kappa* 系数 4 个评价指标的实验结果，每个子图的横坐标对应不同用户。从图中可以看出，在 5 位用户异常用电检测中，对于 4 个评价指标而言，EMD-GCN 都优于 GCN。对于不同的用户而言，EMD-GCN 异常用电检测效果的提高也不同。总体而言，对于 5 位用户，与 GCN 相比，EMD-GCN 的检测准确率提高了 $2.24\%\sim2.93\%$，精确度提高了 $2.38\%\sim2.96\%$，召回率提高了 $2.29\%\sim2.89\%$，*Kappa* 系数提高了 $0.03\sim0.04$。

综上所述，所提出的特征提取方法能够较好地提取包含用户用电规律的特征信息，有助于模型建立用电数据与用电行为的映射关系，使得模型在 4 个指标上的效果均有不同程度的提高，并且该方法在不同用户数据中均提高了异常用电检测的性能，说明该方法能够适用于不同用户，具有一定的鲁棒性。

12.4.4   特征融合方法验证实验

为了验证所提出的基于多尺度卷积模块的特征融合（MSC）方法的有效性，将含有特征融合方法的 GCN 模型（MSC-GCN）与不含特征融合方法的 GCN 模型在 5 位用户所提供的数据集上进行了实验，对比了准确率、精确度、召回率和 *Kappa* 系数 4 个指标，特征融合验证实验结果图见图 12-7。

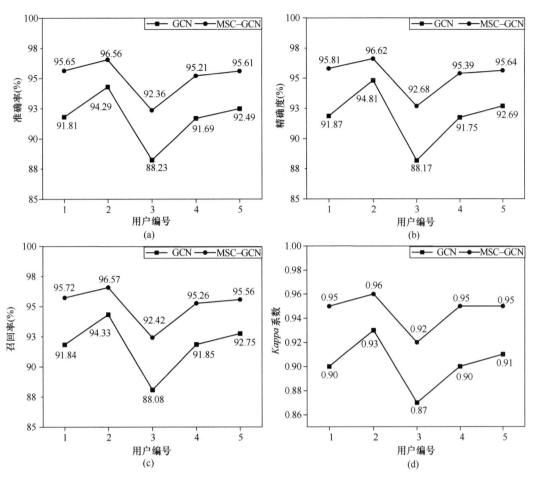

图 12-7　特征融合验证实验结果图

（a）准确率指标结果对比；（b）精确度指标结果对比；（c）召回率指标结果对比；（d）*Kappa* 系数指标结果对比

如图 12-7 所示，每个子图的横坐标对应不同用户，纵坐标对应准确率、精确度、召回率和 *Kappa* 系数 4 个评价指标。可以看出，对于 5 位用户的异常用电检测结果，MSC-GCN 方法均优于 GCN。对于不同用户而言，MSC-GCN 异常用电检测效果的提升略有不同。具体来说，对于 5 位用户，异常用电检测准确率提升了 1.33%～6.12%，精确率提升了 1.23%～6.11%，召回率提升了 1.3%～6.09%，*Kappa* 系数提高了 0.02～0.07。

因此，本章提出的 MSC 特征融合方法能够较好的将特征信息与原始数据融合得到完整的用户用电信息的表达。同样地，根据不同用户的检测结果可以看出，该方法能够适用于不同用户，具有鲁棒性。

12.4.5　总体验证与对比实验

为了验证所提出的 EMD-MSC-GCN 方法在异常用电检测中的性能，将该方法与 SVM、ELM、LSTM 和 CNN 等 4 种方法在 5 个用户数据上进行了对比实验，实验结果见图 12-8。

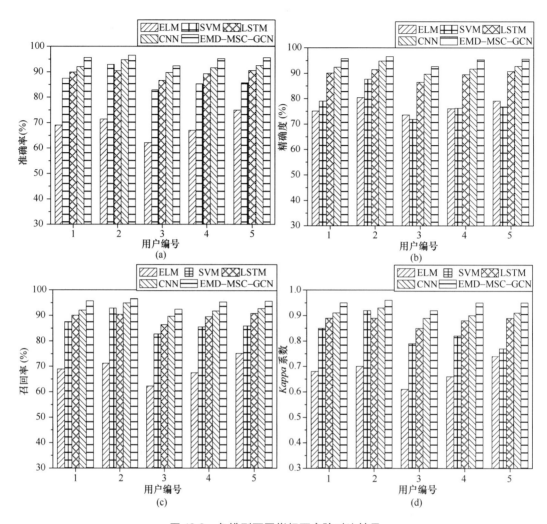

图 12-8 各模型不同指标下实验对比结果

(a) 准确率指标结果对比；(b) 精确度指标结果对比；

(c) 召回率指标结果对比；(d) $Kappa$ 系数指标结果对比

如图 12-8 所示，EMD-MSC-GCN 方法异常用电检测效果明显优于其余 4 种方法。四个评价指标在用户 1、用户 3、用户 4 和用户 5 中具有相似的变化趋势，ELM、SVM、LSTM、CNN 和 EMD-MSC-GCN 方法的 4 个评价指标结果依次升高。而在用户 2 中，LSTM 方法的准确率和召回率低于 SVM，精确度和 $Kappa$ 系数却高于 SVM。这是由于用户特有的用电规律及检测方法的性能决定的，而在 EMD-MSC-GCN 检测结果中不存在该问题。各模型不同指标下实验对比数据见表 12-4。

从表 12-4 可以得出，EMD-MSC-GCN 方法在异常用电检测中的性能明显好于其他方法。在不同的用户中，提升效果略有不同。

综上，所提出的 EMD-MSC-GCN 方法与 SVM、ELM、LSTM 和 CNN 相比，在异常用电检测上有明显的优势，并且能够适用于不同用户，具有一定的鲁棒性。

各模型不同指标下实验对比数据　表 12-4

评价指标	用户	方法				
		ELM	SVM	LSTM	CNN	EMD-MSC-GCN
准确率（%）	1	69.02	87.51	89.97	92.08	95.65
	2	71.41	92.95	90.48	94.80	96.56
	3	62.17	82.84	86.57	89.83	92.36
	4	66.97	85.31	89.28	91.63	95.21
	5	74.98	85.64	90.54	92.49	95.61
精确度（%）	1	75.12	79.01	90.08	92.39	95.80
	2	80.45	87.71	91.46	94.84	96.62
	3	73.60	71.91	86.43	89.74	92.68
	4	76.06	76.27	89.54	91.71	95.39
	5	79.08	76.81	90.81	92.83	95.64
召回率（%）	1	68.89	87.54	90.05	92.11	95.72
	2	71.18	92.91	90.44	94.86	96.57
	3	62.24	82.75	86.41	89.71	92.42
	4	67.44	85.53	89.51	91.75	95.26
	5	75.13	85.91	90.77	92.74	95.56
Kappa 系数	1	0.68	0.85	0.89	0.91	0.95
	2	0.70	0.92	0.89	0.93	0.96
	3	0.61	0.79	0.85	0.89	0.92
	4	0.66	0.82	0.88	0.90	0.95
	5	0.74	0.77	0.89	0.91	0.95

12.5　小结

为了从用电数据中发掘更深层次、提取更有利于模型分类的多尺度特征，本章提出了基于经验模态分解和多尺度卷积模块的特征提取、融合方法。首先，使用经验模态分解对原始数据进行分解。然后对分解后的子波和原始数据提取样本熵、近似熵和模糊熵得到特征向量。最后，使用多尺度卷积模块对原始数据和特征向量进行融合。另外，为了捕获数据中的隐含关系，使用了图卷积网络对融合后的数据与用电行为建立映射关系，实现对用电数据的分类及异常用电行为的检测。为了验证上述方法的性能，在 5 位用户提供的数据集上进行了实验。实验结果表明，本章所提出的方法在准确率等评价指标上优于其他方法并且具有鲁棒性。

本章参考文献

[1]　Meng S，Li C，Peng W，et al. Empirical mode decomposition based multi-scale spectral graph convolution network for abnormal electricity consumption detection [J]. Neural Computing and Applica-

tions, 2023, 35: 9865-9881.

［2］ 邓晓平，张桂青，魏庆来，等. 非侵入式负荷监测综述[J]. 自动化学报，2022，48(3)：644-663.

［3］ Meng S, Li C, Tian C, et al. Transfer learning based graph convolutional network with self-attention mechanism for abnormal electricity consumption detection[J]. Energy Reports, 2023, 9: 5647-5658.

［4］ Wang Y, Chen Q, Hong T, et al. Review of smart meter data analytics: Applications, methodologies, and challenges [J]. IEEE Transactions on Smart Grid, 2018, 10 (3): 3125-3148.

［5］ De S S, Siluk J. Non-technical losses: A systematic contemporary article review [J]. Renewable and Sustainable Energy Reviews, 2021, 147: 111205.

［6］ 陈启鑫，郑可迪，康重庆，等. 异常用电的检测方法：评述与展望[J]. 电力系统自动化，2018，42(17)：189-199.

［7］ Rilling G, Flandrin P, Goncalves P. On empirical mode decomposition and its algorithms [C] // IEEE-EURASIP Workshop on Nonlinear Signal and Image Processing, 2003, 3 (3): 8-11.

［8］ Flandrin P, Rilling G, Goncalves P. Empirical mode decomposition as a filter bank [J]. IEEE Signal Processing Letters, 2004, 11 (2): 112-114.

［9］ Białynicki-Birula I, Mycielski J. Uncertainty relations for information entropy in wave mechanics [J]. Communications in Mathematical Physics, 1975, 44: 129-132.

［10］ Pincus S. Approximate entropy (ApEn) as a complexity measure [J]. Chaos: An Interdisciplinary Journal of Nonlinear Science, 1995, 5 (1): 110-117.

［11］ Yin J, Xiao P X, Li J, et al. Parameters analysis of sample entropy, permutation entropy and permutation ratio entropy for RR interval time series [J]. Information Processing & Management, 2020, 57 (5): 102283.

［12］ Lee H M, Chen C M, Chen J M, et al. An efficient fuzzy classifier with feature selection based on fuzzy entropy [J]. IEEE Transactions on Systems, Man, and Cybernetics, Part B (Cybernetics), 2001, 31 (3): 426-432.

［13］ Pincus S M. Approximate entropy as a measure of system complexity [J]. Proceedings of the National Academy of Sciences, 1991, 88 (6): 2297-2301.

［14］ Yentes J M, Hunt N, Schmid K K, et al. The appropriate use of approximate entropy and sample entropy with short data sets [J]. Annals of Biomedical Engineering, 2013, 41: 349-365.

［15］ Parkash O M, Sharma P K, Mahajan R. New measures of weighted fuzzy entropy and their applications for the study of maximum weighted fuzzy entropy principle [J]. Information Sciences, 2008, 178 (11): 2389-2395.

第四部分

非侵入式设备识别与用户画像

近年来，随着智能电表的广泛应用，智能电表所记录和积累的海量用能数据为电力相关部门进行大规模数据分析提供了可能。与此同时，世界上许多国家正在放宽对电力工业的管制，不遗余力地推进电力零售市场改革。电力行业的改革促进了电力市场的多元化发展，而电力市场的多元化发展又为用户提供了更加多样的用能选择，用户越加追求稳定、安全、便捷、高效、环保的个性化综合用能服务。因此，深度挖掘用电数据背后的信息、分析客户潜在需求、提供有针对性的用能服务，是如今智能电表数据分析与应用的发展方向。电网及电力公司通过分析用户用能需求及特点，及时调整供电策略，从而提供高质量的用能服务。同时，基于用能数据的用户特征分析也在负荷特性分析、分段电价制定、个性化用能指导等领域起到至关重要的作用。

伴随着信息化时代人工智能技术的蓬勃发展，智能电表数据分析同其他行业一同迈入大数据时代。智能电表数据背后的信息与价值开始被逐步挖掘，统计分析、经典机器学习与其他方法开始被运用于电表数据分析。但随着用户用能的复杂性与随机性不断增强，传统的数据统计方法无法满足复杂、异构、动态的数据处理需求。传统机器学习方法尽管在小样本的数据分析上取得了较大成就，但在大规模数据集上则面临计算量庞大、学习能力不足和拟合效果较差等问题。深度学习是机器学习的最新领域，具有学习能力强、拟合能力强和鲁棒性强等优势，并在其他的数据分析领域已有大量成功案例。因此，使用深度学习方法对智能电表数据进行深度挖掘与应用，有着广泛的科研前景。

为进一步发挥深度学习方法在用能数据分析领域的作用，本部分依托深度学习方法构建一套能够有效挖掘用户潜在用能特征与设备耗能细则的方法，实现用户分类与用能分解，为优化用户耗能行为和了解用户用能需求提供有力支撑。

第 13 章　用户用能分类画像

13.1　引言

　　用户用能分类是电网需求侧管理的重要组成部分[1]，通过对用能负荷和用户进行分类，电网系统能够实现对末端负载和用户的统筹兼顾。用户用能分类在电力系统需求侧改革、协调优化电力资源、缓解负荷不平衡和实现负载差异化管理等方面扮演着重要角色[2-4]。目前，国内外在用户用能分类领域的相关研究主要可分为两大类：一类是基于无监督学习的聚类分析；另一类为基于有监督学习的用户分类。

　　聚类分析是一种经典的无监督机器学习算法，其通过计算用能数据的相似度将用能数据划分为几个相近的类或簇，实现不同类别的划分[5]。聚类分析算法通常以输入空间中样本间的距离作为分类的依据，即距离相近的用能数据样本被归为一类[6]。典型的基于距离的方法包括 K-means 算法[7]、自组织映射算法[8]、基于马尔科夫距离算法[9] 等。众多研究人员在原有算法的基础上进行的不同的改进，比如：Yang 等人提出了 KSC 算法，该算法在 K-means 算法的基础上实现了扩展，通过对用能数据的平移与缩放，寻找相似样本的最佳匹配度量[10]。刘晓悦等人基于模糊 C 均值聚类算法实现了短期电力负荷的聚类分析[11]。李昀昊等人提出了基于层次聚类的混合聚类方法，实现了电网负载的分类评估[12]。田力等人通过在密度聚类中加入离群点要素计算，实现了快速区分电网中的异常用户[13]。李亚岚提出了基于改进 K-means 算法的电力负荷聚类分析方法，其在传统 K-means 算法中嵌入自适应搜索机制，从而提高了收敛速度与聚类准确性[14]。黄明远等人提出了基于马氏距离的分类方法，并在实际分类任务中比较了所提方法与欧式距离分类方法的优缺点[15]。原野等人则在聚类中引入动态时间规整，增强了聚类模型的数据计算能力[16]。

　　尽管聚类分析在用户用能分类领域已取得较好的性能，但随着用能数据规模与数据复杂度不断增加，传统聚类分析方法面临着参数数量增多、计算量大等问题。此外，传统聚类分析方法的性能还会受到算法参数、先验知识与异常数据的影响。因此，在大规模数据集与复杂的用能场景中，聚类分析方法的训练难度大大增加。

　　相较于无监督的聚类分析方法，基于监督学习的用户分类方法通过学习用能数据与用户标签之间的非线性关系实现分类。在有监督的用户分类任务中，用户标签往往与用户的社会信息相联系，如社会阶层、信用等级、收支状况和家庭构成等。为提高用户分类的精度，研究人员在用户分类中引入了传统机器学习方法。Tian 等人构建了加权特征 CART 决策树分类网络，提取用户用能数据的 14 项特征，并在 CART 决策树中实现加权分类[17]。Maldonado 等人构建了基于 SVM 的分类模型，该模型在迭代过程中能够自动地调整高斯核宽度，从而取得了更好的分类识别性能[18]。Kong 等人从数据的数值关系中提取特征，提出了 DT-KSVM 方法，实现了对末端用户的二次检测与识别[19]。Piao 等人在用户特征提取中引入对称不确定性特征子集生成法，实现了基于冗余特征集与重要特征集的用户分类，并在实际数据集中验证了该方法的性能[20]。除此之外，研究人员还引入主成分分析[21,22]、主曲线成分分析[23]和离散傅里叶变换[24]等多种特征筛选手段，以消除数据冗余并提高分类性能。

随着机器学习的不断发展，深度学习作为机器学习的子领域，在特征提取与复杂非线性映射构建上表现出强大的学习能力。这使得研究人员纷纷将深度学习方法引入用户分类领域，如多层感知机[25]、DBN[26] 和 CNN[27] 等。Ahmad 等人提出了一种基于 SVM 和 ELM 的混合分类方法，该方法使用递归算法去除冗余特征，并在实际数据集中验证了混合方法的分类性能[28]。Wang 等人构建了一种卷积 SVM 分类网络，并在该分类网络的基础上实现了多种算法的优化比较[29]。唐子卓等人为解决分类样本不平衡问题提出了基于样本过采样的数据扩充方法，并构建 LSTM 模型在扩充数据集上实现了用户分类，结果表明该方法可有效改善分类数据不平衡问题[30]。Sun 等人将用能数据转化为递归图，并构建卷积自编码器实现基于用能递归图的用户分类，该方法将序列分类转为图像分类，取得了较好的性能[31]。

从上述研究现状中可以看出传统机器学习方法已在有监督的用户分类任务上取得了不俗成就，而深度学习的发展使深度挖掘用户潜在特征成为可能。但现有的传统机器学习方法的分类性能通常依赖人工特征与专家知识，这使其难以适用于复杂环境下的分类任务。深度学习尽管能够自动学习和提取用户特征，但深度学习的特征往往较为抽象，难以将特征与用能数据直观联系。针对以上问题，本章将构建一种更加有效的用户分类方法，该方法在能够自动学习特征的同时，可以更加直观地反映用能数据与用户特征的关系。

13.2　用能用户分类原理

用户用能分类根据不同用户的用电特征将用户划分为不同的类别，旨在寻找用户耗能数据与用户标签之间的最优映射函数。用户分类原理图如图 13-1 所示，用能用户分类包括用户特征提取和基于特征的分类过程两部分。

用户特征提取是将用能数据从输入空间映射到特征空间的过程。假设用户耗能数据为向量 x，用户标签为 y，则用户特征提取过程可表示为：

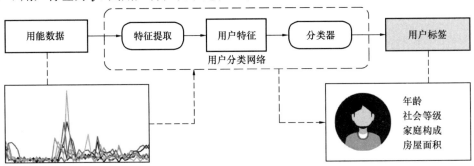

图 13-1　用户分类原理图

$$c_\mathrm{f} = E(\pmb{x}, \pmb{\theta}_\mathrm{e}) \tag{13-1}$$

式中　c_f——用户特征向量；

　　　E——特征提取函数；

　　　$\pmb{\theta}_\mathrm{e}$——特征提取函数参数向量。

对于提取的用户特征 c_f 和已知的用户标签 $\pmb{y}$，分类过程是通过构建分类器筛选用户特征并根据相应特征输出用户类别。该过程可表示为：

$$\hat{\pmb{y}} = F(\pmb{c}_\mathrm{f}, \pmb{\theta}_\mathrm{f}) \tag{13-2}$$

式中　$\hat{\pmb{y}}$——输出的用户类别；

　　　F——分类器；

　　　$\pmb{\theta}_\mathrm{f}$——分类器参数向量。

由上述特征提取和用户分类过程可以看出，用能用户分类问题的实质在于寻找一组最优参数（$\pmb{\theta}_\mathrm{e}, \pmb{\theta}_\mathrm{f}$）。该组参数分别使特征提取函数和分类器达到最优性能，从而使分类网络的正确率最高或者分类误差最小。

13.3　基于自学习边权重的图卷积用户分类

13.3.1　用能用户分类方案

基于自学习边权重的图卷积用户分类方法（AEW-GCN）的整体思路为：首先，构建图初始化网络，实现由离散时序数据到图数据的转换；其次，构建图特征筛选网络，完成基于图数据的特征变换与筛选，并根据筛选特征构建特征图；最后，构建图卷积分类器，输出用户类别。该方法的用户分类流程图如图 13-2 所示，具体为：

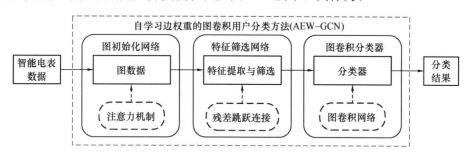

图 13-2　基于 AEW-GCN 的用户分类用户流程图

（1）构建基于注意力机制的图初始化网络，通过在初始化网络中引入注意力机制，实现图数据的自动学习与定义。

（2）构建基于跳跃残差连接的图特征筛选网络，使用图傅里叶变换与离散傅里叶变换提取图上特征，并完成基于跳跃残差连接的特征筛选，输出特征图。

（3）构建图卷积分类器，基于已有特征图，输出用户类别。

下面将具体给出基于自学习边权重的图卷积用户分类方法的实现细节。

13.3.2   基于注意力机制的图初始化网络

由于 GCN 难以直接处理原始的离散电表数据，所以需要将原始电表数据转化为图数据。在图数据中，图数据的边通常需要人工定义，但人工定义的图数据难以满足复杂环境下的特征提取需求。因此，为尽可能减少人工干预，下面将构建一种图初始化网络，能够将离散电表数据转化为图数据，并引入注意力机制[32]自动地定义图中边的关系。

图初始化网络架构如图 13-3 所示，其分别包含了预处理层、注意力层和输出层。

图 13-3   图初始化网络架构

为保留原始数据的时序特性，预处理层使用 GRU 与 CNN 构成的堆栈网络提取原始电表数据中的时序信息，并输出时序信息参数 $\boldsymbol{R}$，其计算公式为：

$$\boldsymbol{R} = f_{\text{gru}}(\boldsymbol{x}) * \boldsymbol{d} \tag{13-3}$$

式中 $\boldsymbol{x}$——输入数据；

$\quad\quad f_{\text{gru}}$——GRU 内置函数；

$\quad\quad \boldsymbol{d}$——卷积核。

在预处理层的基础上，注意力层根据参数 $\boldsymbol{R}$ 和注意力机制计算权值矩阵 $\boldsymbol{W}_{\text{G}}$。注意力机制可自主实现网络计算中的权值分配，使相关参数随网络进行更新，从而实现对权值矩阵 $\boldsymbol{W}_{\text{G}}$ 的学习。相关计算过程可表示为：

$$\boldsymbol{Q} = \boldsymbol{R}\boldsymbol{W}_{\text{Q}} \tag{13-4}$$

$$\boldsymbol{K} = \boldsymbol{R}\boldsymbol{W}_{\text{K}} \tag{13-5}$$

$$\boldsymbol{W}_{\text{G}} = \text{softmax}(\boldsymbol{Q}\boldsymbol{K}^{\text{T}}/\sqrt{n}) \tag{13-6}$$

式中 $\boldsymbol{Q}$、$\boldsymbol{K}$——注意力机制的查询值（query）参数和键值（key）参数；

$\quad\quad \boldsymbol{W}_{\text{Q}}$、$\boldsymbol{W}_{\text{K}}$——$\boldsymbol{Q}$ 和 $\boldsymbol{K}$ 的参数；

$\quad\quad n$——输入数据的维度。

最后，输出层使用权值矩阵 $\boldsymbol{W}_{\text{G}}$ 作为图数据的邻接矩阵，并重新分配数据节点，输出初始化图 G。初始化图 G 可表示为：

$$G = G(\boldsymbol{x}_{\text{v}}, N, \boldsymbol{W}_{\text{G}}) \tag{13-7}$$

式中 $\boldsymbol{x}_{\text{v}}$——节点数据；

$\quad\quad N$——节点个数；

$\quad\quad \boldsymbol{W}_{\text{G}}$——邻接矩阵。

13.3.3   基于跳跃残差连接的图特征筛选网络

对于初始化图，特征筛选网络旨在提取图中特征，并输出一个由节点特征构成的特征重构图。为了尽可能挖掘图中特征，特征筛选网络将采用一系列特征提取与筛选方法。这些方法可以兼顾图的结构信息与节点数据。

图傅里叶变换（Graph Fourier Transform，GFT）定义为基于图拉普拉斯矩阵或邻接矩阵特征向量的对图展开[33]。这种展开方式的优点在于能够充分考虑图的既有结构关系，因此，特征筛选网络使用 GFT 实现图上特征初步提取。

假设已知图数据为 $G(\boldsymbol{x}_\mathrm{v}, N, \boldsymbol{W}_\mathrm{G})$，$\boldsymbol{x}_\mathrm{v}$、$N$ 和 $\boldsymbol{W}_\mathrm{G}$ 分别为节点数据、节点数量和邻接矩阵，则图傅里叶展开过程可表示为：

$$\boldsymbol{L} = \boldsymbol{D} - \boldsymbol{W}_\mathrm{G} \tag{13-8}$$

$$\boldsymbol{L} = \boldsymbol{U}\boldsymbol{\Lambda}\boldsymbol{U}^\mathrm{T} \tag{13-9}$$

$$\tilde{\boldsymbol{x}} = \boldsymbol{U}^\mathrm{T}\boldsymbol{x}_\mathrm{v} \tag{13-10}$$

式中　$\boldsymbol{L}$——图拉普拉斯矩阵；

$\quad\quad\boldsymbol{D}$——对角矩阵，其每个元素表示图中节点的度；

$\quad\boldsymbol{\Lambda}$、$\boldsymbol{U}$——图的特征值矩阵与特征向量矩阵；

$\quad\quad\tilde{\boldsymbol{x}}$——GFT 输出特征。

GFT 变换完成后，输入图数据由样本空间初步映射到高维特征空间中。为进一步提取图上节点数据特征，网络引入离散傅里叶变换（DFT）处理节点数据。节点数据的处理过程为：

$$\boldsymbol{x}_\mathrm{d} = \mathrm{F}(\tilde{\boldsymbol{x}}) \tag{13-11}$$

式中　$\boldsymbol{x}_\mathrm{d}$——节点特征；

$\quad\quad\mathrm{F}$——DFT 函数。

特征提取完成后，网络使用多层门控线性单元（GLU）实现特征筛选。为提高特征筛选性能，特征筛选网络引入残差连接和跳跃连接[34]。其中，残差连接可有效避免训练过程中的梯度消失和梯度爆炸，而跳跃连接可以提高筛选过程中原始特征的利用率，它使得 GLU 网络的每一层输出由它当前层和中间层的输出共同决定。在筛选网络中第 p 层的输出可表示为：

$$\boldsymbol{h}_p = \mathrm{ReLu}(f_\mathrm{GLU}(\boldsymbol{x}_p)) \tag{13-12}$$

$$\tilde{\boldsymbol{h}}_p = \sigma\left(\sum_{i=1}^{p-1}\tilde{\boldsymbol{h}}_i + \boldsymbol{h}_p\right) \tag{13-13}$$

式中　$\boldsymbol{x}_p$——第 p 层输入；

$\quad f_\mathrm{GLU}$——GLU 内置函数；

$\quad\quad\tilde{\boldsymbol{h}}_p$——第 p 层输出；

$\quad\quad\tilde{\boldsymbol{h}}_i$——第 i 层输出；

$\quad\quad\sigma$——Sigmoid 函数。

特征筛选网络架构见图 13-4。

最后，特征筛选网络对筛选特征进行重组，输出特征重构图。重构过程可被表示为：

$$G_\mathrm{r} = G_\mathrm{r}(\boldsymbol{x}_\mathrm{Gr}, N_\mathrm{Gr}, \boldsymbol{W}_\mathrm{Gr}) = \mathrm{G}^{-1}(\mathrm{F}^{-1}(\tilde{\boldsymbol{h}}_\mathrm{r})) \tag{13-14}$$

式中　G_r——特征重构图；

$\quad\mathrm{G}^{-1}$、F^{-1}——GFT 与 DFT 的逆变换过程；

$\quad\quad\tilde{\boldsymbol{h}}_\mathrm{r}$——筛选特征；

$\boldsymbol{x}_\mathrm{Gr}$、$N_\mathrm{Gr}$、$\boldsymbol{W}_\mathrm{Gr}$——重构图 G_r 的节点数据、节点数和邻接矩阵。

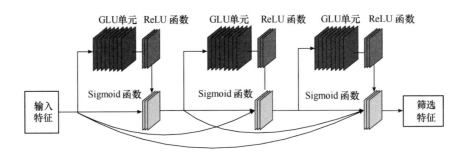

图 13-4   特征筛选网络架构

13.3.4   基于图卷积分类器的用户分类网络

图卷积分类网络实现特征重构图上的卷积运算，并输出最终的分类结果。重构图上的卷积运算可定义为：

$$(x_{\mathrm{Gr}} * g_{\mathrm{c}})_{G_{\mathrm{r}}} = U_{\mathrm{Gr}}((U_{\mathrm{Gr}}^{\mathrm{T}} g_{\mathrm{c}}) \odot (U_{\mathrm{Gr}}^{\mathrm{T}} x_{\mathrm{Gr}})) \tag{13-15}$$

式中 x_{Gr} ——重构图 G_{r} 的节点数据；

g_{c} ——图卷积算子；

U_{Gr} ——重构图 G_{r} 的特征向量矩阵；

$\odot$ ——哈达玛积。

由于传统的图卷积运算参数冗余且计算复杂，为减少图卷积运算中的参数和计算量，本章在分类网络中引入了 Chebyshev 卷积核代替传统图卷积核。Chebyshev 卷积核可表示为：

$$g_{\mathrm{c}} = \sum_i \theta_i T_i(\hat{L}) \tag{13-16}$$

式中 θ_i、T_i ——卷积核参数与 Chebyshev 多项式；

$\hat{L}$ ——由图拉普拉斯矩阵 L 计算得到的过渡阵，其计算公式为：

$$\hat{L} = \frac{2}{\lambda_{\mathrm{MAX}}} L - I_N \tag{13-17}$$

式中 λ_{MAX} ——邻接矩阵最大的特征值；

I_N —— N 阶单位阵。

简化后的图卷积运算可重新定义为：

$$y_{\mathrm{c}} = \sigma(\sum_i \theta_i T_i(\hat{L}_{\mathrm{r}}) x_{\mathrm{Gr}}) \tag{13-18}$$

式中 y_{c} ——卷积输出；

σ ——Sigmoid 函数；

$\hat{L}_{\mathrm{r}}$ ——重构图数据的过渡参数阵，其表达式为

$$\hat{L}_{\mathrm{r}} = \frac{2}{\lambda_{\mathrm{r_{MAX}}}} L_{\mathrm{r}} - I_N \tag{13-19}$$

式中，$\lambda_{r_{MAX}}$ 为重构图数据的最大特征值。

最后，全连接层根据卷积输出计算分类结果，其计算方式为：

$$\hat{\boldsymbol{y}} = \sigma(\boldsymbol{W}_u \boldsymbol{y}_c + \boldsymbol{b}_u) \tag{13-20}$$

式中　$\hat{\boldsymbol{y}}$——用户类别；

$\boldsymbol{W}_u$、$\boldsymbol{b}_u$——全连接层参数。

根据上述讨论，可以得到整个用能用户分类模型架构图，如图 13-5 所示。

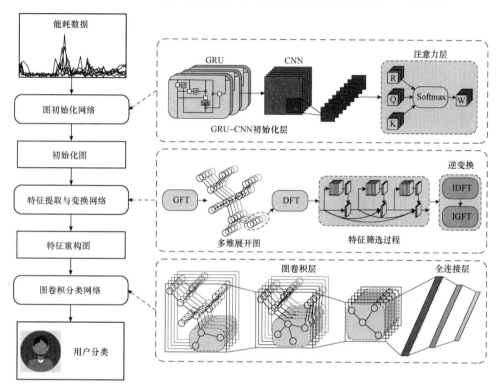

图 13-5　用能用户分类模型架构图

13.4　实验与分析

13.4.1　实验数据

1. CER 能源数据集

CER 能源数据集由爱尔兰能源管制委员会提供[35]。该数据集涵盖了超过 4300 个用户 530 天的电力消费与燃气消费信息，数据采样间隔为 30min。此外，该数据集还提供了包含多种用户社会信息在内的调查问卷。在 CER 数据集中，选取了 7 种典型的社会信息，将每种社会信息下的用户类别作为数据标签，构建了 7 组二分类或三分类实验，以验证所提出分类方法的有效性。7 组用户社会信息及分类表如表 13-1 所示。在每组分类试验中，选取 70％的电表数据作为训练集，10％的数据作为验证集，剩余 20％数据进行测试。

7 组用户社会信息及分类表　　　　　　　　　表 13-1

实验序号	问卷编号	社会信息	类别标签	用户数量（户）
1 号	300	家庭主要收入者的年龄	青年（＜35 岁）	436
			中年（35～65 岁）	2819
			老年（＞65 岁）	953
2 号	310	家庭主要收入者是否退休	是	1285
			否	2947
3 号	401	家庭主要收入者的社会等级	A 或 B	642
			C1 或 C2	1840
			D 或 E	1593
4 号	410	是否有孩子	是	1229
			否	3003
5 号	460	卧室的数量	少于 3 间	1884
			3 间或 4 间	1470
			多于 4 间	474
6 号	4704	厨具耗能方式	电力耗能	1272
			燃气耗能	2960
7 号	4905	节能灯具占比	不到 50%	2041
			50% 及以上	2191

2. HUE 数据集

The Hourly Usage of Energy Dataset（HUE）数据集由 BCHydro 电力公司提供，其涵盖了该公司 22 幢房屋的用能数据及天气信息数据，数据采样间隔为 1h[36]。此外，HUE 数据集还提供了相应房屋信息，如：楼层样式、房屋朝向、出租状态和供暖方式等。在该数据集中，为探究所提方法在多分类任务上的性能，选取了 6 幢房屋的用能数据进行分类，每幢房屋包含了约 3 年的用能数据（每幢房屋的数据量从 974 条到 1317 条不等）。在实验中，同样选取 70% 的数据作为训练集，10% 的数据作为验证集，剩余 20% 数据进行测试。

13.4.2　实验配置

为有效评估所提出方法的分类性能，本章使用准确率（ACC）和 $F1$ 值两个指标对所提出的方法进行评估，其具体计算公式见式（3-8）和式（3-9）。

为充分验证所提出方法的有效性，在不同的分类任务中，所提出的 AEW-GCN 方法将与不同的分类方法比较。在二分类 CER 数据集上，考虑到经典机器学习算法在二分类任务上的良好性能，因此构建了三种基于经典机器学习算法的对比分类方法（SVM、PCA＋SVM 和 SC＋SVM），同时还构建了其他三种深度学习对比方法（CSVM、CNN 和 GRU）。在多分类 HUE 数据集上，比较了 AEW-GCN 方法与三种深度学习分类方法（DNN、CNN 和 GRU）的性能差异。其中，PCA＋SVM 为基于主成分分析的 SVM，引入 PCA 对原始数据进行处理，选取一定数量的特征作为 SVM 分类器的输入；SC＋SVM

为基于稀疏编码的 SVM，与 PCA 相比，稀疏编码（Sparse Coding，SC）是一种将数据映射到高维空间的数据处理技术，通过生成冗余向量，将原始数据表示为一系列的向量组合，然后输入 SVM 分类器，实现用户分类；CSVM 为卷积 SVM，其引入 CNN 作为特征提取方法，自动地学习数据特征，SVM 分类器将根据学习的特征完成用户分类；此处的 DNN 指的是采用反向传播算法训练的多层感知深度神经网络。

为减小分类网络的学习误差，使用交叉熵损失函数作为分类器的目标函数，其具体表达式为：

$$\text{Loss} = \frac{-1}{N} \sum_{k=1}^{N} \sum_{c=1}^{C} \text{sgn}(y_k = c) \ln(p_{k,c}) \tag{13-21}$$

式中　N——样本总数；

　　　C——类别数；

　　　c——样本的实际类别；

　　sgn——符号函数；

　　$p_{k,c}$——样本 k 被分入 c 类的概率。

在模型训练过程中，采用 Adam 优化算法[37]以寻找最优参数。与传统随机梯度下降法相比，Adam 优化器计算当前提取的一阶动量和二阶动量以实现自适应参数优化，这种优化方式使得梯度更新过程更加平滑，具有更好的寻优能力。一般来说，决定 Adam 优化器性能的参数主要有学习率 α、β_1、β_2 和 ε。在实验中，这些参数分别设置为 0.001、0.9、0.999 和 10^{-8}。

13.4.3　CER 数据集分类实验

本章所提出的 AEW-GCN 方法在 7 组分类实验上的用户信息分类结果图如图 13-6 所示。由图 13-6 可以看出，在 7 组用户信息的分类实验中，2 号（家庭主要收入者是否退休）、4 号（是否有孩子）和 6 号（厨具耗能方式）分类任务的分类精确度均超过了 0.8。1 号（家庭主要收入者的年龄）和 7 号（节能灯具占比）分类任务的分类准确率分别大于 0.7 和 0.6。其他任务的分类准确度保持在 0.6 左右。

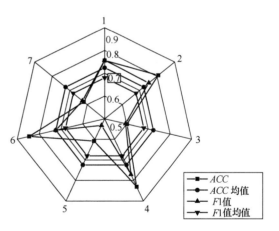

图 13-6　用户信息分类结果图

3 号任务（家庭主要收入者的社会等级）的分类上取得了最低分类准确度，在 5 号分类任务（卧室的数量）上取得了最低 F1 值。分类结果可以表明本章所提出的 AEW-GCN 方法可以较好实现以用户社会信息为标签的分类任务。

此外，通过实验结果可以推断出，是否有孩子、厨具的耗能类型和是否退休这三个因素会显著影响用户的日常用能行为和用能总量。结合实际生活，这些因素能够影响用户用能的原因能够被合理地解释。首先，孩子的增加不仅增加了家庭用能人口，而照顾孩子使得有孩子的家庭耗能与没有孩子的家庭耗能明显不同；其次，厨房是家庭中主要的耗能区域，炊具的供能类型（电能或天然气）将直接导致用能曲线的差异；最后，退休用户和非退休用户在生活节奏上的不同使得他们的耗能特点不同。然而，值得注意的是，以节能灯占比和卧室数量作为标签的分类效果并不理想。一方面，照明能耗在整体能耗的占比较小，这使得节能灯的使用并不会明显改变耗能曲线；另一方面，卧室的耗能方式以照明为主，这也导致了卧室数量不会成为影响用户用能的主要因素。

为更好地评估所提出方法的分类能力，表 13-2 和表 13-3 分别显示了各种方法在 7 组分类任务中的准确率和 F1 值。从表 13-2 和表 13-3 中可以看出，所有的方法在 1 号、2 号、4 号和 6 号任务上的分类效果要优于其他，这进一步说明了这 4 类社会信息能够影响用户用能以及区分不同用户。在全部的对比方法中，与传统 SVM 方法相比，使用主成分分析（PCA）和稀疏编码（SC）对分类效果的提升相近，整体提升分别为 1.7% 和 0.9%。与 PCA 和 SC 方法相比，使用 CNN 自动学习数据特征的分类效果更好，CSVM 与 CNN 分类方法性能分别提升了 4.8% 和 7%。基于时序特征的 GRU 方法在分类效果上低于 CSVM，但优于 PCA 和 SC 方法。与上述对比方法相比，所提出的 AEW-GCN 方法在分类效果上的优势更加明显，准确率 ACC 相较对比方法提高了 5.4%～12%，F1 值提升了 5.4%～16.8%。上述结果表明，所提出方法能够更好地构建用户信息与能耗数据之间的映射关系，实现用户分类。

采用不同方法的用户分类准确率（*ACC*）　　　　表 13-2

	SVM	PCA+SVM	SC+SVM	CNN	CSVM	GRU	AEW-GCN
1 号	0.648	0.667	0.666	0.688	0.708	0.708	0.756
2 号	0.697	0.696	0.693	0.748	0.758	0.714	0.807
3 号	0.506	0.513	0.500	0.550	0.584	0.574	0.602
4 号	0.709	0.731	0.714	0.748	0.774	0.754	0.831
5 号	0.472	0.490	0.467	0.501	0.517	0.587	0.608
6 号	0.687	0.694	0.698	0.739	0.766	0.748	0.846
7 号	0.511	0.528	0.525	0.565	0.586	0.574	0.619
总体	0.604 ±0.096	0.617 ±0.094	0.609 ±0.098	0.648 ±0.098	0.670 ±0.098	0.665 ±0.077	0.724 ±0.102

采用不同方法的用户分类 *F1* 值　　　　表 13-3

	SVM	PCA+SVM	SC+SVM	CNN	CSVM	GRU	AEW-GCN
1 号	0.562	0.539	0.533	0.571	0.589	0.693	0.757
2 号	0.652	0.602	0.569	0.687	0.711	0.621	0.753
3 号	0.474	0.470	0.451	0.512	0.554	0.571	0.595
4 号	0.709	0.687	0.615	0.737	0.752	0.642	0.771
5 号	0.418	0.420	0.361	0.432	0.454	0.543	0.532
6 号	0.584	0.674	0.574	0.652	0.683	0.642	0.724
7 号	0.446	0.491	0.409	0.547	0.572	0.575	0.627
总体	0.549 ±0.101	0.554 ±0.095	0.502 ±0.088	0.591 ±0.098	0.616 ±0.094	0.612 ±0.048	0.670 ±0.087

最后，为进一步说明所提方法对数据节点的学习能力，图 13-7 展示了 AEW-GCN 在 4 类分类任务邻接矩阵可视化图，分别对应了分类性能较好的 4 组分类实验。通过对比图 13-7 中邻接矩阵差异可以推断分类过程中的重要参考节点。具体来说，不同年龄的用户分类以节点 14、节点 21、节点 24、节点 31 和节点 33 为参考节点；用户是否退休的分类参考节点为节点 1 到节点 12；是否有孩子的参考节点为节点 1、节点 23、节点 24 和节点 43；而厨房用能差异则体现在节点 20、节点 22 和节点 35。不同分类任务中参考节点的不同说明了不同社会信息下用户用能特点存在明显差异，也同时证明了所提出方法在用户分类任务上的有效性。

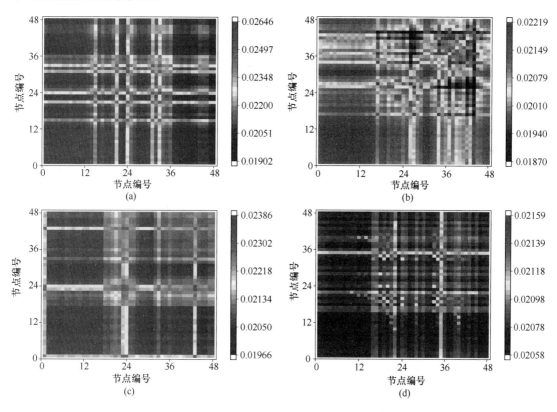

图 13-7　4 类分类任务邻接矩阵可视化图

(a) 1 号主要收入者年龄；(b) 2 号主要收入者是否退休；(c) 4 号是否有孩子；(d) 6 号厨房供能方式

13.4.4　HUE 数据集分类实验

在 HUE 数据集上，所提出的 AEW-GCN 方法与其他分类方法在 6 幢房屋的 ACC 与 $F1$ 值分别如表 13-4 和表 13-5 所示。从表中可以看出，在多分类任务中所提出的 AEW-GCN 仍然取得了最好的性能。相比于其他深度学习方法，AEW-GCN 方法在整体精度上 ACC 提升了 3.7% 到 10.8%，整体 $F1$ 值提升了 3.7% 到 10.7%。具体到 6 幢房屋中，4 种分类方法在房屋 1、房屋 2 和房屋 3 的识别性能较好，房屋 4 与房屋 6 的识别率次之，房屋 5 的效果较差。尽管四种方法在房屋 5 的识别性能并不理想，但本章所提方法仍优于其他算法。

HUE 数据集分类整体性能表　　　　表 13-4

	DNN	CNN	GRU	AEW-GCN
ACC	0.667	0.713	0.738	0.775
F1	0.666	0.699	0.736	0.773

6 幢房屋分类性能表　　　　表 13-5

		DNN	CNN	GRU	AEW-GCN
房屋 1	PRE	0.808	0.776	0.784	0.816
	REC	0.828	0.729	0.803	0.836
	F1	0.818	0.752	0.793	0.826
房屋 2	PRE	0.705	0.831	0.803	0.838
	REC	0.673	0.793	0.767	0.801
	F1	0.689	0.812	0.785	0.819
房屋 3	PRE	0.796	0.831	0.831	0.845
	REC	0.816	0.852	0.852	0.867
	F1	0.806	0.841	0.841	0.856
房屋 4	PRE	0.651	0.609	0.739	0.777
	REC	0.648	0.606	0.736	0.773
	F1	0.649	0.607	0.737	0.775
房屋 5	PRE	0.394	0.486	0.532	0.592
	REC	0.430	0.530	0.580	0.645
	F1	0.411	0.483	0.555	0.617
房屋 6	PRE	0.649	0.721	0.730	0.770
	REC	0.605	0.672	0.681	0.718
	F1	0.626	0.696	0.705	0.743

图 13-8 为 4 种方法在所有房屋中的混淆矩阵可视化图，其反映了全部类别的分类情况，可以看出 4 种方法在房屋 1、房屋 2 和房屋 3 上的正确分类数更多，房屋 5 的正确分类数较少，这与表 13-5 中的分类性能相一致。从图中也可以看出，在所有方法中，AEW-GCN 方法在每一类房屋上的正确分类样本数更多。图 13-9 则展示了每类房屋的邻接矩阵可视化图。从图 13-9 可以观察到，由 AEW-GCN 学习的每类房屋图数据的邻接矩阵存在明显差异，直观反映了原始数据在分类过程中的贡献程度及数据间的相互关系。

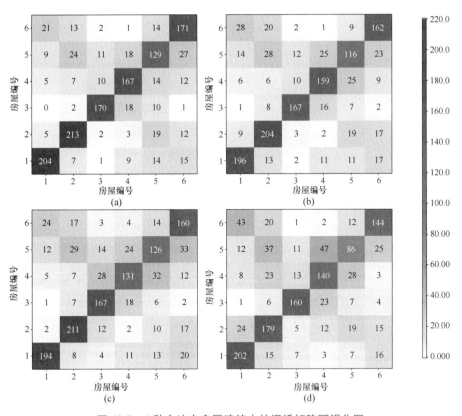

图 13-8　4 种方法在房屋建筑中的混淆矩阵可视化图

（a）AEW-GCN；（b）GRU；（c）CNN；（d）DNN

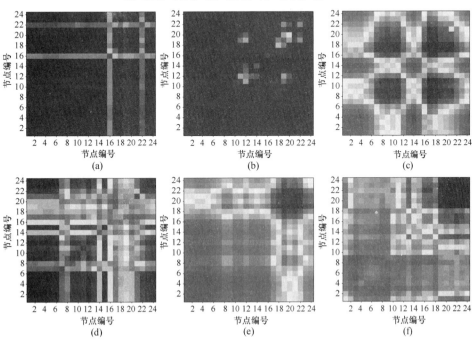

图 13-9　6 类房屋图数据邻接矩阵可视化图

（a）房屋 1；（b）房屋 2；（c）房屋 3；（d）房屋 4；（e）房屋 5；（f）房屋 6

13.5 小结

本章提出了一种基于自学习边权重的图卷积用户分类方法，该方法包含了图初始化网络、特征筛选网络和用户分类网络3部分。本章的主要内容如下：给出了基于注意力机制的图初始化网络，实现了由智能电表数据到图数据的自动转换，从而减少了对人工特征的依赖；给出了基于跳跃残差连接的特征筛选网络，完成了图上特征选择与筛选，并输出特征重构图；给出了基于图卷积分类器的用户分类网络，通过构建图卷积分类器，提高了用户分类的精度。此外，为验证所提出方法的有效性，在实际数据集中与现有分类方法进行了对比，验证了所提出方法的分类性能。

本 章 参 考 文 献

[1] 高晓琴. 基于FCM聚类的电力用户分类及需求侧管理平台的设计与实现 [D]. 南昌：南昌大学，2021.

[2] 赵晗，宋佳荣. 解读"十四五"规划及二〇三五远景展望 [J]. 银行家，2020 (12)：23-26.

[3] 李云卿. 系统推进"十四五"时期电力需求侧管理高质量发展 [J]. 电力需求侧管理，2021，23 (1)：1-3.

[4] Muratori M. Impact of uncoordinated plug-in electric vehicle charging on residential power demand [J]. Nature Energy，2018，3 (3)：193-201.

[5] Yang J，Zhao J，Wen F，et al. A model of customizing electricity retail prices based on load profile clustering analysis [J]. IEEE Transactions on Smart Grid，2018，10 (3)：3374-3386.

[6] Aghabozorgi S，Shirkhorshidi A S，Wah T Y. Time-series clustering-a decade review [J]. Information Systems，2015，53：16-38.

[7] 杨莉，沈鑫，李英娜，等. 基于电力数据聚类分析的算法改进 [J]. 云南电力技术，2017，45 (6)：64-68.

[8] 王文生，王进，王科文. SOM神经网络和C-均值法在负荷分类中的应用 [J]. 电力系统及其自动化学报，2011，23 (4)：36-39.

[9] 李宗峰，黄刘生，沈瑶，等. 一种隐私保护的序列数据马尔可夫分类方案 [J]. 小型微型计算机系统，2018，39 (2)：197-201.

[10] Yang J，Leskovec J. Patterns of temporal variation in online media [C] // Proceedings of the Fourth ACM International Conference on Web Search and Data Mining. 2011：177-186.

[11] 刘晓悦，姚乐乐. 聚类分析在超短期电力负荷中的应用 [J]. 河北联合大学学报（自然科学版），2013，35 (3)：74-80.

[12] 李昀昊，王建学，王秀丽. 基于混合聚类分析的电力系统网损评估方法 [J]. 电力系统自动化，2016，40 (1)：60-65.

[13] 田力，向敏. 基于密度聚类技术的电力系统用电量异常分析算法 [J]. 电力系统自动化，2017，41 (5)：64-70.

[14] 李亚岚. 基于改进K-均值算法的电力负荷数据聚类分析方法的研究 [D]. 兰州：兰州理工大学，2020.

[15] 黄远明，郑伟，王宣定，等. 基于马氏距离和密度聚类的电力现货报价模式分析 [J]. 电力系统自

动化，2021，45（13）：102-109.

[16] 原野，田园. 基于DTW层次聚类算法的电力负荷数据特征研究 [J]. 自动化仪表，2020，41（12）：96-101.

[17] Tian L，Liu J，Zhao B，et al. An investigation on electricity consuming features for user classification in demand-side management schemes [C] // 2021 IEEE 5th Conference on Energy Internet and Energy System Integration（EI2），IEEE，2021：554-559.

[18] Maldonado S，Gonzalez A，Crone S. Automatic time series analysis for electric load forecasting via support vector regression [J]. Applied Soft Computing，2019，83：105616.

[19] Kong X，Zhao X，Liu C，et al. Electricity theft detection in low-voltage stations based on similarity measure and DT-KSVM [J]. International Journal of Electrical Power & Energy Systems，2021，125：106544.

[20] Piao M，Piao Y，Lee J Y. Symmetrical uncertainty-based feature subset generation and ensemble learning for electricity customer classification [J]. Symmetry，2019，11（4）：498-505.

[21] Bosisio A，Berizzi A，Vicario A，et al. A method to analyzing and clustering aggregate customer load profiles based on PCA [C] // 2020 5th International Conference on Green Technology and Sustainable Development（GTSD），IEEE，2020：41-47.

[22] 皇甫汉聪，肖招娣，余永忠. 基于熵权法与改进的PCA聚类算法的电力客户价值分类与应用 [J]. 现代电子技术，2017，40（7）：183-186.

[23] Chicco G，Napoli R，Piglione F. Comparisons among clustering techniques for electricity customer classification [J]. IEEE Transactions on Power Systems，2006，21（2）：933-940.

[24] Prasad C D，Nayak P K. A DFT-ED based approach for detection and classification of faults in electric power transmission networks [J]. Ain Shams Engineering Journal，2019，10（1）：171-178.

[25] 唐琪. 基于多层感知机与客户聚类的客户流失预测算法研究 [D]. 桂林：广西师范大学，2020.

[26] 徐春华，陈克绪，马建，等. 基于深度置信网络的电力负荷识别 [J]. 电工技术学报，2019，34（19）：4135-4142.

[27] 张玉天，邓春宇，刘沅昆，等. 基于卷积神经网络的非侵入负荷辨识算法 [J]. 电网技术，2020，44（6）：2038-2044.

[28] Ahmad W，Ayub N，Ali T，et al. Towards short term electricity load forecasting using improved support vector machine and extreme learning machine [J]. Energies，2020，13（11）：2907-2916.

[29] Wang Y，Chen Q，Gan D，et al. Deep learning-based socio-demographic information identification from smart meter data [J]. IEEE Transactions on Smart Grid，2018，10（3）：2593-2602.

[30] 唐子卓，刘洋，许立雄，等. 基于负荷数据频域特征和LSTM网络的类别不平衡负荷典型用电模式提取方法 [J]. 电力建设，2020，41（8）：17-24.

[31] Sun Z，Deng X，Xu X，et al. Classification analysis method for residential electricity consumption behavior based on recurrence plot（RP）and convolutional auto-encoder（CAE）[C] // IOP Conference Series：Earth and Environmental Science，IOP Publishing，2021，645（1）：012075.

[32] Liu G，Guo I. Bidirectional LSTM with attention mechanism and convolutional layer for text classification [J]. Neurocomputing，2019，337：325-338.

[33] Wei Z，Li B，Sun C，et al. Sampling and inference of networked dynamics using log-koopman nonlinear graph fourier transform [J]. IEEE Transactions on Signal Processing，2020，68：6187-6197.

[34] Solano-Rojas B，Villalón-Fonseca R. A low-cost three-dimensional DenseNet neural network for Alzheimer's disease early discovery [J]. Sensors，2021，21（4）：1302.

［35］　李文峰，邓晓平，彭伟，等．基于自学习边权重图卷积网络的用户用能分类［J］．计算机系统应用，2022，31（9）：294-299．

［36］　邓晓平，张桂青，魏庆来，等．非侵入式负荷监测综述［J］．自动化学报，2022，48(3)：644-663．

［37］　杨观赐，杨静，李少波，等．基于 Dropout 与 Adam 优化器的改进 CNN 算法［J］．华中科技大学学报：自然科学版，2018，46（7）：122-127．

第14章 设备用电负荷分解

14.1 研究现状与动机

随着智能化成为电网技术与电力系统的发展方向，如何在用户侧建立智能用电体系成为广泛关注的焦点。智能用电体系可以及时掌握用户实时的用能信息，对于电力部门提高电网经济性、区域智慧用电管理和末端用户的节能改造有着重大意义[1,2]。而智能用电体系的关键在于建立一套行之有效的用能监测方法，该方法能够提供用户设备种类和设备用能的信息[3]。

早期用能监测方法多为侵入式（Intrusive Load Monitoring，ILM)[4]，即为每个用电设备配备一个监测器以读取设备的工作状态与用能数据。但这种监测方式要安装大量的监测装置，随着居民家用电器的日益增多，监测成本也不断增加，且设备监测器的维护也需要耗费大量人力资源。这些原因导致了基于侵入式的用能监测方法难以得到大规模应用。

为减少监测成本，提高设备监测技术的应用范围，Hart 最早提出了基于非侵入式的用能监测方法（Non-intrusive Load Monitoring，NILM)[5]。该方法仅在入户电表处安装监测设备，通过对入户侧的电气信息（如：总功率、电压和电流等参数）进行数据分析与数据挖掘，实现对内部主要耗能设备的用能分析与管理。这种方式极大减少了设备监测过程所需的成本，但由于获取到的是多设备混杂信号，如何在混杂信号中分解并识别出具体的设备来是亟须解决的问题。而随着科学技术的发展，研究人员引入了诸多新技术和新方法来提高用能分解精度。

现阶段，非侵入式用户用能分解的研究方法可分为统计学方法、传统机器学习方法和深度学习方法。在统计学方法研究上，研究人员以构建耗能设备的马尔科夫模型作为主要的分解手段，通过学习耗能设备的工作状态序列，构建耗能设备状态的马尔科夫链，实现用能分解[6]。在众多研究当中，Kolter 等人使用隐性马尔克夫模型进行设备建模，并实现家电负荷的低频数据分解[7]。Zoha 等人使用因子隐性马尔夫模型进行设备用电分解，提出了一种新的凸优化方案，并用最大后验估计实现了该方案推理过程[8]。Fang 等人在隐性马尔科夫模型基础上，考虑环境和其他因素对用户用能的影响，并在用能分解实验中揭示了用户的环境适应性[9]。吴瑶提出了改进因子马尔科夫分解方法，该方法使用二进制编码表示设备不同的状态，通过建立负荷总电流与设备电流的映射关系，实现负荷分解[10]。Zeifman 等人以状态转移矩阵作为研究切入点，提出了基于状态转移矩阵的维特比算法，并将其成功应用开关型设备的用能分解中[11]。Makonin 等人则在维特比算法上进一步优化，使用概率密度函数描述设备的状态分布，提出了超状态马尔科夫和改进稀疏转移维特比分解模型，从而提高了设备状态的推理精度[12]。

传统机器学习方法通常与多种优化手段相结合，以提升设备识别精度与用能分解性能。徐青山等人通过近邻传播算法将设备状态划分为工作和休息，并引入遗传算法实现不同设备的状态识别与用能分解[13]。何敏瑶为进一步提升传统聚类分解方法的不足，提出了基于核熵成分分析的萤火虫模糊 C 均值聚类分解方法，降低了分解模型的训练成本[14]。尹立亚在实验中讨论了传统分类方法在负荷状态识别任务中的适用性，针对传统方法寻优不足的问题，提出了基于协同优化的分解方法，并在实际数据集中验证了改进方法的有效性[15]。李亚前等人探索一种基于曲线拟合的用能分解方法，该方法通过计算曲线拟合斜率判断设备状态是否发生变化，能够准确地获取用能设备的状态特征[16]。Tian 等人提出一种基于 BPNN 的点对点分解模型，充分考虑了设备的电气特性（电压、电流等），取得了较好效果[17]。Krystalakos 等人提出基于人工神经网络的在线负荷分解方法，并使用 6 个指标与现有技术进行比较，发现该方法在多状态设备分解上表现优于其他方法[18]。Singh 等人提出小波变换 SVM，将电表数据与小波系数作为特征，实现了用户主要设备用电信息分解[19]。Gong 等人提出粒子群优化 SVM，实现了多标签、多状态设备的运行监测与识别[20]。Wang 等人提出了基于电压电流曲线的 SVM 方法，通过提取 V-I 曲线的多维特征，实现对设备用能数据的监测[21]。

为更深层次挖掘用户用电信息，精准分析不同设备的耗能情况，大量学者在用能分解中引入了深度学习方法。Kelly 等人提出了用能分解领域的序列到序列架构（Sequence to Sequence，S2S），并且比较了 LSTM、CNN 和去噪自编码器（Denoising Auto-encoder，DAE）三种方法在该架构下的分解性能[22]。Zhang 等人在 S2S 分解架构上做出进一步改进，提出了由序列到点架构（Sequence to Point，S2P），增强了模型可解释性并提升了分解性能[23]。Xu 等人则借鉴了自然语言处理领域相关方法，在传统 CNN 网络中加入注意力机制，分门别类地学习设备特征，实现了不同设备的用能分解[24]。林顺富等人提出了基于 CNN-BiLSTM 混合网络的用能分解方法，该方法使用 CNN 网络设备特征，并在 BiLSTM 网络中完成设备特征解码与分解[25]。Quek 等人使用一维卷积与 RNN 相结合手段，实现了低压电网的负荷分解，从而对分析区域负荷结构提供了有力支持[26]。Kim 等人提出以设备功率签名为特征的深度 RNN 架构，用签名表示设备状态与设备工作模式，实现设备用电分解与用户行为评估[27]。Xia 等人提出基于长短期记忆单元的编码网络，并使用多个统计指标作为特征进行训练，并在真实房屋能耗数据集中验证性能，取得了理想效果[28]。张广龙提出了一种基于设备事件检测的用能分解方法，提出了偏离差倍数事件检测方法，实现了设备暂态特征的事件检测与用能分解[29]。侯坤福则构建了基于 TCN 的分解方法，通过优化滑动窗口的方式提升了用能分解速率与分解性能[30]。刘志刚在经典 LSTM 网络中引入生成对抗机制，提出基于改进 LSTM 网络与生成对抗机制的分解方法，通过对分解数据的对抗训练，从而提升网络的分解性能[31]。此外，Zhao 等人将图信号处理应用于负荷分解，该方法与 HMM 方法相比具有显著提升[32,33]。彭秉刚等人则提出了带有残差机制的图数据建模的用能分解方法[34]。

由上述研究现状可知，统计学方法、经典机器学习方法和深度学习方法为实现用户用能分解提供了诸多有益的思路。随着用户用能大数据时代的到来，在复杂用能环境下实现精准的用能分解对科研人员提出了更高的要求。深度学习方法能够自动学习潜在特征，并减少先验知识与人工特征的干扰，因此在用能分解领域受到了研究人员的关注并逐渐成为广受欢迎的分解方法。尽管基于深度学习的分解方法取得了一定成就，但仍有一定的改进空间。一方面，现有分解方法大多以提取耗能数据中设备的长期性、趋势性特征作为主要的分解依据，特征类型较为单一；另一方面，现有方法在复杂环境下的分解性能有待进一步提高。

随着深度学习方法的不断发展与优化，TCN 凭借其在处理时序数据和特征学习上的优势，逐渐成为时序数据领域的主流方法，并为非侵入式用能分解领域提供了新的思路。因此，可在用能分解中引入 TCN 网络，从而进一步提升分解性能。此外，在特征学习过程中，可通过加入短期特征提取，进一步完善设备的特征构成。

综上，本章拟构建一种基于改进时序卷积网络的并行非侵入式用能分解方法（DBB-TCN）。该方法分别提取用能设备的长期趋势特征与短期动态特性，基于多种特征提取手段实现并行用能分解，进一步提升用能分解性能。

14.2　用能分解原理

用能分解指的是将目标设备的能耗从总的用能信号中分离出来。随着社会的发展，为减少设备监测成本与用户隐私的侵害，20 世纪 90 年代美国 MIT 的 Hart 教授首先提出了基于非侵入式的用能分解方法，为如今的非侵入式用户用能分解奠定了基础。

假设用能设备的数量为 M，则全部设备的耗能总和可表示为[35]：

$$z(t) = \sum_{m=1}^{M} x^m(t) + \varepsilon(t) \qquad (14\text{-}1)$$

式中　$z(t)$ —— t 时刻总的耗能信号；

$x^m(t)$ ——设备 m 在 t 时刻的耗能信号；

$\varepsilon(t)$ ——噪声。

图 14-1 展示了设备用能信号示意图，图中曲线分别表示了总的用能信号和 3 种耗能设备的用能曲线。

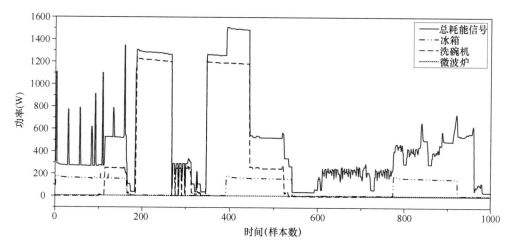

图 14-1　设备用能信号示意图

对于已知设备的耗能信号 $x^m(t)$ 和总的能耗信号 $z(t)$，用能分解可以转化为一个优化问题，即在 t 时刻信号空间内寻找 M 维向量 $\hat{\boldsymbol{x}}(t)$，该信号向量使得功率误差最小，也就是说，该优化问题可转化为如下优化问题：

$$\hat{\boldsymbol{x}}(t) = \text{argmin} \left| z(t) - \sum_{m=1}^{M} x^m(t) \right| \tag{14-2}$$

式中，$\hat{\boldsymbol{x}}(t) = (x^1(t), x^2(t), \cdots, x^M(t))$。

14.3 并行非侵入式用能分解

14.3.1 所提出的用能分解方案

基于改进 TCN 的并行用能分解方法的整体思路为：首先，引入峰谷区间划分策略，实现数据初步分类与预处理；其次，分别构建长期和短期分解子网，分别实现基于长期趋势和短期特征的用能分解；最后，子网分解输出在全连接层实现有机整合，输出分解结果。上述用能分解思路的整体框架图如图 14-2 所示。

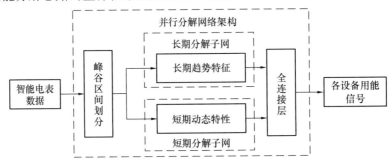

图 14-2   用能分解思路的整体框架图

上述方法的具体流程为：

（1）基于峰谷区间的数据分类：通过数据的统计特征将原始数据划分为不同的类型。

（2）长期分解网络构建：利用改进 TCN 构建长期分解子网，提取设备长期趋势特征并输出长期分解结果。

（3）短期分解网络构建：使用卷积自编码器构建短期分解子网，提取设备的短期动态特性并输出短期分解结果。

（4）全连接整合层：实现长期分解结果和短期分解结果的整合，并输出最终分解结果。

下面将具体给出基于改进 TCN（DBB-TCN）的并行用能分解方法的实现细节。

14.3.2 基于峰谷区间的数据划分

基于峰谷区间的数据划分，旨在利用数据的统计特征进行初步分类，并将原始电表数据划分为高耗能数据与低耗能数据。这种划分方式不仅可以了解用户用能的区间分布，还有利于分解网络学习设备工作特征，提高训练效率。峰谷区间的数据划分主要分为两个部分：峰谷边界点搜索和数据填充。峰谷边界点搜索是根据数据的统计特征寻找原始数据中高低耗能数据的边界点，其中，边界点又分为耗能高边界点和耗能低边界点。

耗能低边界点表示高耗能数据区间的结束以及低耗能数据区间的开始，其需要满足的条件可表示为：

$$x(t) \leqslant N_{th} \tag{14-3}$$

$$mean_L = \frac{1}{S} \sum\nolimits_t^{t+S} x(t) \in [N_L, N_H] \tag{14-4}$$

$$Inf_L = \frac{1}{S} \sum\nolimits_t^{t+S} | x(t) - mean_L | \in [M_{NL}, M_{NH}] \tag{14-5}$$

式中　$x(t)$ —— t 时刻的数据；

$\qquad N_{th}$ —— 低耗能阈值；

$\qquad mean_L$ —— 从 t 时刻后的 S 个数据的均值；

$\qquad [N_L, N_H]$ —— 均值区间；

$\qquad Inf_L$ —— S 个数据的波动值；

$[M_{NL}, M_{NH}]$ —— 波动区间。

相应地，耗能高边界点表示低耗能区间的结束以及高耗能数据区间的开始，其需要满足的条件为：

$$x(t) \geqslant P_{th} \tag{14-6}$$

$$mean_H = \frac{1}{S} \sum\nolimits_t^{t+S} x(t) \in [P_L, P_H] \tag{14-7}$$

$$Inf_H = \frac{1}{S} \sum\nolimits_t^{t+S} | x(t) - mean_H | \in [M_{PL}, M_{PH}] \tag{14-8}$$

式中　P_{th} —— 高耗能阈值；

$\qquad mean_H$ —— 区间均值；

$\qquad [P_L, P_H]$ —— 高耗能均值区间；

$\qquad Inf_H$ —— 波动值；

$[M_{PL}, M_{PH}]$ —— 波动区间。

峰谷区间划分示意图如图 14-3 所示。

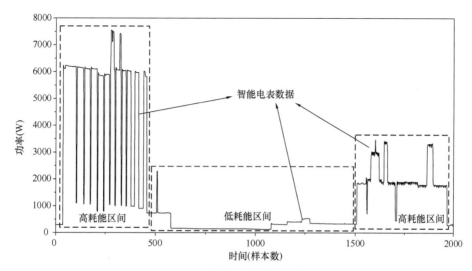

图 14-3　峰谷区间划分示意图

14.3.3 基于改进时序卷积网络的长期分解子网

长期分解子网旨在学习耗能设备的周期性和趋势性特征，从而实现基于长期特征的用能分解。TCN 引入因果卷积提取数据中的时序特征，使用膨胀因子调整网络感受野，并依托残差连接架构保证网络性能。这些特点使得 TCN 网络能够灵活处理时序数据。因此，构建基于 TCN 的长期分解子网是一种可行思路，但传统 TCN 网络仅从历史数据中提取特征，难以满足复杂环境下的分解需求。为使之更加契合用能分解需要，提高分解性能，下面将给出基于双向时序卷积网络（DBB-TCN）的长期分解子网的构建方法。

TCN 的时序卷积过程在第 2 章已进行详细介绍，本章不再赘述。改进后的双向时序卷积原理如图 14-4 所示。相比传统 TCN 网络，DBB-TCN 的卷积感受野由前向和后向卷积窗共同构成。其中，前向卷积窗功能与传统 TCN 相同，能够提取前向数据特征。后向卷积窗则可以提取后向数据特征，通过前向和后向特征的提取与整合，可以提高网络的特征学习能力。此外，改进后的 DBB-TCN 拥有更大的感受野，与相同感受野的 TCN 相比，DBB-TCN 的网络深度可以有效降低。

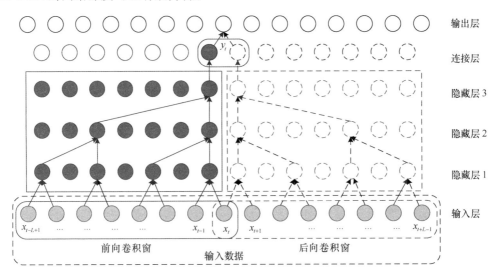

图 14-4　DBB-TCN 时序卷积原理图

假设 t 时刻网络输入数据为 $\boldsymbol{x}(t) = (x_{t-L+1}, \cdots, x_{t-1}, x_t, x_{t+1}, \cdots, x_{t+L-1})$，则前向卷积窗输入为 $\boldsymbol{x}_{\mathrm{f}}(t) = (x_1^{\mathrm{f}}, x_2^{\mathrm{f}}, \cdots, x_L^{\mathrm{f}}) = (x_{t-L+1}, \cdots, x_{t-1}, x_t)$，后向卷积窗输入为 $\boldsymbol{x}_{\mathrm{b}}(t) = (x_1^{\mathrm{b}}, x_2^{\mathrm{b}}, \cdots, x_L^{\mathrm{b}}) = (x_t, x_{t+1}, \cdots, x_{t+L-1})$。前向数据和后向数据的卷积过程可表示为：

$$\boldsymbol{v}_{\mathrm{f}}(t) = \boldsymbol{x}_{\mathrm{f}}(t) *_s \boldsymbol{d} \tag{14-9}$$

$$\boldsymbol{v}_{\mathrm{b}}(t) = \boldsymbol{x}_{\mathrm{b}}(t) *_s \boldsymbol{d} \tag{14-10}$$

式中　$\boldsymbol{v}_{\mathrm{f}}(t)$——前向卷积输出；

　　　$\boldsymbol{v}_{\mathrm{b}}(t)$——后向卷积输出；

　　　$\boldsymbol{d}$——卷积核；

　　　s——膨胀因子。

然后，前向和后向卷积输出在连接层进行整合，并产生最终的卷积输出，这个过程可以表示为：

$$\boldsymbol{y}(t) = \sigma(\boldsymbol{W}_{\text{f}}\boldsymbol{v}_{\text{f}}(t) + \boldsymbol{W}_{\text{b}}\boldsymbol{v}_{\text{b}}(t) + \boldsymbol{b})$$ （14-11）

式中　$\boldsymbol{y}(t)$——卷积输出结果；

　　$\boldsymbol{W}_{\text{f}}$、$\boldsymbol{W}_{\text{b}}$——权重参数矩阵；

　　　　$\boldsymbol{b}$——偏置；

　　　　σ——Sigmoid 函数。

基于 DBB-TCN 的长期分解子网如图 14-5 所示。与传统 TCN 相同，DBB-TCN 在卷积结束后同样引入了批标准化操作（Batch Norm）和 ReLU 函数层以进一步处理特征，同时使用残差连接以保证分解网络的整体性能。因此，长期分解子网的输出可表示为

$$\boldsymbol{o}_{\text{l}}(t) = Act[\boldsymbol{z} + \psi_{\text{l}}(\boldsymbol{z})]$$ （14-12）

式中　$\boldsymbol{o}_{\text{l}}(t)$——长期分解子网输出；

　　　$\boldsymbol{z}$——网络输入；

　　　ψ_{l}——残差连接中数据的一系列变换操作；

　　Act——激活函数。

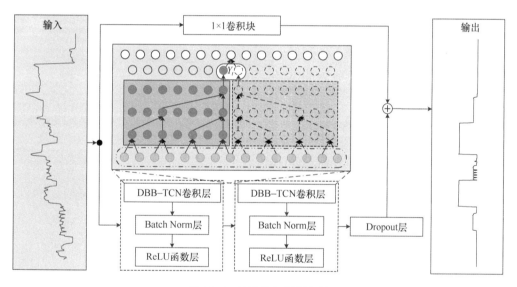

图 14-5　长期分解子网架构

此外，本章在残差连接中加入了一个特殊的卷积块以保证数据形状的一致性，并引入 dropout 层防止过拟合。

14.3.4　基于卷积自编码器（CAE）的短期分解子网

与长期分解子网相比，短期分解子网旨在学习耗能设备的短期动态特征，实现基于短期动态特征的用能分解。相比通过宏观的历史数据提取长期特征，耗能设备的短期特征需要从短时工作片段中提取，需要一种短时序数据的特征提取方法。自编码器（AE）能够将数据特征以编码向量的形式保存，并通过解码器架构实现序列的还原，其为提取序列短期特征提供了有效思路。此外，使用卷积网络作为特征提取方法可有效增强网络性能，并

极大简化特征提取所需的参数。因此，本节基于卷积自编码器来构建短期分解子网。

短期分解子网的架构图如图 14-6 所示，其分解的主要过程包括数据切片、编码过程、解码过程和数据还原。数据切片是将输入数据切片为长度更短的数据的过程，其目的是将原始的长数据转化为多维的短数据。编码过程实现对切片数据的特征提取，并输出特征编码向量，其主要由多个卷积层与池化层堆砌而成。卷积层中特征提取过程可表示为：

$$\boldsymbol{h}_{\mathrm{e}}(t) = \boldsymbol{x}_{\mathrm{s}}(t) * \boldsymbol{d}_{\mathrm{e}} \tag{14-13}$$

式中 $\boldsymbol{x}_{\mathrm{s}}(t)$ ——t 时刻切片数据；

$\quad\quad\boldsymbol{d}_{\mathrm{e}}$ ——卷积核；

$\quad\boldsymbol{h}_{\mathrm{e}}(t)$ ——潜在特征向量。

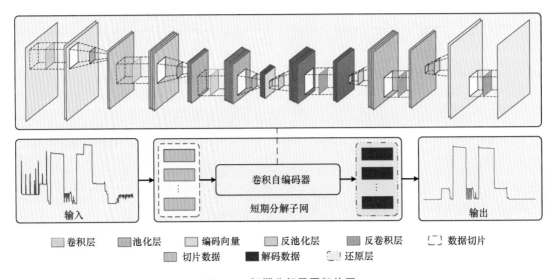

图 14-6 短期分解子网架构图

池化层采用最大池化对潜在特征进行筛选，保留关键特征并减少参数量。

编码完成后，切片数据被转换为特征编码向量。解码过程使用解码器对特征编码向量进行编译，并输出解码序列，主要包括了反卷积与反池化操作。解码过程可表示为：

$$\boldsymbol{o}_{\mathrm{s}}(t) = \boldsymbol{h}_{\mathrm{e}}(t) * \boldsymbol{d}_{\mathrm{e}}^{\mathrm{T}} \tag{14-14}$$

式中 $\boldsymbol{o}_{\mathrm{s}}(t)$ ——短期分解子网的解码输出；

$\quad\boldsymbol{h}_{\mathrm{e}}(t)$ ——特征编码向量；

$\quad\boldsymbol{d}_{\mathrm{e}}^{\mathrm{T}}$ ——反卷积核。

14.3.5 基于长-短期分解子网输出的全连接层

在长期和短期并行子网分解完成后，全连接层旨在对长期和短期分解子网的输出进行连接与统一，计算最终的分解结果。全连接层中的相关计算可表示为：

$$\boldsymbol{o}(t) = Act\big[\boldsymbol{W}_{\mathrm{l}}\boldsymbol{o}_{\mathrm{l}}(t) + \boldsymbol{W}_{\mathrm{s}}\boldsymbol{o}_{\mathrm{s}}(t)\big] \tag{14-15}$$

式中 $\boldsymbol{o}(t)$ ——并行网络输出；

$\boldsymbol{o}_{\mathrm{l}}(t)$、$\boldsymbol{o}_{\mathrm{s}}(t)$ ——两个子网输出；

$\boldsymbol{W}_{\mathrm{l}}$、$\boldsymbol{W}_{\mathrm{s}}$ ——权重参数矩阵；

　　Act ——非线性激活函数。

　　整个并行分解网络架构如图 14-7 所示。

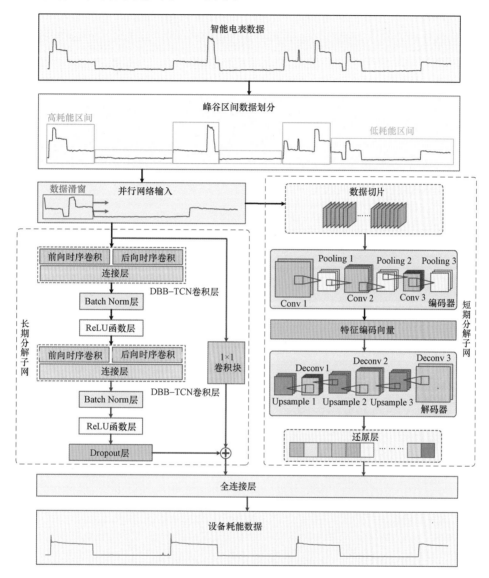

图 14-7　并行分解网络架构

14.4　实验与分析

14.4.1　实验数据

1. UK-DALE 数据集

　　英国家用电器级别电力数据集（UK-DALE）由 Kelly 等人创建[36]。UK-DALE 数据集记录了从 2012 年 11 月至 2015 年 1 月英国 5 幢房屋的智能电表数据，数据采样间隔为

6s。除智能电表数据外，该数据还包括了 10 多种家用电器的电力消费信息。本章选取了 4 种用电设备作为目标设备，分别为：冰箱、微波炉、洗碗机和洗衣机。在全部的房屋数据中，只有房屋 1 和房屋 2 包含全部种类的目标设备数据。因此，在 UK-DALE 数据集中，选择房屋 1、房屋 3、房屋 4 和房屋 5 的数据用于训练，且选取 10% 的数据作为验证集，房屋 2 数据用于测试。

2. REDD 数据集

能源分解参考数据集（REDD）[37]包含了美国 6 座建筑的负载能耗信息，其记录了用能设备每 3s 和每 1s 的能耗读数。所有设备在 4 个月内大约有 120 万条数据样本，每条数据的记录长度介于 3~19 天之间。在 REDD 数据集当中，选择房屋 2 与房屋 3 的耗能数据用于训练，其中 10% 的训练数据作为验证集，房屋 1 的数据作为测试集。相关设备统计信息和实验数据划分分别见表 14-1 和表 14-2。

设备统计信息表　　　　　　　　　　　　　　　　表 14-1

	冰箱	微波炉	洗碗机	洗衣机
最大功率（W）	2572	3138	3230	3962
启动功率（W）	50	200	10	20
功率均值（W）	200	500	700	400
功率标准（W）	400	800	1000	700

实验数据划分表　　　　　　　　　　　　　　　　表 14-2

数据集	训练数据		测试数据
	训练集（90%）	验证集（10%）	测试集
UK-DALE	房屋 1，房屋 3，房屋 4，房屋 5	房屋 1，房屋 3，房屋 4，房屋 5	房屋 2
REDD	房屋 2，房屋 3	房屋 2，房屋 3	房屋 1

14.4.2 实验配置

1. 评价指标

为全面测试网络分解性能，将从两方面进行评价：一方面，将关注网络的分解误差；另一方面，将对分解过程中设备的开关状态识别进行评估。

在分解误差方面，使用平均绝对误差（MAE）和信号聚合误差（SAE）进行评估，其中，MAE 表示分解结果的平均误差，SAE 则反映了分解结果与实际耗能的偏离程度。若目标设备信号为 $x_a = [x_a(1), x_a(2), \cdots, x_a(T)]$，网络分解结果为 $x'_a = [x'_a(1), x'_a(2), \cdots, x'_a(T)]$，$T$ 为数据长度，则 MAE 与 SAE 分别采用下述公式计算：

$$MAE = \frac{1}{T} \sum_{t=1}^{T} |x_a(t) - x'_a(t)| \tag{14-16}$$

$$SAE = \frac{|r - r'|}{r} \tag{14-17}$$

式中，r 和 r' 表示实际信号总和与分解信号总和，分别可表示为 $r = \sum x_a(t)$ 和 $r' = \sum x_a'(t)$。

在开关状态识别方面，使用启动功率判断设备状态。当设备功率高于启动功率时即为启动状态，低于启动功率为休眠或关闭状态。为有效评估模型的状态识别能力，选用召回率（Rec）、精确度（Pre）、准确率（ACC）和 F1 值作为评价指标，其中，召回率和精确度可有效评价设备启动状态的识别性能，准确率表示全部工作状态的识别精度，F1 值评估整体识别能力。采用第 3 章式（3-5）～式（3-9）来计算这些指标值，此时，在该应用中 TP、TN、FP 和 FN 分别表示启动状态被正确识别的样本数、关闭状态被正确识别的样本数、启动状态被识别为关闭的样本数和关闭状态被识别为启动的样本数；P 和 N 分别代表启动和关闭状态的样本总数。

2. 优化策略与对比方法

在寻找网络最佳参数方面，本章同样使用了 Adam 优化算法。为与本章所提出的并行分解网络进行全面对比，在实验中引入了多种对比方法，并从多个方面进行性能比较。一方面，构建了 LSTM 网络，传统 TCN 网络与非并行的 DBB-TCN 网络进行对比，以证明改进后的 DBB-TCN 网络的性能；另一方面，分别使用 LSTM 和传统 TCN 网络作为长期分解子网构建并行分解网络，与非并行 LSTM 和传统 TCN 网络进行对比，以证明并行分解架构的有效性。

3. 网络参数设置

本章所提出的并行分解网络的主要参数配置如下：在峰谷区间数据划分中，根据实际数据的统计特性，将高、低能耗阈值均设为 1000，高、低耗能均值区间分别设为 [600，5000] 和 [0，600]，高、低耗能的波动区间分别设为 [300，3000] 和 [0，300]；边界点验证长度设定为 30；在长期分解子网中，DBB-TCN 卷积层的网络深度设置为 8；网络输入数据长度为 512，即前后向卷积窗口长度均为 256；卷积核大小为（20，1），卷积通道数为 7，批标准化参数设置为（0，0.01），网络丢失率设置为 0.1；在短期分解子网中，构建了有 7 层结构的卷积自编码器网络，数据切片长度为 100，卷积核大小为（2，2），步长设置为 1。

并行分解网络的详细参数配置情况如表 14-3～表 14-5 所示。

峰谷区间参数配置表　　　　　　　　　　　　　表 14-3

参数名称	参数设置
N_{th}，P_{th}	1000
$[N_L, N_H]$	[0，600]
$[M_{NL}, M_{NH}]$	[0，300]
$[P_L, P_H]$	[600，5000]
$[M_{PL}, M_{PH}]$	[300，3000]
S	30

长期分解子网参数配置表　　　　　　　　　　　　　　　　　表 14-4

参数名称	参数设置
输入数据长度	512
网络层数	8
卷积核大小	(20, 1)
卷积通道数	7
批标准化	(0, 0.01)
丢失率	0.1

短期分解子网参数配置表　　　　　　　　　　　　　　　　　表 14-5

参数名称	参数设置
数据切片长度	100
卷积层 1	卷积核＝(2, 2)，步长＝1，通道数＝1
池化层 1	池化核＝(2, 2)，步长＝1
卷积层 2	卷积核＝(2, 2)，步长＝1，通道数＝4
池化层 2	池化核＝(2, 2)，步长＝1
卷积层 3	卷积核＝(2, 2)，步长＝1，通道数＝8
池化层 3	池化核＝(2, 2)，步长＝1
反池化层 1	反池化参数＝(6, 6)
反卷积层 1	反卷积核＝(2, 2)，步长＝1，通道数＝8
反池化层 2	反池化参数＝(8, 8)
反卷积层 2	反卷积核＝(2, 2)，步长＝1，通道数＝4
反池化层 3	反池化参数＝(11, 11)
反卷积层 3	反卷积核＝(2, 2)，步长＝1，通道数＝1
还原层	神经元数＝512

14.4.3　UK-DALE 数据集实验与分析

在 UK-DALE 数据集中，分解性能的评价结果 MAE 和 SAE 见表 14-6。从表中可以看出，在非并行方法中，改进后 DBB-TCN 取得了最优性能，DBB-TCN 在 4 种用能设备 MAE 上整体提升了 36.01%。与并行 TCN 分解方法相比，并行 DBB-TCN 方法的 MAE 指标整体提升了 25.94%。相比非并行方法，并行分解方法在 MAE 和 SAE 两个指标上整体提升明显，而基于 DBB-TCN 的并行分解方法在并行架构中同样取得了最优性能。

UK-DALE 数据集分解性能评价表　　　　　　　　　　　　　表 14-6

评价指标	方法	冰箱	微波炉	洗碗机	洗衣机	总体性能
MAE	LSTM	35.251	18.823	85.823	15.561	38.832 ±28.143
	TCN	13.008	10.882	11.244	4.361	9.874 ±3.283
	DBB-TCN	4.466	8.851	8.465	3.491	6.318 ±2.369
	LSTM 并行方法	9.047	4.883	17.744	8.701	10.094 ±4.709
	TCN 并行方法	2.430	3.941	4.082	4.168	3.655 ±0.712
	DBB-CTN 并行方法	1.854	3.415	2.561	2.998	2.707 ±0.577

评价指标	方法	冰箱	微波炉	洗碗机	洗衣机	总体性能
SAE	LSTM	0.335	1.184	1.169	0.745	0.858 ±0.350
	TCN	0.018	0.350	0.547	0.257	0.293 ±0.190
	DBB-TCN	0.018	0.349	0.029	0.293	0.172 ±0.150
	LSTM 并行方法	0.088	0.308	0.242	0.415	0.263 ±0.119
	TCN 并行方法	0.015	0.239	0.025	0.154	0.108 ±0.093
	DBB-CTN 并行方法	0.011	0.205	0.022	0.102	0.085 ±0.077

图 14-8 展示了 6 种方法的分解曲线对比图。从图中可以看出，所提出的 DBB-TCN 并行方法的分解曲线与实际设备耗能曲线更加接近，拟合度更好，进一步证明了所提出分解方法的有效性。此外，由图 14-8 可发现，对于同种分解方法，使用并行分解架构的分解曲线明显优于单一非并行方法，且分解错误大幅减少。这充分说明并行分解方法能够更好地满足实际用能分解的需要，同时说明使用长期趋势特征与短期动态特性进行用能分解可有效提升模型分解性能。

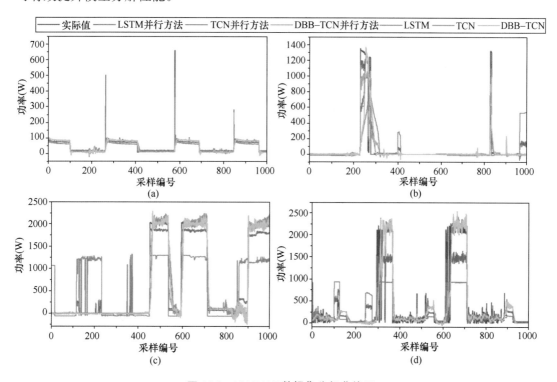

图 14-8　UK-DALE 数据集分解曲线图
（a）冰箱；（b）微波炉；（c）洗碗机；（d）洗衣机

在设备的状态识别实验中，相关评价指标对比如表 14-7 所示。从表中可以看出，所提出的 DBB-TCN 并行分解方法在 4 种设备的启停识别中精度和性能更加出色。此外，通过设备状态识别的结果与分解指标相关联，可以看出识别性能的优劣与分解指标（MAE 和 SAE）的好坏呈正相关。分解指标更好、分解曲线拟合度更高的方法有更少的分解错误，所以在状态识别中的性能更加优秀。

UK-DALE 数据集设备状态识别评价指标对比　　　　　　　　　　　表 14-7

设备	方法	Rec	Pre	ACC	$F1$
冰箱	LSTM	0.7936	0.6178	0.6412	0.6948
	TCN	0.9838	0.9827	0.9876	0.9832
	DBB-TCN	0.9879	0.9873	0.9908	0.9876
	LSTM 并行方法	0.9974	0.9886	0.9556	0.9941
	TCN 并行方法	0.9915	0.9875	0.9922	0.9895
	DBB-CTN 并行方法	0.9988	0.9982	0.9989	0.9985
微波炉	LSTM	0.6821	0.3189	0.9893	0.4346
	TCN	0.7252	0.4333	0.9926	0.5425
	DBB-TCN	0.7859	0.5540	0.9949	0.6499
	LSTM 并行方法	0.9967	0.9912	0.9919	0.9939
	TCN 并行方法	0.9945	0.8773	0.9991	0.9322
	DBB-CTN 并行方法	0.9922	0.9373	0.9977	0.9641
洗碗机	LSTM	0.7779	0.5881	0.9729	0.6698
	TCN	0.9699	0.5825	0.9744	0.7279
	DBB-TCN	0.9702	0.7388	0.9968	0.8388
	LSTM 并行方法	0.9948	0.6722	0.9817	0.7856
	TCN 并行方法	0.9790	0.8167	0.9915	0.8905
	DBB-CTN 并行方法	0.9826	0.8884	0.9950	0.9331
洗衣机	LSTM	0.9773	0.2132	0.9552	0.3502
	TCN	0.9924	0.8268	0.9773	0.9021
	DBB-TCN	0.9930	0.8134	0.9971	0.8942
	LSTM 并行方法	0.9919	0.3875	0.9805	0.5573
	TCN 并行方法	0.9924	0.8325	0.9974	0.9054
	DBB-CTN 并行方法	0.9935	0.8397	0.9974	0.9102

14.4.4　REDD 数据集实验与分析

在 REDD 数据集中，数据分解性能评价结果 MAE 和 SAE 如表 14-8 所示。从表中可知，DBB-TCN 并行分解方法仍然取得了最佳性能。在非并行架构中，相较于传统的 TCN，DBB-TCN 在 4 种设备上的 MAE 整体提升了 37.24%。相比与非并行网络，并行分解方法的 MAE 和 SAE 两个指标在实验中也提升明显。上述实验结果进一步证明了所提出方法的有效性。

REDD 数据集分解性能评价表　　　　　表 14-8

评价指标	方法	冰箱	微波炉	洗碗机	洗衣机	总体性能
MAE	LSTM	30.853	26.758	69.488	34.877	40.494 ±16.984
	TCN	23.687	14.649	16.831	16.168	17.834 ±3.471
	DBB-TCN	14.982	13.119	5.409	11.260	11.192 ±3.589
	LSTM 并行方法	13.318	11.591	16.122	12.476	13.376 ±1.699
	TCN 并行方法	3.448	10.733	5.202	5.741	6.281 ±2.706
	DBB-CTN 并行方法	3.163	8.319	3.456	3.502	4.610 ±2.145
SAE	LSTM	0.143	0.042	0.938	0.754	0.469 ±0.384
	TCN	0.138	0.024	0.480	0.031	0.168 ±0.186
	DBB-TCN	0.016	0.026	0.036	0.078	0.039 ±0.023
	LSTM 并行方法	0.018	0.021	0.451	0.268	0.190 ±0.182
	TCN 并行方法	0.013	0.017	0.037	0.029	0.024 ±0.010
	DBB-CTN 并行方法	0.011	0.016	0.024	0.024	0.019 ±0.006

　　图 14-9 展示了 REDD 数据集分解曲线对比图。从图中可以得出与上一实验相似的结论，所提出的并行分解架构的分解稳定性更好，曲线还原程度更高且能够有效减少分解错误率。值得注意的是，与 UK-DALE 的微波炉相比，REDD 数据集中微波炉的工作时长更长且模式更加固定。因此，在 REDD 数据集中，微波炉的耗能曲线的拟合程度相对更高。

　　此外，表 14-9 显示了 REDD 数据集设备状态识别评价指标对比。由该表可知，在全部的状态识别实验中，DBB-TCN 并行方法的整体识别性能更好，尽管在部分指标上并未取得最优，但其与最优指标较为接近。通过设备状态识别结果，进一步说明所提出的 DBB-TCN 并行分解方法的识别能力更好，整体性能更加优秀。

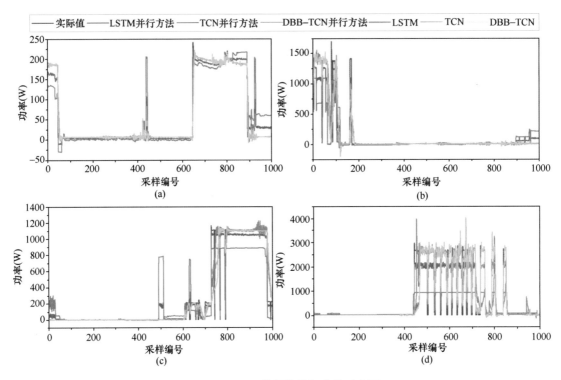

图 14-9 REDD 数据集分解曲线对比图

（a）冰箱；（b）微波炉；（c）洗碗机；（d）洗衣机

REDD 数据集设备状态识别评价指标对比   表 14-9

设备	方法	Rec	Pre	ACC	F1
冰箱	LSTM	0.9223	0.6710	0.8705	0.7771
	TCN	0.9950	0.9792	0.9932	0.9870
	DBB-TCN	0.9943	0.9765	0.9927	0.9853
	LSTM 并行方法	0.9975	0.5836	0.8230	0.7370
	TCN 并行方法	0.9973	0.9591	0.9888	0.9779
	DBB-CTN 并行方法	0.9987	0.9640	0.9904	0.9810
微波炉	LSTM	0.9381	0.6027	0.9910	0.7342
	TCN	0.7842	0.7101	0.9932	0.7453
	DBB-TCN	0.8349	0.7585	0.9941	0.7949
	LSTM 并行方法	0.9529	0.2067	0.9382	0.3398
	TCN 并行方法	0.9800	0.5717	0.9874	0.7221
	DBB-CTN 并行方法	0.9860	0.5864	0.9881	0.7354
洗碗机	LSTM	0.9380	0.5656	0.9670	0.7052
	TCN	0.9943	0.7202	0.9831	0.8344
	DBB-TCN	0.9951	0.7603	0.9868	0.8620
	LSTM 并行方法	0.9964	0.6935	0.9817	0.8178
	TCN 并行方法	0.9951	0.8944	0.9950	0.9421
	DBB-CTN 并行方法	0.9966	0.9089	0.9958	0.9508

续表

设备	方法	*Rec*	*Pre*	*ACC*	*F*1
洗衣机	LSTM	0.8942	0.7029	0.8363	0.7861
	TCN	0.9947	0.8081	0.9970	0.8941
	DBB-TCN	0.9994	0.6901	0.9944	0.8164
	LSTM 并行方法	1.0000	0.3595	0.9726	0.5288
	TCN 并行方法	1.0000	0.7592	0.9961	0.8632
	DBB-CTN 并行方法	1.0000	0.8163	0.9972	0.8989

由 UK-DALE 与 REDD 两个数据集的实验结果可知：在 4 种用能设备中，冰箱的分解效果最优，其次是洗碗机与洗衣机，而微波炉的分解性能最差。这种现象与设备的自身工作特性和设备使用频率有关。冰箱在 4 种设备中拥有最固定的工作方式，具有明显工作周期与趋势，因此取得了较好的分解性能；与冰箱相比，洗衣机与洗碗机的使用频次大大降低，大部分时间为关闭和待机状态，但它们的工作模式和工作状态相对固定，可看作是拥有较长待机时长的周期性设备；而微波炉的工作时长较短并不固定，且使用频次相对随机，这使其工作特征的提取难度较大，因此在 4 种设备中分解效果较差。

14.5　小结

为进一步提升现有分解方法的性能，本章给出了一种基于改进时序卷积网络（DBB-TCN）的并行非侵入式分解方法，在两个实际用能分解实验中验证了所提出的 DBB-TCN 并行分解方法的有效性。该方法能分别提取用能设备的长期趋势特征与短期动态特性，实现了基于多种特征提取手段的用能分解，进一步提升了用能分解性能。

本 章 参 考 文 献

[1]　杨挺，翟峰，赵英杰，等. 泛在电力物联网释义与研究展望 [J]. 电力系统自动化，2019，43（13）：9-20.

[2]　时广浩. 基于人工智能的非侵入式负荷分解方法研究 [D]. 北京：华北电力大学(北京)，2021.

[3]　向堃. 基于优化神经网络的非侵入式家用电负荷分解研究 [D]. 武汉：湖北工业大学，2021.

[4]　刘博，栾文鹏. 基于负荷分解的用电数据云架构方案及应用场景 [J]. 电网技术，2016，40（3）：791-796.

[5]　Huber P，Calatroni A，Rumsch A，et al. Review on deep neural networks applied to low-frequency NILM [J]. Energies，2021，14（9）：2390.

[6]　陈永义. 有限马尔科夫链的状态空间分解的算法 [J]. 兰州大学学报，1987（1）：7-12.

[7]　Kolter J Z，Jaakkola T S. Approximate inference in additive factorial IMMs with application to energy disaggregation [C] // In 15th International Conference on Artificial Intelligence and Statistics，2012，22：1472-1482.

[8]　Zoha A，Gluhak A，Nati M，et al. Low-power appliance monitoring using factorial hidden markov models [C] // 2013 IEEE Eighth International Conference on Intelligent Sensors，Sensor Networks and Information Processing，2013，1：527-532.

[9]　Fang H，Zhang Y，Liu M，et al. Clustering and analysis of household power load based on HMM and multi-factors [C] // 2018 IEEE 22nd International Conference on Computer Supported Cooperative Work in Design (CSCWD)，2018：491-495.

[10]　吴瑶. 基于因子隐马尔科夫模型的非侵入式负荷分解方法 [D]. 北京：华北电力大学(北京)，2019.

[11]　Zeifman M，Roth K. Viterbi algorithm with sparse transitions (VAST) for nonintrusive load monitoring [C] // 2011 IEEE Symposium on Computational Intelligence Applications in Smart Grid (CIASG)，2011：1-8.

[12]　Makonin S，Popowich F，Bajić I V，et al. Exploiting HMM sparsity to perform online real-time nonintrusive load monitoring [J]. IEEE Transactions on Smart Grid，2015，7 (6)：2575-2585.

[13]　徐青山，娄藕蝶，郑爱霞，等. 基于近邻传播聚类和遗传优化的非侵入式负荷分解方法 [J]. 电工技术学报，2018，33 (16)：3868-3878.

[14]　何敏瑶. 非侵入式家庭用户负荷监测算法研究 [D]. 西安：西安理工大学，2021.

[15]　尹立亚. 非侵入式负荷特征提取与识别算法的研究 [D]. 北京：华北电力大学(北京)，2021.

[16]　李亚前，杨滨，杨宇全，等. 非侵入式负荷事件监测的曲线拟合方法 [J]. 电力系统及其自动化学报，2021，33 (5)：100-105.

[17]　Tian J，Wu Y，Liu S，et al. Residential load disaggregation based on resident behavior learning and neural networks [C] // 2017 IEEE Conference on Energy Internet and Energy System Integration (EI2)，2017：1-5.

[18]　Krystalakos O，Nalmpantis C，Vrakas D. Sliding window approach for online energy disaggregation using artificial neural networks [C] // Proceedings of the 10th Hellenic Conference on Artificial Intelligence，2018：1-6.

[19]　Singh M，Kumar S，Semwal S，et al. Residential load signature analysis for their segregation using wavelet—SVM [J]. Lecture Notes in Electrical Engineering，2015，326：863-871.

[20]　Gong F，Han N，Zhou Y，et al. A SVM optimized by particle swarm optimization approach to load disaggregation in non-Intrusive load monitoring in smart homes [C] // 2019 IEEE 3rd Conference on Energy Internet and Energy System Integration (EI2)，2019：1793-1797.

[21]　Wang A L，Chen B X，Wang C G，et al. Non-intrusive load monitoring algorithm based on features of V – I trajectory [J]. Electric Power Systems Research，2018，157：134-144.

[22]　Kelly J，Knottenbelt W. Neural nilm: Deep neural networks applied to energy disaggregation [C] // Proceedings of the 2nd ACM International Conference on Embedded Systems for Energy-Efficient Built Environments，2015：55-64.

[23]　Zhang C，Zhong M，Wang Z，et al. Sequence-to-point learning with neural networks for nonintrusive load monitoring [C]//National Conference on Artificial Intelligence. AAAI Press，2018.

[24]　Xu K，Ba J，Kiros R，et al. Show, attend and tell: Neural image caption generation with visual attention [C] // International Conference on Machine Learning，2015：2048-2057.

[25]　林顺富，詹银枫，李毅，等. 基于CNN-BiLSTM与DTW的非侵入式住宅负荷监测方法 [J]. 电网技术，2022，46 (5)：1973-1981.

[26]　Quek Y T，Woo W L，Logenthiran T. Load disaggregation using one-directional convolutional stacked long short-term memory recurrent neural network [J]. IEEE Systems Journal，2019，14 (1)：1395-1404.

[27]　Kim J，Le T T，Kim H. Nonintrusive load monitoring based on advanced deep learning and novel

signature [J]. Computational Intelligence and Neuroscience，2017：4216281. 1-4216281. 22.

[28]　Xia M，Wang K，Song W，et al. Non-intrusive load disaggregation based on composite deep long short-term memory network [J]. Expert Systems with Applications，2020，160：113669.

[29]　张广龙. 非侵入式负荷监测与辨识研究 [D]. 华北电力大学，2021.

[30]　侯坤福. 基于深度学习的居民用电非侵入式负荷分解研究 [D]. 兰州：兰州理工大学，2021.

[31]　刘志刚. 基于深度学习的非侵入式居民负荷分解方法研究 [D]. 北京：中国矿业大学（北京），2021.

[32]　Zhao B，He K，Stankovic L，et al. Improving event-based non-intrusive load monitoring using graph signal processing [J]. IEEE Access，2018，6：53944-53959.

[33]　Ortega A，Frossard P，Kovačević J，et al. Graph signal processing：Overview，challenges，and applications [J]. Proceedings of the IEEE，2018，106 (5)：808-828.

[34]　彭秉刚，潘振宁，余涛，等. 图数据建模与图表示学习方法及其非侵入式负荷监测问题的应用 [J]. 中国电机工程学报，2022，42(17)：6260-6273.

[35]　Nguyen H D，Tran K P，Thomassey S，et al. Forecasting and anomaly detection approaches using LSTM and LSTM autoencoder techniques with the applications in supply chain management [J]. International Journal of Information Management，2021，57：102282.

[36]　Kelly J，Knottenbelt W. The UK-DALE dataset，domestic appliance-level electricity demand and whole-house demand from five UK homes [J]. Scientific Data，2015，2 (1)：1-14.

[37]　Kolter J Z，Johnson M J. REDD：A public data set for energy disaggregation research [C] // Workshop on Data Mining Applications in Sustainability (SIGKDD)，2011，25：59-62.